Hochschultext

Peter Brandt

Molekulare Aspekte der Organellenontogenese

Mit 60 Abbildungen

Springer-Verlag
Berlin Heidelberg New York
London Paris Tokyo

PD Dr. rer. nat. Peter Brandt
Carlsberg Laboratory
Department of Physiology
Gamle Carlsberg Vej 10
DK-2500 Copenhagen Valby
Dänemark

ISBN-13: 978-3-540-18959-6   e-ISBN-13: 978-3-642-73442-7
DOI:10.1007/ 978-3-642-73442-7

CIP-Titelaufnahme der Deutschen Bibliothek
Brandt, Peter: Molekulare Aspekte der Organellenontogenese / Peter Brandt. –
Berlin ; Heidelberg ; New York ; London ; Paris ; Tokyo : Springer, 1988. (Hochschultext)

Druck: Weihert Druck GmbH, 6100 Darmstadt
Bindearbeiten: Druckhaus Beltz, 6944 Hemsbach/Bergstr.
2131/3130-543210

VORWORT

> ξυνὸν δέ μοί ἐστιν,
> ὁππόθεν ἄρξωμαι· τόθι γὰρ πάλιν ἵξομαι αὖθις.
> (Parmenides, Über die Natur der Dinge)

Das vorliegende Buch der Reihe "Hochschultexte" soll eine im deutschen Sprachraum bestehende Lücke schließen. Die stürmische Entwicklung der letzten zehn Jahre auf dem Gebiet der Molekularbiologie hat die heutige Vorstellung über die Zelldifferenzierung bereits stark verändert. Diese neuen Erkenntnisse konnten in die herkömmlichen Lehrbücher der Botanik, Zoologie oder Biochemie nur mit größerem zeitlichen Verzug und nur in Teilbereichen aufgenommen werden. Dank des schnelleren Herstellungsverfahrens der "Hochschultexte" bietet das vorliegende Buch die Möglichkeit, auf der Grundlage der für das Grundstudium geeigneten Lehrbücher den Anschluß an den augenblicklichen Stand der molekularbiologischen Forschung auf dem Gebiet der Organellenontogenese zu finden. Um zum weiteren Selbststudium anzuregen, werden stets die zumeist fremdsprachigen Originalarbeiten zitiert und erläutert. In diesem Sinne werden auch in verschiedenen Fällen Befunde vorgestellt, deren Bedeutung für die Klärung der jeweiligen Fragestellung zur Zeit noch kontrovers diskutiert wird.

Die Abfassung solch eines 'aktuellen' Buches muß notwendigerweise in Teilbereichen lückenhaft bleiben, wo die noch ausstehenden Ergebnisse laufender Forschungsprojekte nicht abgewartet werden konnten. (So konnten nach Fertigstellung des Buches auch nur noch einige Publikationen in begrenztem Umfang im Nachtrag aufgenommen werden.) Dem fortgeschrittenen Leser wird auch nicht verborgen bleiben, daß der dargebotene Stoff aufgrund des vorgegebenen Rahmens schwerpunktmäßig und zum Teil nur exemplarisch behandelt werden konnte. Diese Einschränkung erleichtert es aber auch, aus der Fülle der Einzelbefunde die Grundprinzipien der Organellendifferenzierung herauszuarbeiten. Selbstverständlich ist die Auswahl der Einzelbefunde subjektiv und hätte auch andere Publikationen berücksichtigen können. Doch möge sich hieran keine Kritik entzünden.

Danken möchte ich allen Mitgliedern meiner Göttinger Arbeitsgruppe am Pflanzenphysiologischen Institut der Universität, deren Fragen und Anregungen mir Anlaß waren, dieses Buch abzufassen. Mein Dank gilt außerdem dem Springer-Verlag, insbesondere Herrn Dr. Dieter Czeschlik, der mir die für dies 'aktuelle' Buch adäquate Publikationsform ermöglichte.

Copenhagen, Herbst 1987   Peter Brandt

VII

INHALTSVERZEICHNIS

1.   EINFÜHRUNG

Bislang sind mehr als 1 500 000 verschiedene Organismen der Erde bekannt. Gleichgültig, ob es sich im Einzelfall um eine Pflanze, ein
Tier oder ein Bakterium handelt, läßt sich die Mannigfaltigkeit der Organismen grundsätzlich auf die zelluläre Organisation zurückführen.
Selbst bei Vielzellern sind grundsätzlich alle Zellen eines Organismus
einander homolog. Die Zelle ist damit die kleinste lebensfähige Einheit.

In Anpassung an die autotrophe bzw. heterotrophe Ernährungsweise der
Organismen müssen ihre Zellen spezielle interne Membransysteme ausbilden, um über die photosynthetischen bzw. respiratorischen Reaktionsabläufe zelleigene Energie zu gewinnen. Diese Membransysteme sind in den
tierischen Zellen in den Mitochondrien und in den pflanzlichen Zellen
in den Chloroplasten bzw. in den Mitochondrien lokalisiert. In diesen
Organellen wird ein Teil der Organellproteine synthetisiert, die zur
Ausdifferenzierung funktionsfähiger Organellen notwendig sind. Die grös-
sere Zahl der Organellproteine ist jedoch Kern-codiert und wird zusammen mit den anderen Kern-codierten Proteinen, deren späterer 'Funktionsort' im Bereich des Nucleocytoplasmas liegt, im Cytoplasma synthetisiert. Zum einen müssen daher zum Beispiel in der pflanzlichen Zelle
Steuerungsmechanismen entwickelt worden sein, um die im Cytoplasma synthetisierten Proteine korrekt auf die Chloroplasten, die Mitochondrien,
den Kern, die Glyoxysomen/Peroxisomen oder den sekretorischen Apparat
(Endoplasmatisches Reticulum, Dictyosomen, Vakuolen und Plasmalemma)
verteilen zu können. Zum anderen muß außerdem sichergestellt sein, daß
das jeweilige Protein auch seinen richtigen 'Funktionsort' erreicht
wie zum Beispiel die photosynthetisch aktiven Membranen innerhalb der
Chloroplasten oder die sie umhüllenden Membranen (Envelope). Darüber
hinaus müssen bei der Ontogenese der pflanzlichen und tierischen Zellen und ihrer intrazellulärer Strukturen Steuerungssysteme bestehen,
die übergreifend die Aktivität des Nucleocytoplasmas und die der Chloroplasten oder der Mitochondrien koordinieren.

2. DIE EUKARYOTISCHE ZELLE UND IHRE ORGANELLEN

Als Prototyp der eukaryotischen Zelle ist die embryonale Pflanzenzelle
anzusehen. Im elektronenmikroskopischen Bild besteht sie auf den ersten
Blick aus dem Zellkern und dem Cytoplasma. Der Zellkern enthält (fast)
die gesamte genetische Information der Zelle in Form der Desoxyribonu-
kleinsäure (DNA) und ist von zwei Membranen umhüllt (Dougherty 1957).
Diese gehen an den sogenannten Kernporen ineinander über. Ein weiteres
eukaryotisches Merkmal ist das Endomembransystem, das die Zelle zur Aus-
schleusung bzw. Aufnahme (Exo- bzw. Endocytose) von Molekülen und grös-
seren Komplexen befähigt (Stanier 1970). Außerdem unterteilt dieses Endomembransystem die eukaryotische Zelle in unterschiedliche Kompartimente oder Organellen, die jeweils auf bestimmte Stoffwechselwege (oder
Teilen von ihnen) spezialisiert sind. (Unter Kompartiment versteht man
die Gesamtheit mehrerer gleichartiger, durch jeweils mindestens eine
Membran umschlossene Reaktionsräume innerhalb einer Zelle, wobei man
die Membran(en) diesem Kompartiment zurechnet. Der Begriff Organell
wird vielfach synonym für Kompartiment benutzt, obwohl er nach Frey-
Wyssling eigentlich nur Zellstrukturen mit endergonem Stoffwechsel bezeichnet.) Da mit Hilfe des reichverzweigten Endomembransystems externe
Stoffe in die Nähe der intrazellulären Kompartimente gelangen können,
erreicht die eukaryotische Zelle größere Volumina als die Prokaryoten.
Im Vergleich mit den Prokaryoten (0,3 µm bis 2,5 µm) erreichen die tierischen Zellen durchschnittliche Größen von 8 bis 20 µm und die pflanzlichen Zellen aufgrund der großen Vakuole 100 bis 300 µm.

2.1. DIE ORGANISATION DER EUKARYOTISCHEN ZELLE

Die in der eukaryotischen Zelle vorhandenen Organellen (Abb. 1) können
in drei unterschiedlichen Gruppen zusammengefaßt werden: (1) Organellen
des Endomembransystems, (2) Organellen endosymbiontischen Ursprungs und
(3) übrige Organellen.

Zur Gruppe (1) gehören die beiden Membranen des Kern-Envelopes, das Endoplasmatische Reticulum, die Dictyosomen (oder der Golgi-Apparat), die Microbodies, verschiedenartige Vesikel und Vakuolen. Alle diese Organellen des Endomembransystems haben als gemeinsame Charakteristika die Möglichkeit der de-novo-Entstehung, das Fehlen eigener DNA, die direkte oder indirekte Ableitung von der Kernmembran oder dem Endoplasmatischen Reticulum und (mit Ausnahme der Microbodies) das Ausschleusen ihrer Inhaltsstoffe in die Umgebung der Zelle oder (bei pflanzlichen Zellen) in die Vakuole. Die Organellen des Endomembransystems sind keine permanenten Strukturen der eukaryotischen Zelle, sondern sind einem steten Fluß von Neubildung und Abbau unterworfen (Abb. 2).

Die Gruppe (2) umfaßt Chloroplasten, Mitochondrien und auch (soweit vorhanden) endosymbiontisch endocytierte Bakterien. Keiner von ihnen kann de novo entstehen. Sie enthalten alle organelleigene DNA von prokaryo-

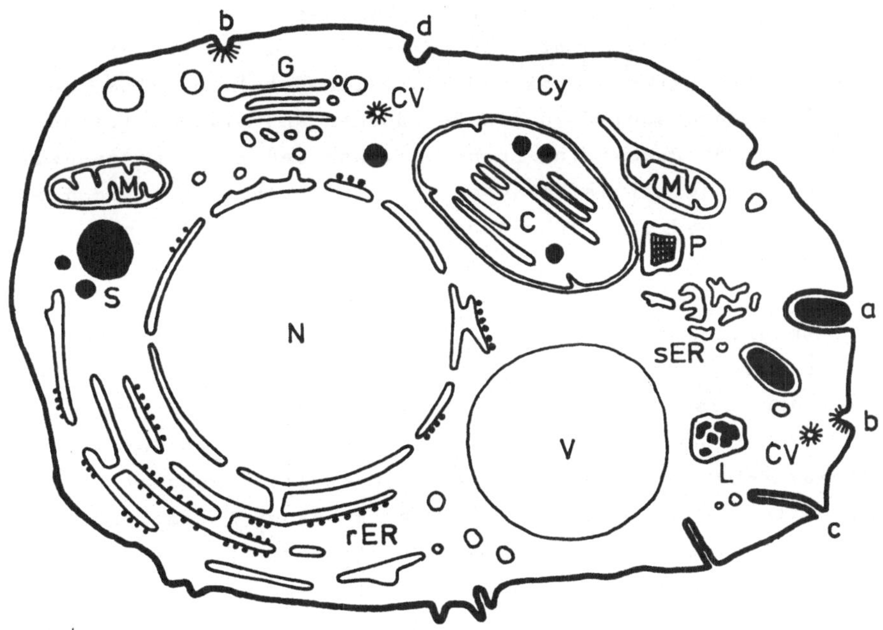

Abb. 1. Kompartimentierung einer eukaryotischen Zelle. a = Endocytose partikulärer Substanz (Phagocytose), b = rezeptorvermittelte Endocytose über Coated Pits und Coated Vesicles, C = Chloroplast, c = Endocytose gelösten Materials (Pinocytose), CV = Coated Vesicles, Cy = Cytoplasma, d = Exocytose, rER = rauhes ER, sER = glattes ER, G = Golgi-Apparat, L = Lysosom, M = Mitochondrion, N = Zellkern, P = Peroxisom (Microbody) mit Proteinkristall, S = Oleosomen, V = Vakuole. (Verändert nach Kleinig und Sitte 1984)

tischen Eigenschaften und gehen aus ihresgleichen durch Teilung hervor. Jedoch ist keiner von ihnen ein konstitutionelles Organell der eukaryotischen Zelle (siehe 2.5.2.)

Die Gruppe (3) umfaßt die übrigen Organellen, die sich nicht der Gruppe (1) oder (2) zuordnen lassen. Dies sind der Kern und die Microtubuli mitsamt den Flagellen und dem mitotischen Spindelapparat.

Ein weiterer, wesentlicher Unterschied zwischen den Organellen der Gruppe (2) und denen der Gruppe (1) und (3) ist die Abgrenzung vom Nucleocytoplasma durch mindestens zwei Membranen und einen dazwischen befindlichen, nicht-plasmatischen Raum. Als plasmatische Phasen sind in der tierischen Zelle das Cytoplasma, das Karyoplasma, das mit dem ersteren über die Kernporen in Verbindung steht, und das Mitoplasma der Mitochondrien vorhanden. Hinzu kommt bei den pflanzlichen Zellen das Plastoplasma der Chloroplasten. Diesen plasmatischen Phasen gemeinsam ist (Schnepf 1984), (1) daß sie Orte der DNA- und Proteinsynthese sind, (2) daß in ihnen ATP verbraucht und/oder synthetisiert wird, (3) daß sie die Elemente des Cytoskeletts (Mikrotubuli und Microfilamente) enthalten und (4) daß generell im Unterschied zu den ß-Glucanen und Glykoproteinen der nicht-plasmatischen Phasen in ihnen α-Glucane und Proteine nachzuweisen sind. Der phosphorolytische Abbau ist charakteristisch für die plasmatischen und der hydrolytische Abbau ist typisch für die nicht-plasmatischen Phasen.

Diese Art der Kompartimentierung der eukaryotischen Zelle hat verschiedene Konsequenzen. Da die Membranen jeweils eine plasmatische von einer nicht-plasmatischen Phase trennen, ist der Membranaufbau asymmetrisch. Gewöhnlich ist die aminoterminale Sequenz eines Proteins in der Membran zur nicht-plasmatischen Seite und der carboxylterminale Abschnitt zur plasmatischen Seite hin ausgerichtet. In die Membranen integrierte Protonen-Pumpen transportieren in vivo Protonen stets vom plasmatischen in den nicht-plasmatischen Raum. Als Grundregel gilt ferner, daß nur plasmatische mit plasmatischen bzw. nicht-plasmatische mit nicht-plasmatischen Kompartimenten verschmelzen können. Ebenso lassen sich zwei grundsätzlich verschiedene Exportwege für zelleigene Substanzen aus dieser Organisation der eukaryotischen Zelle ableiten. Substanzen der nicht-plasmatischen Phasen werden in Vesikeln zum Plasmalemma transportiert und nach Vesikelfusion mit dem Plasmalemma freigesetzt. In der plasmatischen Phase gebildete Stoffe dagegen werden über eine Abschnürung von Vesikeln vom Plasmalemma (Knospung) abgegeben.

2.2.   DIE ORGANELLEN DES ENDOMEMBRANSYSTEMS

2.2.1.   Das Endomembransystem

Das Endomembransystem der eukaryotischen Zelle ist ein in steter Umwandlung begriffenes System aus Vesikeln und membranumschlossenen, schlauchartigen Gebilden, das zwischen Kern-Envelope und Plasmalemma vermittelt (Morré und Mollenhauer 1974). Diese Umwandlung ist nicht nur struktureller Art, sondern schließt die Modifizierung der Inhaltsstoffe mit ein. Der Modus der möglichen Bildung dieser diversen Vesikel sowie ihrer Abstammung untereinander ist in Abb. 2 wiedergegeben. Sie enthalten meist Proteine und/oder Polysaccharide, anorganische Stoffe oder lytische Enzyme. Der in der Abb. 2 wiedergegebenen Vesikelfusion mit dem Plasmalemma ist in pflanzlichen Zellen die Vesikelfusion mit der Vakuolenmembran äquivalent. Der notwendige Rückfluß von Membranmaterial zu den Dictyosomen, Vakuolen oder Lysosomen ist in tierischen Zellen bereits untersucht (Herzog und Miller 1979), für pflanzliche Zellen aber noch nicht in allen Einzelheiten aufgeklärt worden. In exkretorischen Zellen kann dieser Membranfluß solche Umsätze erreichen, daß das Plasmalemma nach 2 bis 3 Stunden aus 'neuem' Material besteht. Es sei hier schon vorweggenommen, daß in manchen Pflanzen grundsätzlich auch ganze Zisternen des Golgi-Apparates mit dem Plasmalemma verschmelzen können.

Dem Plasmalemma als Teil des Endomembransystems kommt zum einen die Funktion des Zellabschlusses nach außen zu, zum anderen müssen in ihm Mechanismen entwickelt sein, die die lebensnotwendige Kommunikation und den Stoffaustausch der Zelle mit der Umwelt vermitteln. Stellvertretend für viele andere Systeme sei hier die Plasmalemma-gebundene Carbanhydrase näher charakterisiert. Ähnlich wie die ATPasen des Plasmalemmas (Serrano 1985) ist die Funktion und Aktivität der Carbanhydrase bestimmt durch die Wachstumsbedingungen, die von der Außenwelt geboten werden, und durch die Wachstumsbedürfnisse der Zelle selbst. Die Aktivität der Carbanhydrase von <u>Chlamydomonas</u> <u>reinhardii</u> nimmt mit sinkendem CO_2-Gehalt des Außenmediums zu (Toguri et al. 1986). Das Enzym sitzt außen dem Plasmalemma der <u>Chlamydomonas</u>-Zellen auf und kann durch Einwirkung von Zellwand-auflösenden Enzymen oder Trypsin freigesetzt werden. Es ist ein Glycoprotein vom Molekulargewicht 37000 und

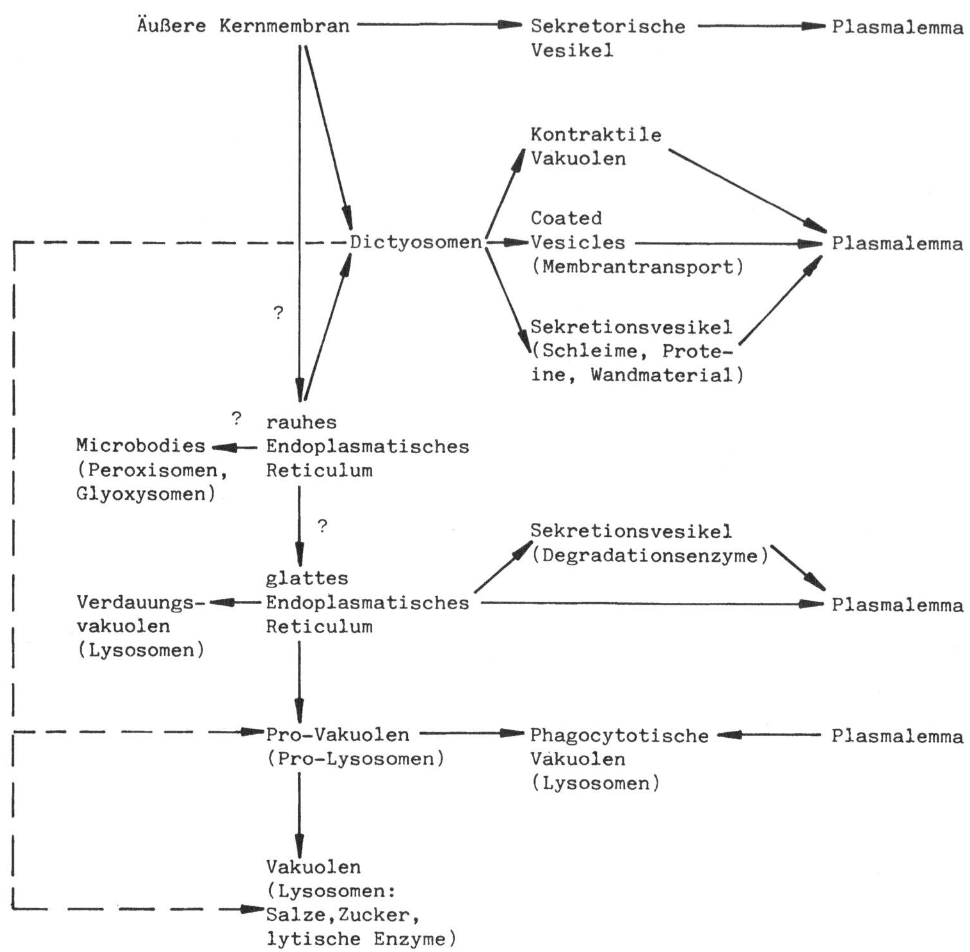

Abb. 2. Entwicklungsschema für die Organellen des Endomembransystems. (Verändert nach Whatley und Whatley 1984)

wird als Kern-codiertes Protein an polyadenylierter mRNA im Cytoplasma als größere Vorstufe (Precursor) von 42 kda synthetisiert. Da seine Transkriptmenge umgekehrt proportional zum CO_2-Gehalt des Außenmediums ist, kann eine über die CO_2-Konzentration gesteuerte Genexpression im Kern für dieses Enzym angenommen werden. Wie sich aus der in-vitro-Translation mit isolierter poly(A$^+$)mRNA ergab, hat der Proteinanteil der Carbanhydrase-Precursor ein Molekulargewicht von 38000. In vivo wird er nach seiner Fertigstellung zunächst mit einem Saccharid vom Mannose-Typ komplexiert, das entstandene Glycoprotein innerhalb von 5 Minuten durch eine Endoprotease auf die Länge des 'reifen' Enzyms proteolytisch auf 35 kda verkürzt (processiert) und innerhalb von 30 Minuten durch das Plasmalemma transportiert und an seiner Außenseite inseriert. Das funktionsfähige Enzym besteht aus mindestens zwei gleichen Untereinheiten und hat die physiologische Funktion, die optimale Versorgung der <u>Chlamydomonas</u>-Zelle mit CO_2 stets sicherzustellen.

Neben der Regulation des Ein- und Austransportes von Stoffen ist das Plasmalemma auch der Ort des Signalaustausches zwischen Zellen eines Gewebes. Diese Signale erreichen das Plasmalemma in Form von 'Botenmolekülen'. Diese werden von Rezeptoren des Plasmalemmas erkannt und in der Folge wird eine Signalkette in der Zelle aktiviert, die verschiedene zelluläre Vorgänge wie zum Beispiel Kontraktion, Sekretion oder Wachstum initiiert oder hemmt. Grundsätzlich stellt das Plasmalemma eine Barriere für die Botenmoleküle dar. Die durch sie vermittelten externen Signale müssen in interne Signale umgewandelt werden. Diese Rolle erfüllen zelleigene, sogenannte sekundäre Botenmoleküle. Die Untersuchungen der letzten Jahre haben erbracht (Cohen 1982; Gilman 1984; Nishizuka 1984; Berridge und Irvine 1984), daß es im wesentlichen zwei Hauptsignalwege gibt. Der eine benutzt als sekundäres Botenmolekül cyclisches Adenosinmonophosphat (cAMP), der andere Calciumionen zusammen mit Inosittriphosphat (IP_3) und Diacylglycerin (DG). IP_3 und DG sind Bestandteile der Plasmamembran und werden aus ihr abgespalten. Beiden Signalwegen gemeinsam ist, daß ein Rezeptormolekül auf der äußeren Seite des Plasmalemmas die Information durch die Membran an sogenannte G-Proteine weitergibt. Die G-Proteine sind allerdings erst nach Bindung von Guanosintriphosphat aktiv. Die G-Proteine aktivieren ein sogenanntes Verstärker-Enzym an der inneren Seite des Plasmalemmas. Im ersten Signalübertragungssystem ist es die Adenylatcyclase, die ATP in cAMP umwandelt. Im zweiten Signalübertragungssystem ist es die Phospholipase C, die das Phosphatidylinosit-4,5-diphosphat des Plasmalemmas in DG und IP_3 aufspaltet und freisetzt. Diese sekundären Botenstoffe rufen Änderungen in der Konformation von Proteinen hervor, indem sie direkt an deren katalytischem Zentrum binden oder indem sie eine Proteinkinase aktivieren, die die Proteine phosphoryliert und damit indirekt deren Konformation ändert.

2.2.2.   Dictyosomen

Die einfachste Ausführung der Dictyosomen (synonym für Golgi-Apparat) ist in einigen Pilzen nachgewiesen. Dort bestehen sie aus einzelnen Zisternen. In den meisten Organismen sind die Dictyosomen jedoch als polar aufgebaute Stapel von Zisternen nachgewiesen (Mollenhauer und Morré 1980). In der Regel haben die tellerartigen Zisternen einen Durchmesser von 1 µm. Ungeklärt ist die Ursache sowohl für die abgeflachte Form der Zisternen als auch für den Zusammenhalt des Zisternenstapels im Cytoplasma. Die asymmetrischen Zisternenstapel empfangen an der unteren Seite zahlreiche Transportvesikel des rauhen Endoplasmatischen Reticulums, die neusynthetisierte Glykoproteine enthalten. Diese Seite wird auch cis- oder Bildungsseite genannt. Nach Verschmelzen der Transportvesikel mit der Zisternen-Membran der cis-Seite beginnt die Wanderung der eingeschleusten Glykoproteine zur trans-Seite des Zisternenstapels. Ältere Untersuchungen (Castle et al. 1972) und Publikationen der letzten Jahre (Rothman et al. 1984; Dunphy et al. 1984) haben gezeigt, wie der zeitliche Verlauf von Exportproteinen vom rER über den Golgi-Apparat, die Golgi-Vesikel und die sekretorischen Vesikel abläuft (Abb. 3). Bei dieser Wanderung durch den Zisternenstapel des Golgi-Apparates werden die eingeschleusten Glykoproteine modifiziert. Dies geschieht in den aufeinanderfolgenden Zisternen in festgelegter Reihen-

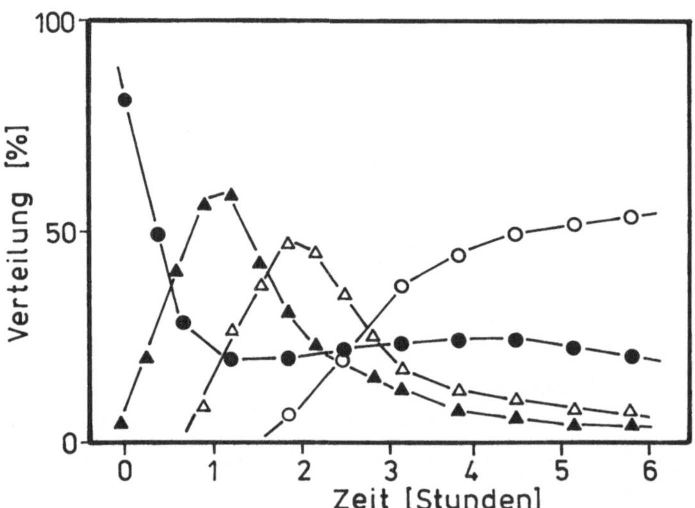

Abb. 3. Zeitlicher Verlauf des Transportes von radioaktiv markierten Exportproteinen durch das Endomembransystem von Drüsenzellen. Es ist die prozentuale Verteilung der radioaktiv markierten Exportproteine auf das rER (●), den Golgi-Apparat (▲), die Golgi-Vesikel (Δ) und die Sekretionsvesikel (O)angegeben.(Verändert nach Castle et al. 1972)

folge aufgrund der unterschiedlichen Enzymausstattung. Die an der cis-
Seite der Dictyosomen anlangenden Glykoproteine enthalten alle gleich-
förmig zwei N-Acetylglucosamin-Einheiten (GlcNAc) und acht Mannose-Einheiten. In den Zisternen werden die Proteine ihrem Bestimmungsort nach
(Abb. 2) verschieden modifiziert. Handelt es sich um lysosomale Proteine, so werden die Zuckerseitenketten phosphoryliert. Demgegenüber spal-
tet die Mannosidase I von den Proteinen, die sekretiert oder in das
Plasmalemma inseriert werden sollen (siehe 2.2.1.), drei Mannose-Einheiten ab und heftet die GlcNAc-Transferase I ein Molekül GlcNAc an eine verbliebene Mannose-Einheit an. Dieser Vorgang wiederholt sich mit
den weiteren Mannose-Einheiten durch die Mannosidase II und die GlcNAc-
Transferase II. Gal-Transferasen und danach SA-Transferasen heften Ga-
lactose bzw. Sialinsäure an die Oligosaccharidkette an.

Mit Hilfe von monoklonalen Antikörpern konnten die GlcNAc-Transferase I
in den mittleren und die Gal-Transferasen in den trans-seitigen Zisternen des Golgi-Apparates von Rattenleberzellen lokalisiert werden. Es
wird vermutet, daß die phosphorylierenden Enzyme für die lysosomalen
Proteine in den cis-seitigen Zisternen zu finden sind. Über die physiologische Bedeutung dieser differentiellen Proteinmodifizierung und die
dazu notwendigen Erkennungsmerkmale und -mechanismen ist noch nichts
bekannt.

Für die Proteinwanderung von der cis-Seite zur trans-Seite des Zisternenstapels existieren zwei Modellvorstellungen. Nach der Hypothese der
Zisternenwanderung werden auf der cis-Seite durch Verschmelzen der an-
gelieferten Transportvesikel vom rER fortlaufend neue Zisternen gebildet. Jede dieser neugebildeten Zisternen durchläuft dann den Golgi-Apparat und zerfällt dann wieder in Vesikel auf der trans-Seite. Es findet
nach diesem Modell also kein Austausch von Proteinen zwischen den Zisternen statt, sondern die Zisternen ändern beim Durchlaufen des Golgi-Apparates ihre enzymatische Ausstattung. Nach der heute favorisierten zweiten Modellvorstellung dagegen bleiben die Zisternen stationär und die
modifizierten Glykoproteine werden via Vesikelabschnürung und Verschmel-
zung von einer Zisterne zur nächsten transportiert. Die notwendige Wanderung von Vesikeln der cis-seitigen Zisternen zu den mittleren, bzw.
von Vesikeln der mittleren Zisternen zu den trans-seitigen konnte in
vitro nachvollzogen werden. Der Durchlauf der Glykoproteine durch den
Zisternenstapel und ihre Modifizierung in der oben beschriebenen Weise
wird auf eine Zeitdauer von etwa 10 bis 40 Minuten geschätzt (Mollenhauer und Morré 1980).

2.2.3. Microbodies

Microbodies sind von einer Membran umgebene Vesikel von 0,2 bis 1,5 μm
Durchmesser. Es sind respiratorische Organellen ohne eigenes Elektro-
nentransportsystem zur Energiegewinnung. Unter Einsatz von Flavoprotei-
nen können eine Anzahl von bestimmten Substraten oxidiert werden. Dabei
entsteht H_2O_2 , das durch Katalase zu O_2 und H_2O abgebaut wird. Außer diesen Oxidasen und der Katalase können die Microbodies je nach Gewebeart
Enzyme verschiedener Stoffwechselwege enthalten. Dies sind vor allem
Dehydrogenasen, Enzyme der Fettsäureoxidation und Enzyme des Glyoxylat-
zyklus. Diese Enzymausstattung ist nicht nur gewebespezifisch und umfaßt nie alle diese Enzyme, sondern hängt auch ab von den physiologischen Wachstumsbedingungen der Zelle. Bajracharya et al. (1987) konnten
zeigen, daß während des Ergrünens von Keimlingen von _Sinapis alba_ in den
Microbies die Menge an Glycolat-Oxidase, Hydroxypyruvat-Reduktase, Iso-
citratlyase und Malatsynthase nicht durch die Metabolitmenge der Fettsäureoxidation, der Photosynthese oder der Photorespiration gesteuert
wird. Für die Entwicklung der Peroxisomen und der Glyoxysomen ist ein
funktionsfähiger Photosyntheseapparat im Chloroplasten nicht notwendig.
Jedoch haben die Plastiden eine steuernde Funktion über die Menge an
diesen cytoplasmatisch-synthetisierten Enzymen, die in den Microbodies
angehäuft werden. Ihre Anhäufung läßt nach, wenn die plastidäre Translation gehemmt ist. Es zeigte sich, daß direkt oder indirekt die Ontogenese der Microbodies mit der Phytochrom-gesteuerten Differenzierung des
Chloroplasten verknüpft ist.

Die Membran der Microbodies und der Lysosomen soll dem Endomembransystem
entstammen (Abb. 2). Im Endosperm von Bohnenkeimlingen entstehen während der Keimung große Mengen an Glyoxysomen durch Vesikelbildung aus
dem glatten Endoplasmatischen Reticulum (Beevers 1979). Die Phospho-
lipidzusammensetzung dieser Glyoxysomen entspricht dem des Endoplasmatischen Reticulums. Ebenso konnten die für die ß-Oxidation und den Gly-
oxylat-Zyklus charakteristischen Enzyme zunächst im Endoplasmatischen
Reticulum und dann in den gebildeten Glyoxysomen nachgewiesen werden.
Allerdings werden wenigstens einige der glyoxysomalen Matrix-Enzyme an
freien Ribosomen im Cytoplasma synthetisiert und anschließend in die
Microbodies durch deren Membran eingeschleust (Lord und Roberts 1983).
Die physiologische Bedeutung der Microbodies liegt wohl in ihrer gros-

sen Spezialisierung und Anpassung an verschieden ausdifferenzierte Gewebe (Tolbert 1981) und dem durch sie gesteuerten Verbrauch überflüssiger Energie (Powles und Osmond 1978).(Siehe N11)

2.2.4. Vakuolen und Lysosomen

In einfach organisierten, eukaryotischen Organismen wird wahrscheinlich sowohl die Exkretion als auch die Phagocytose von Vakuolen ausgeführt (Dodge 1973). In ausdifferenzierten Pflanzenzellen nimmt meist eine grosse, zentrale Vakuole den größten Teil der Zelle ein. Diese Vakuole enthält lytische Enzyme, deren Freisetzung den sofortigen Umsatz wichtiger zelleigener Substanzen und damit den Zelltod zur Folge haben würde.

Zur Entstehung der Vakuolen wurden mehrere Vorstellungen entwickelt. Nach Buvat (1971) gehen die Vakuolen aus sich vergrößernden Vesikeln hervor, die vom Endoplasmatischen Reticulum oder den Dictyosomen abstammen (Abb. 2). In diesem Sinne sollen die kleinsten Vakuolen (sogenannte Pro-Vakuolen) direkt vom Endoplasmatischen Reticulum als Vesikel abgeschnürt werden und dann später zu größeren Vakuolen fusionieren (Matile 1974). Bereits diese Pro-Vakuolen enthalten lytische Enzyme. Zusammen mit den Sekretionsvesikeln, die von den Dictyosomen oder dem Endoplasmatischen Reticulum abgeschnürt werden, ebenfalls lytische Enzyme enthalten und nach Fusion mit dem Plasmalemma ihren Inhalt exkretieren, bilden die Pro-Vakuolen und die daraus entstehenden Vakuolen das lysosomale Kompartiment der Zelle. Im Gegensatz zu diesem Entstehungsmodell der Vakuolen sollen nach Marty et al. (1980) auf der trans-Seite der Dictyosomen primäre Lysosomen abgeschnürt werden. Diese primären Lysosomen sollen im Cytoplasma solch eine Anordnung einnehmen, daß sie einen cytoplasmatischen Bereich gleichsam 'einkreisen'. Nach der Fusion der primären Lysosomen in dieser Konstellation und dem Abbau der 'inneren', lysosomalen Membran wird der Inhalt des 'eingekreisten' cytoplasmatischen Bereiches von den lytischen Enzymen metabolisiert. Die übrig bleibende, 'äußere' Membran der fusionierten primären Lysosomen würde damit den Tonoplast der Vakuole entstehen lassen. Diese Vakuolen können sowohl mit ihresgleichen als auch mit Pro-Vakuolen fusionieren.

Bei vielen Einzellern ist der Endocytose-Vorgang mit den primären Lysosomen verknüpft. Nach endocytotischer Aufnahme von zellfremden Substanzen in ein Endosom genanntes Vesikel fusioniert dieses mit einem

primären Lysosom. Auf diese Weise entsteht ein sekundäres Lysosom, in
dem die endocytierten, zellfremden Substanzen abgebaut werden. Substanzen, die nicht weiter abgebaut werden können, werden als sogenannte Residualkörper via Exocytose ausgeschieden.

Die Modifikation der lysosomalen Enzyme bei ihrer Wanderung vom Endoplasmatischen Reticulum über die Dictyosomen in die Lysosomen wurde bereits vorgestellt (siehe 2.2.2.). Die entscheidende Markierung der lysosomalen Proteine ist dabei die Phosphorylierung oder das Anhängen von
Sulfatgruppen in den cis-seitigen Zisternen des Golgi-Apparates (Freeze
et al. 1983; Freeze et al. 1984; Mierendorf et al. 1985). Der auf die
Lysosomen ausgerichtete Transport von Proteinen soll über ihre Mannose-
-6-Phosphat-Gruppen und dafür spezifische Membranrezeptoren erfolgen
(Sly und Fischer 1982). Dies kann aber nicht der ausschließliche Transportmechanismus sein, da auch lysosomale Proteine ohne die Mannose-6-
Phosphat-Gruppen und ohne Interaktion mit den Mannose-Membranrezepto-
ren in die Lysosomen eintransportiert werden (Gabel et al. 1983; Waheed
et al. 1982). Dieses alternative Eintransportsystem existiert in einigen tierischen Zelltypen und in dem Schleimpilz _Dictyostelium_ _discoi-_
deum. In ihm wird das lysosomale Enzym α-Mannosidase an membrangebundenen Ribosomen als Precursor von 140 kda synthetisiert. Dieser Precursor
wird entweder zu einem 58- und einem 60-kda-Protein processiert oder
von der Zelle ausgeschieden (Mierendorf et al. 1985; Pannell et al.
1982). Der Precursor bleibt jedoch bei der schon beschriebenen Wanderung vom Endoplasmatischen Reticulum durch die Dictyosomen stets fest
verbunden mit der Membran, bis er schließlich processiert wird. Diese
feste Bindung wird als richtungsweisend für dieses lysosomale Enzym angesehen (Mierendorf et al. 1985). Für diesen alternativen Transportmo-
dus sprechen auch die Untersuchungen von Woychick et al. (1986), die
in Mutanten von _Dictyostelium_ _discoideum_ eine Anhäufung der α-Mannosidase im Endoplasmatischen Reticulum nachgewiesen haben und das Fehlen
des nachfolgenden Transportes und des Processing auf eine Gen-bedingte
Konformationsänderung des Mutanten-Enzyms zurückführen.

2.2.5.   Synthese von Membran- und Sekretproteinen

Die cytoplasmatischen Membran- und Sekretproteine werden im Bereich des
sogenannten rauhen Endoplasmatischen Reticulums synthetisiert. Im Falle
der Sekretproteine spricht man auch von translationaler Sekretion oder

vektorieller Translation. Ihr Ablauf und die dabei wirkenden Mechanismen sind in den letzten 15 Jahren vor allem von Blobel und Mitarbeitern aufgeklärt worden (Blobel und Sabatini 1970a, 1970b; Adelman et al. 1973; Blobel und Dobberstein 1975a, 1975b; Vishwanath et al. 1978; Blobel 1980; Walter und Blobel 1981; Sabatini et al. 1982). Die Synthese der Exportproteine setzt zunächst an freien Ribosomen im Cytoplasma nach deren Komplexierung mit der entsprechenden mRNA ein. Die mRNA solcher Exportproteine enthält kurz hinter dem Initiationscodon eine Nucleotidsequenz, die für eine vorwiegend hydrophobe Aminosäuresequenz codiert. Diese sogenannte Signalsequenz, die die ersten 30 bis 50 Aminosäuren umfaßt, tritt in Wechselwirkung mit einem 'Signal Recognition Particle' (SRP). Dieser verhindert die weitere Translation des Proteins. Erst wenn der SRP mit einem SRP-Rezeptor in der Membran des Endoplasmatischen Reticulums reagieren kann, wird das Ribosom freigegeben und kann seine Translation wieder aufnehmen. Die Signalsequenz des Proteins dringt (wahrscheinlich unter Kanalbildung in der ER-Membran) in das Lumen des Endoplasmatischen Reticulums vor (Abb 13). Das Ribosom selbst wird über Ribophorine in der Membran des Endoplasmatischen Reticulums an dieses gebunden (b). Die Signalsequenz wird während der weiteren Translation des Proteins von einer internen Signalase proteolytisch abgespalten (c,d). Der Verlauf des durch die Signal-Sequenz vermittelten Eintransportes in das ER-Lumen ist für die verschiedenen Exportproteine identisch, ihre Signal-Sequenzen sind jedoch unterschiedlich aufgebaut. Ihr einziges

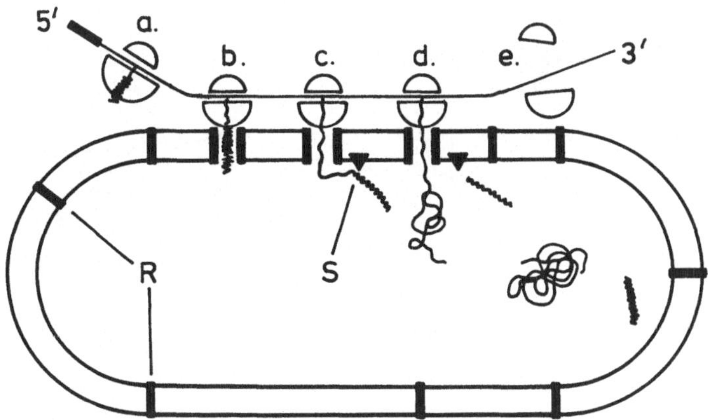

Abb. 4. Schematische Darstellung zur Synthese von Exportproteinen am rauhen Endoplasmatischen Reticulum. R = Ribophorin, S = Signalase. Erläuterungen im Text.(Verändert nach Blobel 1977)

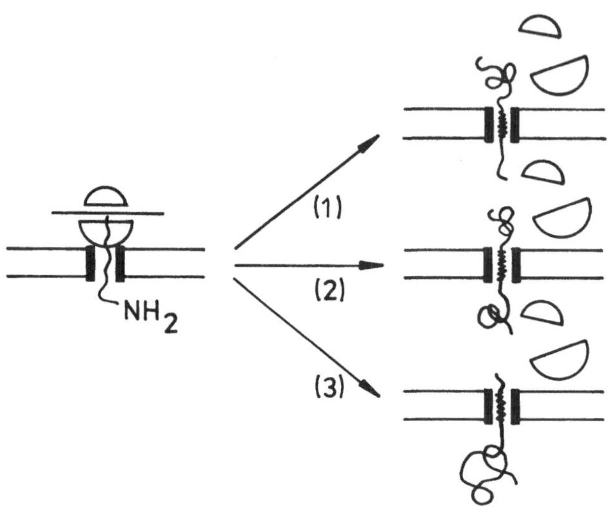

Abb. 5. Schematische Darstellung zur Synthese von Membranproteinen am
rauhen Endoplasmatischen Reticulum. Lage des Stopsignals im aminoterminalen (1), im mittleren (2) oder im carboxylterminalen Bereich (3) der
Aminosäuresequenz des Membranproteins. Erläuterung im Text.(Verändert
nach Blobel 1977)

gemeinsames Merkmal ist die Anhäufung von hydrophoben Bereichen. Auch

der Vergleich mit den Transitsequenzen von cytoplasmatisch synthetisier-

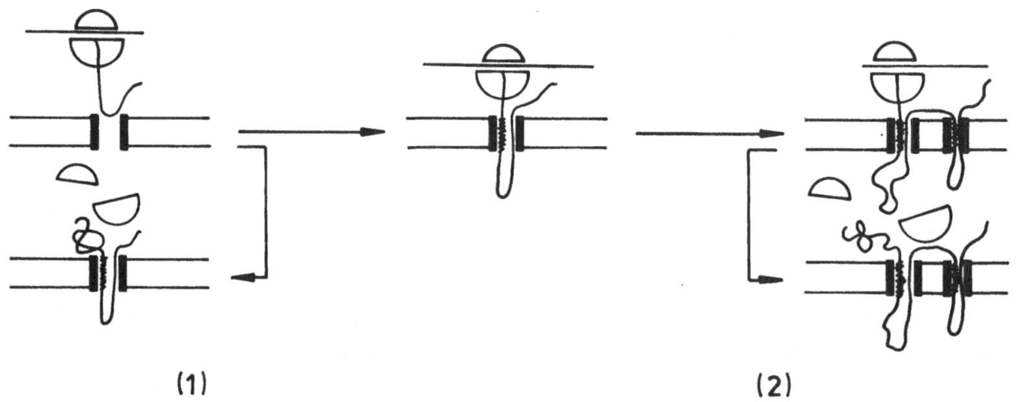

Abb. 6. Schematische Darstellung zur Synthese von Membranproteinen am
rauhen Endoplasmatischen Reticulum, die eine interne Insertionssignal-
sequenz (1) oder eine alternierende Folge von internen Insertionssig-
nal- und Stopsignalsequenzen (2) besitzen. Erläuterungen im Text.(Verändert nach Blobel 1977)

ten Mitochondrienproteinen hat nur wenige, unmaßgebliche Strukturähnlichkeiten erbracht (Horwich et al. 1984; Morohashi et al. 1984; Heijne 1983,1984).

Im Lumen des Endoplasmatischen Reticulums werden den co-translational eintransportierten Proteinen Zuckerreste co-translational angeheftet. Dies können O-glykosidische oder N-glykosidische Oligosaccharidketten sein. Die Umwandlung von Exportproteinen mit mannosereichen N-glykosidischen Oligosaccharidketten in den Dictyosomen wurde bereits vorgestellt (siehe 2.2.2.). Diese Anheftung von Zuckerresten an die Proteine setzt einen Pool von energiereichen Verbindungen, Nucleotidzuckern und Dolicholphosphatzucker voraus, der über einen Transportmechanismus aus dem Cytoplasma durch die Membran des Endoplasmatischen Reticulums gespeist werden muß. Dieser Eintransport wird durch Membranproteine katalysiert.

Der Eintransport der Membranproteine in das rauhe Endoplasmatische Reticulum verläuft prinzipiell ähnlich wie der der Exportproteine (Abb. 5 und 6). Zusätzlich zu wenigstens einer Signalsequenz tragen diese Membranproteine allerdings eine oder mehrere Stopsequenzen. Solch eine Stopsequenz besteht aus zwei grundverschiedenen Abschnitten. Dies sind eine hydrophobe Aminosäuresequenz, die als α-Helix den Charakter einer integralen Membrankomponente besitzt, und ihr folgend eine Sequenz geladener Aminosäuren, denen in ihrer Gesamtheit der Eintritt in den hydrophoben Bereich der Membran unmöglich ist. Während also zunächst die Bindung des Ribosoms an die Membran des Endoplasmatischen Reticulums und alle damit verbundenen Prozesse auch bei dem co-translationalen Eintransport der Membranproteine erfolgen, sorgt das Stopsignal des entstehenden Membranproteins beim Durchtritt durch die Membran für den sofortigen Halt im Protein-Eintransport. Das gesamte Protein wird jedoch vollends translatiert und das Ribosom freigesetzt (Abb. 5). Auf diese Weise befindet sich bei den Membranproteinen je nach ihrer Beschaffenheit und der Lage des Stopsignals ein Teil der Aminosäuresequenz außerhalb des Endoplasmatischen Reticulums und ein Teil in dessen Innenraum. Besitzt ein Membranprotein zusätzliche Signal- und Stopsequenzen, so kann es nach dem oben beschriebenen Vorgang während der weiteren Translation des Proteins erneut zum Eintransport eines Teils der weiteren Aminosäuresequenz kommen, der solange anhält, bis das nächste Stopsignal auch diesen 'zweiten' Eintransport beendet (Abb. 6). Befindet sich die Signalsequenz nicht am aminoterminalen Ende des Proteins, so verbleibt dieses im Cytoplasma (Abb. 6). Auch in diesem Fall kann nur der

Teil der Aminosäuresequenz in das Lumen des Endoplasmatischen Reticulums gelangen, der von dieser Signalsequenz und der folgenden Stopsequenz begrenzt wird.

Die Proteine der intrazellulären Membranen werden generell nicht und die des Plasmalemmas werden stets glykolysiert. Die Bindung der Proteine an oder in der Membran wird bei der Glykolierung nicht aufgegeben.

2.2.6.   Mechanismen des Proteintransportes

Der Proteintransport in der eukaryotischen Zelle verläuft je nach der Herkunft der Proteine generell auf zwei verschiedenen Wegen:

1. Die Kern-codierten und im Cytoplasma synthetisierten Proteine werden je nach ihrem Bestimmungsort entweder co-translational in das Endoplasmatische Reticulum (siehe 2.2.5.) oder post-translational in die Mitochondrien oder Chloroplasten (siehe 2.5.3.) eintransportiert. Für diesen Verteilungsmechanismus entscheidend ist die Signalsequenz am aminoterminalen Ende der Aminosäuresequenz der Proteine für das Endoplasmatische Reticulum (Wickner und Lodish 1985) oder die Transitsequenz am aminoterminalen Ende der Aminosäuresequenz der Proteine für die Mitochondrien oder die Chloroplasten (Hurt et al. 1985; Horwich et al. 1985; Emr et al. 1986). Signal- und Transitsequenz unterscheiden sich grundlegend voneinander. Signalsequenzen sind hydrophober Natur und besitzen eine Anzahl von ungeladenen Aminosäuren in ihrem mittleren Bereich. Transitsequenzen dagegen haben hydrophile, basische Eigenschaften. Obwohl diese Sequenzen generell über den co-translationalen Eintransport in ·das Endoplasmatische Reticulum bzw. über den post-translationalen Eintransport in die Chloroplasten oder Mitochondrien entscheiden sollen, haben jüngere Untersuchungen gezeigt (Rothblatt und Meyer 1986; Hansen et al. 1986; Waters und Blobel 1986), daß einige Proteine auch post-translational durch die Membran des Endoplasmatischen Reticulums transportiert werden können. Die Interaktion der Signal- bzw. der Transitsequenz mit der jeweiligen Membran ist in Anfängen aufgeklärt. In einem wäßrigen Milieu mit dem pH-Wert von 7 nimmt die Signalsequenz keine besondere Konfiguration mit Vorrang ein. Bei Interaktion mit der Membranoberfläche jedoch geht die Signalsequenz in die ß-Struktur über (Briggs et al. 1986). Die Ausbildung dieser Konformation wird durch elektrostatische Wechselwirkungen zwischen der Signal-

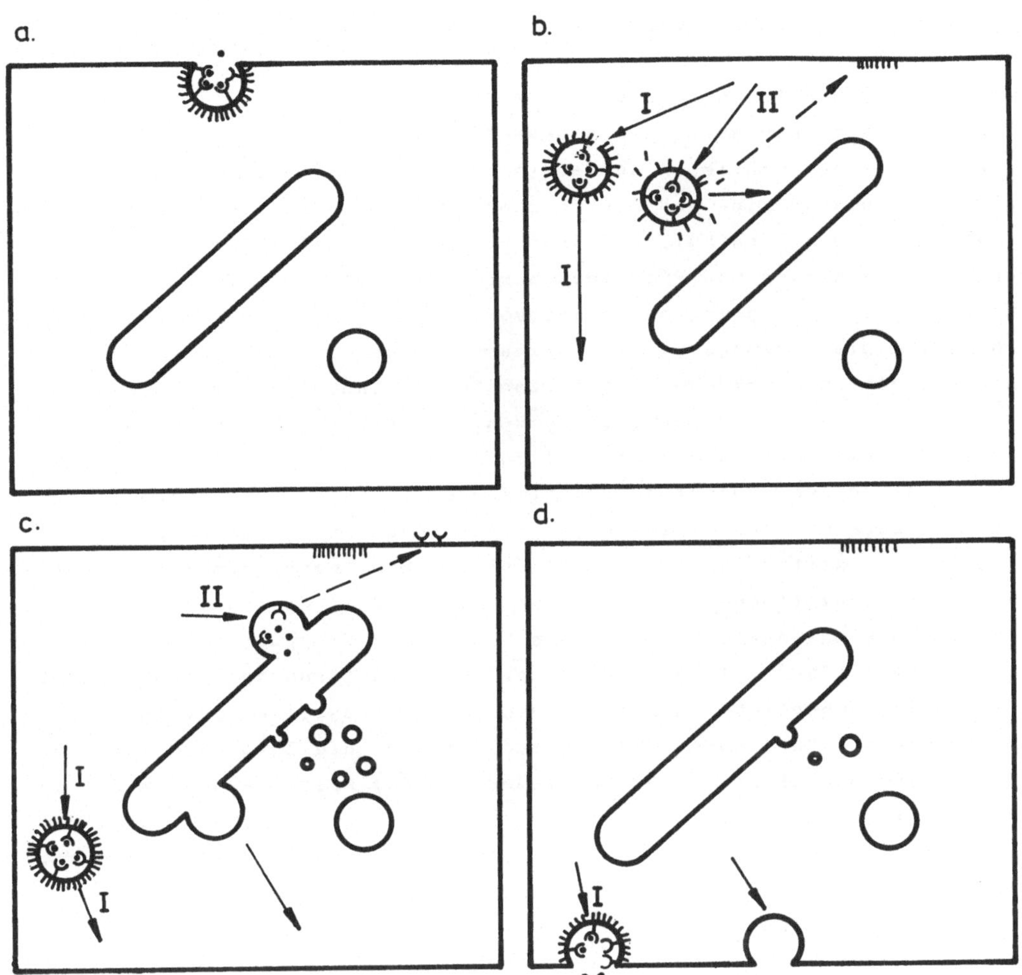

Abb. 7. Schematische Darstellung der rezeptorvermittelten Transcytose
(I) und der rezeptorvermittelten Endocytose (II).(Verändert nach Kleinig und Sitte 1984 sowie Pearse und Bretscher 1981)

sequenz und den Phospholipidgruppen der Membran erreicht. Bei der Inser-

tion der Signalsequenz in das hydrophobe Innere der Membran wechselt

die ß-Struktur in eine α-Helix über. Im Vergleich dazu bewirken die Phos-

pholipidgruppen der Membranoberfläche bei der Transitsequenz die sofor-

tige Ausbildung einer α-Helix (Roise et al. 1986; Epand et al. 1986),

die jedoch an ihrem einen Ende hydrophoben und an ihrem anderen Ende

basischen Charakter aufweist. Diese amphiphilische α-Helix wird als es-

sentiell für den Beginn des Eintransportes von mit einer Transitsequenz

versehenen Proteinen angesehen, der zusätzlich über Rezeptor-Proteine in der Membran gesteuert wird.

2. Der vesikuläre Transport von Proteinen, die co-translational in
das Endoplasmatische Reticulum eingeschleust werden, ist bereits zuvor ausführlich beschrieben worden (siehe 2.2.1., 2.2.2. und 2.2.4.).
Für den zellulären Ein- und Austransport von Proteinen (und anderen Substanzen) ist dieser vesikuläre Transport von genereller Bedeutung. Zell-
fremde Stoffe werden von Protozoen durch intrazelluläre Vesikelbildung
des Plasmalemmas in sogenannten Endosomen aufgenommen, d.h. endocytiert.
Nach Fusion dieser Endosomen mit primären Lysosomen kann es zur Metabolisierung der aufgenommenen Substanzen in den dann vorhandenen, sekundären Lysosomen kommen. Unverwertbare Reste werden durch Fusion der Vesikel mit dem Plasmalemma exkretiert. In den Zellen der Höheren Organismen verläuft diese Endocytose spezifischer als in den Protozoen (Abb. 7).
Bestimmte Bereiche des Plasmalemmas von besonderen Zellen enthalten auf
der Cytoplasmaseite eine als 'coat' bezeichnete Proteinstruktur. Dort
können sich spezifische Rezeptoren ansammeln. Man bezeichnet dieses
meist etwas eingesenkte Ensemble aus 'coat' und Rezeptoren auch als
'coated pits' (Abb. 7a). Nach Beladung der Rezeptoren schnüren sich diese Plasmalemma-Bereiche nach innen als 'coated vesicles' ab. Im Falle
der Transcytose durchquert das 'coated vesicle' die Zelle und verschmilzt
auf der gegenüberliegenden Seite wieder mit dem Plasmalemma. Im Falle
der Endocytose verliert zunächst das 'coated vesicle' seinen 'coat'
und verschmilzt sodann mit primären Lysosomen zu sekundären Lysosomen,
in denen die Metabolisierung der aufgenommenen Substanzen einsetzen
kann. Sowohl die Komponenten des 'coat' als auch die Rezeptoren werden
zum Plasmalemma zurücktransportiert (Abb. 7).

2.3.   MIKROTUBULI

Die Mikrotubuli sind zusammen mit den Actinfilamenten und den interme-
diären Filamenten Elemente des Cytoskeletts. Sie haben eine röhrenför-
mige Struktur, die aus meist 13 Protofilamenten in einer helikalen Anordnung aufgebaut wird. Grundbausteine der Mikrotubuli sind Heterodimere aus α- und β-Tubulin. Die Tubuline sind in der Kern-DNA in Multigen-
Familien codiert. Den Mikrotubuli sind weitere Proteine unbekannter Anzahl assoziiert. Im Falle der Geißeln ist die ATPase Dynein an die Mikrotubuli gebunden. Mikrotubuli sind polar aufgebaut. Das eine Ende der

Röhrenstruktur, an dem die Polymerisation weiterer Heterodimere überwiegt, wird als Plus-Ende, das andere, wo die Depolymerisation überwiegt, als Minus-Ende bezeichnet. Das Minus-Ende kann mit dem Centromer
eines Metaphasechromosoms oder mit Membranen verbunden sein oder frei
im Cytoplasma enden.

2.4.   DAS ENVELOPE DES KERNS

Der Zellkern hat gewöhnlich annähernd kugelförmige Gestalt und bean-
sprucht etwa 10% des Zellvolumens. Seine DNA ist vom Kern-Envelope um-
schlossen, das aus zwei, an den Kern-Poren ineinander übergehenden Membranen besteht. Die äußere Kernmembran dieser Perinuclearzisterne ist
über Vesikel indirekt oder über das Endoplasmatische Reticulum direkt
mit dem Endomembransystem verbunden (Abb. 2; siehe 2.2.1.). Damit unterscheiden sich äußere und innere Membran der Perinuclearzisterne qua-
litativ. Die Chromatin-exponierte Seite der inneren Envelopemembran ist
bei Wirbeltieren von einer faserigen Proteinschicht bedeckt, der sogenannten 'nuclear lamina' (Franke et al. 1981; Gerace und Blobel 1982).
Diese Proteinschicht bildet ein Membranskelett für die Perinuclearzisterne und bietet dem Chromatin Anheftungspunkte. Von diesen wird angenommen (Agutter und Richardson 1980; Lebkowski und Laemmli 1982;
Stick und Hausen 1985), daß sie auch Bedeutung für die DNA-Replikation
und möglicherweise auch für die Genexpression haben. Die Hauptkomponen-
ten des 'nuclear lamina' sind drei hydrophobe Proteine A, B und C mit
Molekulargewichten im Bereich von 70 000 (Gerace und Blobel 1980;
Shelton et al. 1980). Sie werden Lamine genannt. Lehner et al. (1986)
konnten zwei strukturell verschiedene Formen des Lamin B für Vögel (B_2)
und für Säugetiere (B_1) nachweisen. Die Lamine A und B_2 werden zunächst
als höhermolekulare Vorstufen (Precursor-Proteine) synthetisiert und
anschließend zur Größe des 'reifen' Lamins processiert. Die Halbwertszeit des Lamin-A-Precursors beträgt 30 Minuten und die des Lamin-B_2-
Precursors 3 Minuten. Das Lamin B_1 dagegen wird in der Form des 'reifen'
Proteins ohne eine zusätzliche Aminosäuresequenz synthetisiert. Alle
drei Lamine werden an freien Ribosomen synthetisiert und anschließend
in den Kern transportiert. Der Transportmechanismus ist erst in Ansätzen bekannt. Es ist sicher, daß dieser Eintransport nicht verbunden
ist mit dem proteolytischen Abspalten von Aminosäuresequenzen (Dingwall 1985; Robertis et al. 1978; Dabauvalle und Franke 1982), wie es
zum Beispiel beim Eintransport von cytoplasmatisch synthetisierten Pro-

teinen in die Mitochondrien oder die Chloroplasten sowie in das Endo-
plamatische Reticulum stattfindet (siehe 2.2.5 und 2.5.3). Das Processing dieser Lamin-Precursor findet erst im Kern statt.

Nach dem Processing aggregieren die Lamine im Karyoplasma im Envelope-
nahen Bereich zu größeren Komplexen. Diese Aggregation wird durch Phosphorylierung der Lamine aufgehoben (Gerace und Blobel 1980; Miake-Lye
und Kirschner 1985). Die dafür verantwortliche Proteinkinase ist nur
in den Phasen der Meiose oder Mitose aktiv und bewirkt durch die Phosphorylierung die Auflösung der Lamin-Schicht in monomere Lamine. Damit
entfallen auch die Haftpunkte für das Chromatin. In der Telophase setzt
Dephosphorylierung der Lamine und damit ihre Reaggregation ein. Es wird
angenommen, daß die Synthese eines Teils der Lamine als Precursor-Proteine eine vorzeitige Aggregation der Proteine im Cytoplasma unterbinden soll (Lehner et al. 1986). Es kann natürlich nicht ausgeschlossen
werden, daß die Precursor der Lamine noch weitere Reaktionsfolgen im
Kernbereich induzieren.

Die Kernporen, die die Verbindung zwischen Karyoplasma und Cytoplasma
herstellen, sind besonders gestaltet. Sie tragen sowohl karyoplasma-
als auch cytoplasmaseitig einen Randwulst. Das Lumen der Kernporen ist
in Abhängigkeit vom physiologischen Zustand der Zelle mehr oder weniger
von Elementen der Lamin-Schicht erfüllt. Wie das gesamte Kern-Envelope
sind auch die Komponenten der Kernporen dynamische Strukturen, die nach
der Kernteilung wieder neu gebildet werden.

2.5. CHLOROPLASTEN UND MITOCHONDRIEN

2.5.1. Innere Struktur und Organisation

Die Chloroplasten sind von den Plastiden und von den Zellkompartimen-
ten generell die bestuntersuchten Zellorganellen. Bereits 1882 hat
Strasburger nachgewiesen, daß die Chloroplasten nicht de-novo gebildet
werden, sondern sich durch Teilung vermehren und bei der Zellteilung
auf die Tochterzellen verteilt werden. Im Jahre 1909 entdeckten Baur
und Correns, daß Chloroplastenmutationen nicht den Mendelschen Gesetzen
gemäß auf die Folgegenerationen vererbt werden, sondern daß für die
Weitergabe der veränderten Chloroplastenmerkmale nur der mütterliche
Elter verantwortlich ist. In der Folge konnten die plastidäre DNA (Ris
und Plaut 1962) und die plastidären Ribosomen (Lyttleton 1962) identifiziert werden.

In Höheren Pflanzen sind die Chloroplasten meist flach linsenförmig
und haben eine Länge von etwa 4 bis 10 μm (Möbius 1920) bei einem Vo-
lumen von 30 bis 50 μm^3 (Menke und Menke 1956). In den eukaryotischen
Algen variieren Anzahl, Größe und Gestalt der Chloroplasten. So besitzt
Chlamydomonas _reinhardii_ nur 1 Chloroplasten, verschiedene _Euglena_-
Spezies dagegen über 100 Chloroplasten. Die Algenchloroplasten können
linsenförmig (_Euglena_ _gracilis_), schraubenförmig (_Spirogyra_ _mirabilis_),
plattenförmig (_Mougeotia_ _scalaris_) oder sternförmig (_Zygnema_ _circum-_
carinatum) sein oder die Form eines unregelmäßigen Netzwerkes besitzen
(_Oedogonium_ _undulatum_). Die Chloroplasten der Höheren Pflanzen sind
jeweils von zwei Envelope-Membranen umgeben (Abb. 9). Der Innenraum
ist von der hydrophilen Matrix oder dem Stroma erfüllt. Darin enthalten sind unter anderem DNA, Ribosomen, DNA-Polymerase, RNA-Polymerase,
Plastoglobuli, Aminosäuren, Nucleotide, organische Säuren, Stärkekörner,
Zucker und mehr als 200 Proteine. Dieser Anteil löslicher Proteine kann
bis zu 50% aus einem einzigen Protein, dem Enzym Ribulose-1,5-bisphos-
phatcarboxylase/oxygenase, bestehen. Dieses Enzym nimmt eine Schlüssel-
stellung bei der photosynthetischen CO_2-Fixierung und bei der Photorespiration ein (Lorimer 1981; Miziorko und Lorimer 1983).

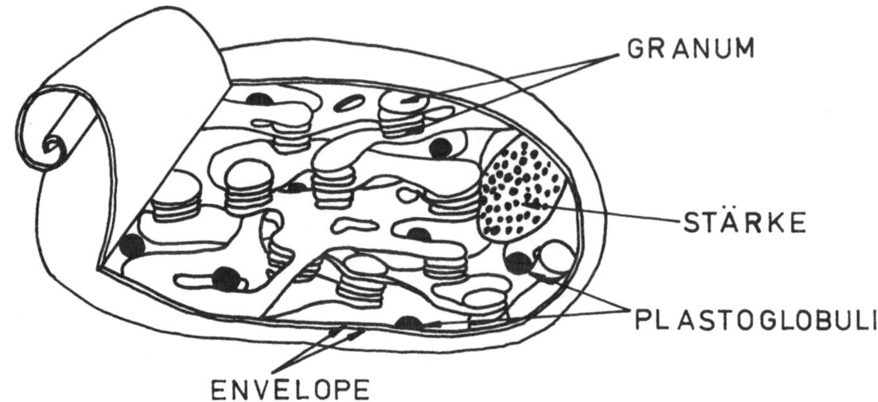

Abb. 9. Schematische Darstellung eines Chloroplasten aus einer Höheren Pflanze. (Verändert nach Reid und Leech 1980)

In die Matrix ist ein durchgehendes Membransystem eingebettet, das Chlorophyll, Carotinoide, Chinone, Phospholipide, Glykolipide, Sulpholipide und die Proteine des Photosyntheseapparates enthält. Diese Membranen bilden flache 'Säckchen' mit einem relativ geringen Innenraum. Jedes 'Säckchen' wird Thylakoid genannt. Sind mehrere Thylakoide dicht gestapelt, so spricht man von einem Granum. Das Vorkommen dieser Grana ist nicht obligatorisch und hängt sehr von den jeweiligen physiologischen Bedingungen ab. Die Thylakoide, die die Grana miteinander verbinden, werden Stroma-Thylakoide genannt.

Die Mitochondrien besitzen zwei Membranen, die äußere und die innere Mitochondrienmembran (Abb. 10). Die innere Membran bildet Invaginationen in die Matrix hinein. Diese Christae können tubulusförmig, flächig oder unregelmäßig ausgebildet sein. In der Regel sind Mitochondrien

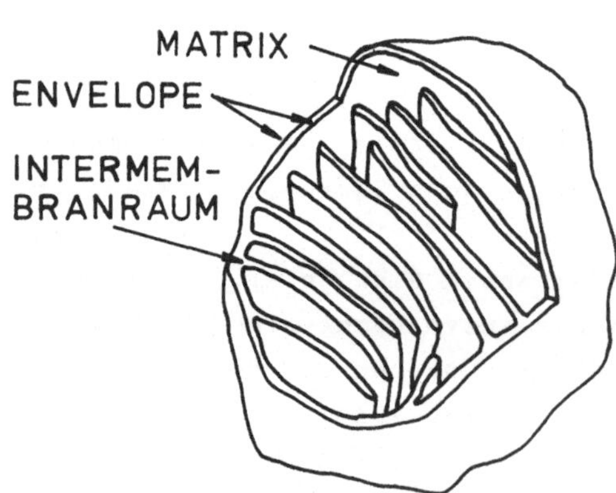

Abb. 10. Schematische Darstellung eines Mitochondrions. (Verändert nach Alberts et al. 1983)

Zellorganellen mit einer durchschnittlichen Länge von 2 bis 8 µm. Sie
können aber auch extrem verzweigt sein und zu einem Netzwerk im peripheren Zellbereich verschmelzen wie zum Beispiel in mit Milchsäure kul-
tivierter _Euglena gracilis_ (Calvayrac et al. 1974). Die Anzahl der Mitochondrien pro Zelle variiert zwischen 1 in einigen Protozoen und mehr
als 100 000 in manchen Oocyten. Wie bei den Chloroplasten besteht die
Matrix aus einem konzentrierten Gemisch, das unter anderem zahlreiche
Enzyme, DNA, DNA-Polymerase, RNA, RNA-Polymerase und verschiedene Stoff-
wechselprodukte enthält.

Die innere Membran der Mitochondrien sowie die Thylakoidmembranen der
Chloroplasten enthalten die Komponenten des respiratorischen bzw. photosynthetischen Apparates. Beiden Systemen gemeinsam ist der Austransport von Protonen (bei den Mitochondrien aus der Matrix in den
Intermembranraum und bei den Chloroplasten aus dem Chloroplastenstroma
in das Thylakoidlumen) beim Durchlauf von Elektronen durch die respiratorische bzw. photosynthetische Elektronentransportkette. Der dabei
aufgebaute Protonengradient sowie das Membranpotential kann zum Ein-
und/oder Austransport bestimmter Intermediate via spezifischer Trans-
lokatoren bzw. zur ATP-Synthese genutzt werden. Es ist verständlich,
daß in beiden Organelltypen die Oberflächenvergrößerung des inneren
Membransystems in der oben beschriebenen Weise eine effiziente Atmungs-
bzw. Photosyntheseleistung gewährleistet. Das Thylakoidsystem leitet
sich von der inneren Envelope-Membran der Chloroplasten ab, steht aber
nicht wie die Christae der Mitochondrien in dauernder Verbindung mit
ihr (Douce und Joyard 1984). Die äußere Membran der Chloroplasten und
der Mitochondrien enthält porenbildende Proteine (Porine) sowie einige enzymatische Eigenschaften. In beiden Fällen stellt die äußere Membran keine selektive Barriere für Intermediate mit einem Molekulargewicht bis zu 6000 dar.

2.5.2.   Die Endosymbiontentheorie: Ursprung von Mitochondrien und
          Chloroplasten

Die Endosymbiontentheorie betrifft einen Teilaspekt der Eucyten-Evolu-
tion, nämlich den Übergang von den Ur- oder Protokaryoten zu den Eukaryoten durch Herausbildung DNA-haltiger Organellen. Im Gegensatz zu
den Organellen des Endomembransystems entstehen die Mitochondrien und
Chloroplasten nicht de-novo, besitzen ihre eigene DNA und gehen aus bereits intrazellular vorhandenen Organellen durch Teilung hervor. Mito-

chondrien und Chloroplasten sind vom Cytoplasma durch jeweils zwei Membranen abgegrenzt, zwischen denen ein nicht-plasmatischer Raum ist (Schnepf 1984). Weder die Mitochondrien noch die Chloroplasten sind ein obligatorischer Bestandteil der eukaryotischen Zelle. Chloroplasten sind nicht in tierischen Zellen vorhanden, sie fehlen aber auch in einer Reihe von Algen-Spezies wie _Astasia_ _longa_ und _Prototheca_ _zopfii_. Andererseits besitzt die Amöbe _Pelomyxa_ _palustris_ keine Mitochondrien. Im Vergleich mit dem genetischen System des Nucleocytoplasmas weist das der Chloroplasten und Mitochondrien prokaryotische Charakteristika auf (siehe 2.6.1. und 2.7.1.).

Unter anderem sind diese Gemeinsamkeiten der Chloroplasten und Mitochondrien mit den Prokaryoten der Endosymbiontentheorie zufolge Belege dafür, daß sich die typischen Zellorganellen eines Eukaryoten von den Prokaryoten herleiten und sukzessiv als Endosymbionten aufgenommen worden sind (Whatley et al. 1979). Es wird angenommen, daß zunächst ein aerobes Bakterium in die Prokaryote eingewandert ist und sich im Laufe der Evolution zu den heutigen Mitochondrien entwickelt hat. Darauf folgend wird die Endocytose einer prokaryotischen Alge angenommen, aus der die heutigen Chloroplasten hervorgegangen sein sollen.

Der Vorgang der Endocytose und der daran anschließenden Etablierung einer Endosymbiose kann auch bei einer Reihe von heutigen Organismen beobachtet werden. Dabei kann der Grad der Abhängigkeit zwischen den beiden Partnern sehr verschieden sein. Als Beispiel sei der Pilz _Geosiphon_ _pyriforme_ genannt, der sowohl mit als auch ohne eine endosymbiontische _Nostoc_-Art existieren kann (v. Wettstein 1915). Ebenso ist _Nostoc_ _sphaericum_ für sich allein lebensfähig. Ein extremes Gegenbeispiel ist _Amoeba_ _discoides_ (Lorch und Jeon 1981). Nach Infektion mit Bakterien und deren Umwandlung zu Endosymbionten wird diese Amöbe irreversibel von ihnen abhängig. Ebenso sind die endocytierten Bakterien nicht mehr allein kultivierbar. Für diesen irreversiblen Anpassungsprozeß reichen 10 Generationen der Amöbe aus.

Generell wird bei der Endocytose der spätere Endosymbiont vom Wirtsorganismus mit einer Membran umhüllt, d.h. das Cytoplasma des Wirtes ist von dem des Endosymbionten durch zwei Membranen unterschiedlicher Herkunft und dem dazwischen befindlichen nicht-plasmatischen Raum getrennt. Demgemäß müßten sich die innere Envelope-Membranen der Mitochondrien und der Chloroplasten von den jeweiligen äußeren Envelope-Membranen unterscheiden. In der Tat enthält nur die innere Envelope-Membran der

Mitochondrien Cardiolipin. Dieses Phospholipid tritt sonst nur bei Bakterien auf. Bei der inneren und äußeren Envelope-Membran der Chloroplasten ist solch ein signifikanter Unterschied allerdings nicht zu finden (Joyard et al. 1987).

Während die Mitochondrien stets zwei Envelope-Membranen besitzen, trifft dies für die Chloroplasten nicht durchweg zu. So besitzen die Chloroplasten der Euglenophyceae und der Pyrrhophyceae drei und die der Cryptomonaden und vieler anderer Chromophyta sogar vier Envelope-Membranen. Dieses Phänomen ist mit Hilfe der Endosymbiontentheorie nur dann zu erklären, wenn von einem polyphyletischen Ursprung der Chloroplasten ausgegangen wird (Whatley und Whatley 1984). So wird eine Verwandschaft zwischen den Chloroplasten der Rhodophyceae und den Cyanophyceae postuliert. In Analogie dazu wurde Prochloron, ein Prokaryot ohne Phycobilisomen aber mit Chlorophyll a und b (Lewin 1981), als Verbindung zwischen den Cyanophyceae und den Chloroplasten der Chlorophyceae und der Höheren Pflanzen in Erwägung gezogen. In entsprechender Weise kann durch drei aufeinanderfolgende Endocytierungen einer prokaryotischen Alge und der zwei daraus hervorgehenden eukaryotischen Algen die Entstehung des dreimembranigen Envelopes der Pyrrhophyceae erklärt werden (Wilcox und Wedemayer 1985).

Das genetische Realisationssystem der Chloroplasten und Mitochondrien weicht stark von dem des Nucleocytoplasmas ab und weist viele Bezüge zu dem der Prokaryoten auf. Diese Unterschiede sind vor allem die grundsätzlich andere Organisation der Organellen-DNA, die Hemmung von Translation und Transkription durch andere Antibiotika und die 70S-Ribosomen anstatt der 80S-Ribosomen (siehe 2.6.1. und 2.7.1.). Die mögliche Verwandschaft dieser Organellen-Ribosomen mit denen der Prokaryoten konnte im Rekonstitutionsexperiment von funktionsfähigen 70S-Ribosomen aus den kleinen Untereinheiten der Organellen-Ribosomen und den großen Untereinheiten von E.coli-Ribosomen nachgewiesen werden. Mit kleinen Untereinheiten der 80S-Ribosomen dagegen war dieses Rekonstitutionsexperiment nicht möglich.

Hinsichtlich der Nucleinsäure- als auch der Proteinsequenzdaten stehen die Mitochondrien und die Chloroplasten völlig außerhalb des Eukaryotenstammbaums. So zeigt die vergleichende Sequenzanalyse, daß die rRNAs der plastidären Ribosomen nächstverwandt den rRNAs der Cyanophyceae sind und die der mitochondrialen Ribosomen in der phyletischen Nachbarschaft der phototrophen Bakterien stehen. Exemplarisch zeigt

Abb. 11 ein solches Bezugsdiagramm für die 16S rRNA von <u>Cyanophyceae</u>
und verschiedenen Chloroplasten. Es wurden im sogenannten 'fingerprint'

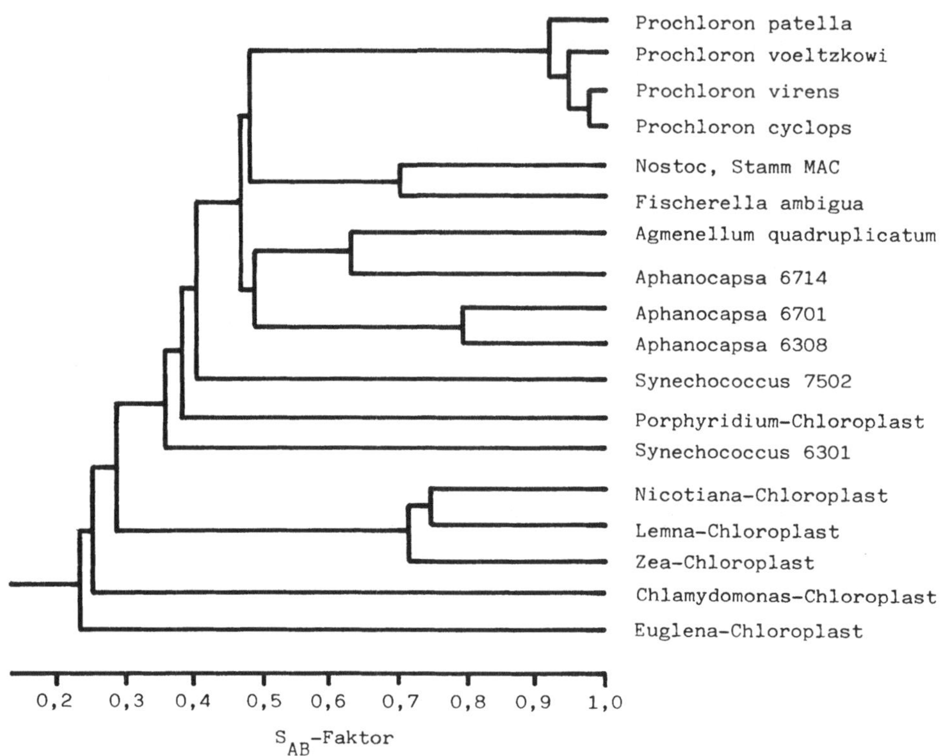

Abb. 11. Beziehungsdendrogramm zwischen <u>Cyanophyceae</u>, <u>Prochloron</u> und
Chloroplasten auf der Grundlage der 16S rRNA.(Nach Stackebrandt 1983)

Verfahren die Sequenzen der 16S rRNA enzymatisch in definierter Weise
in Bruchstücke zerlegt und anschließend zweidimensional gelelektropho-
retisch aufgetrennt. Nach dieser Auftrennung wurden nur Spaltstücke
weiter beachtet, die eine Sequenz von mehr als 6 Nucleotiden besaßen;
bei kürzeren Sequenzen kann es sich um nicht-signifikante Übereinstimmungen handeln. Aus dem Vergleich der Elektropherogramme der 16S rRNAs
zweier Organismen A und B läßt sich dann der sogenannte S_{AB}-Faktor be-
rechnen. Werte von nahe 1 bedeuten große Identität, wie sich in der Abb.
11 für die <u>Prochloron</u>-Gruppe zeigt. Werte unter 0,15 sind nicht mehr signifikant. Bereits diese Methode zeigt eine Verwandtschaft zwischen dem
<u>Porphyridium</u>-Chloroplasten und den <u>Synechococcus</u>-Arten. Die wachsende
Anzahl von bekannten DNA- und RNA-Sequenzen hat es möglich gemacht, auf-

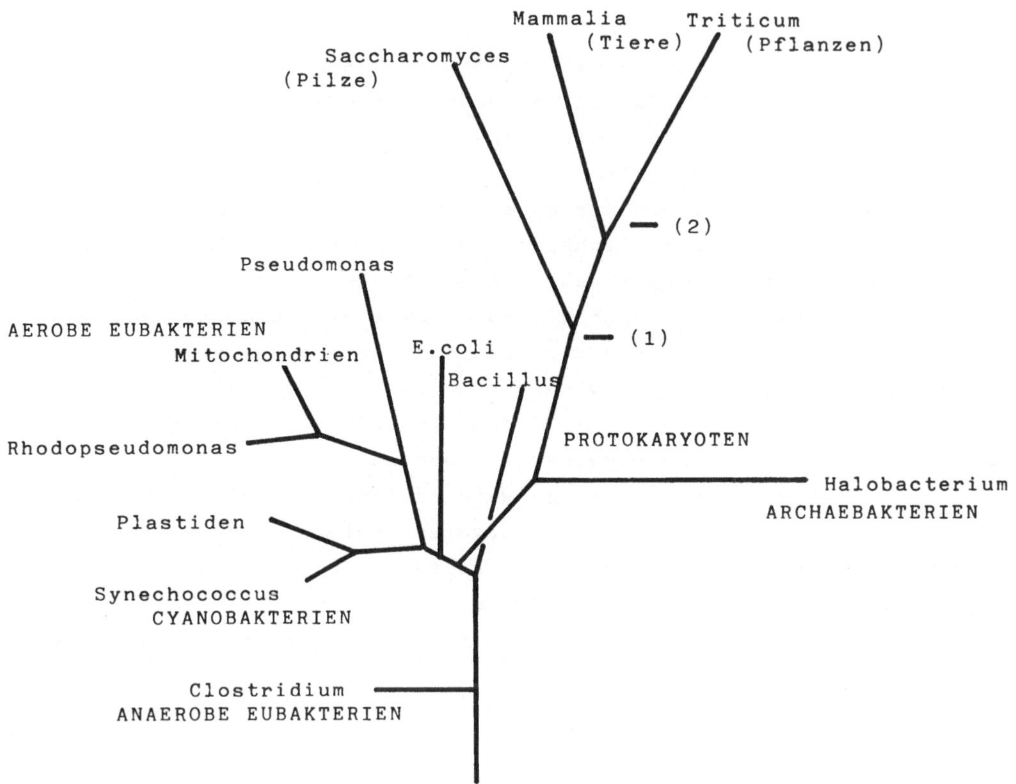

Abb. 12. Sequenzstammbaum auf der Grundlage der Sequenzen des Ferredoxins, des Cytochrom c und der 5S rRNA. (1) = Endocytose der Mitochondrienvorläufer, (2) = Endocytose der Chloroplastenvorläufer. (Nach Dayhoff und Schwartz 1980)

grund der jeweiligen Homologiegrade Sequenzstammbäume zu konstruieren. Die Abbildung 12 zeigt einen Sequenzstammbaum, der aus Stammbäumen für Ferredoxin, Cytochrom c und 5S rRNA kombiniert ist. Es sind klar drei verschiedene Hauptäste ersichtlich: die Archaebakterien, die Eukaryoten und die Eubakterien. Außerdem ist überaus deutlich, daß die Chloroplasten und die Mitochondrien in den Eubakterienast völlig integriert, aber gänzlich getrennt sind von dem Eukaryotenast.

Die Chloroplasten und Mitochondrien sind jedoch nur als semi-autonom zu bezeichnen, da ein Teil ihrer Proteine im Kern codiert ist und im Cytoplasma translatiert wird (siehe 2.6.1.1. und 2.7.1.1.). Darunter sind sogar Proteine des genetischen Realisationssystems der Organellen wie zum Beispiel die DNA-Polymerasen. Gerade diese Abhängigkeit der Organellen vom Nucleocytoplasma hat dazu geführt, daß die Herkunft der Chloroplasten und Mitochondrien auf andere Weise zu erklären versucht wurde. Der Hypothese der endogenen Kompartimentierung zufolge wird davon ausgegangen, daß Plasmide mit Genen der Kern-DNA innerhalb der Urkaryote in besondere Kompartimente eingeschlossen worden sein sollen (Cavalier-Smith 1981; Mahler 1980). Diese Kompartimente, die sich zu den Chloroplasten bzw. Mitochondrien entwickelt haben, sollen durch verminderte Rekombinationsmöglichkeiten die Evolution verlangsamt haben und dadurch soll der prokaryotische Zustand konserviert worden sein. Mit dieser Hypothese sind jedoch die zuvor gezeigten Sequenzanalysen nicht vereinbar. Die Aufteilung der Codierungsorte für die Organellproteine steht jedoch nicht im Widerspruch zu der Endosymbiontentheorie, wenn man davon ausgeht, daß nach der Endocytose ein Gentransfer zwischen Endosymbiont und Wirtszelle eingesetzt haben muß. Wenn es solch einen Gentransfer gegeben haben sollte, so wäre zu fordern, daß die Mitochondrien als 'Erstorganellen' in den Urkaryoten heute weniger Codierungskapazität besitzen müßten als die erst später endocytierten evolutionären Vorstufen der Chloroplasten. In der Tat ist von den Chloroplastenproteinen ein weit größerer Anteil im Plastom codiert als von den Mitochondrienproteinen in der Mitochondrien-DNA (siehe 2.6.1.1. und 2.7.1.1.). Selbst die Auflistung der Codierungsstellen einzelner Organellenproteine hat nicht generelle Gültigkeit. So hat sich herausgestellt, daß im Gegensatz zu den Chloroplasten der Höheren Pflanzen die große und die kleine Untereinheit der Ribulose-1,5-bisphosphatcarboxylase/oxygenase bei einigen Algen wie <u>Cyanophora paradoxa</u> (Heinhorst und Shively 1983), <u>Cyanidium caldarium</u> und <u>Porphyridium</u> (Steinmüller et al. 1983) plastomcodiert sind. Im Fall der Mitochondrien ist bekannt, daß die DCCD-bindende Untereinheit 9 der ATPase dieser Organellen zwar in Hefen von der mitochondrialen DNA codiert wird, in tierischen Mitochondrien und in den Mitochondrien von <u>Neurospora</u> aber kerncodiert ist. Darüberhinaus hat man in der mitochondrialen DNA von <u>Neurospora</u> eine Sequenz gefunden, die der nukleären, für die DCCD-bindende Untereinheit 9 der ATPase codierende DNA-Sequenz weitgehend homolog ist (Boogart et al. 1982). Solche 'vermischte' DNA (Ellis 1983) ist bereits in mehreren Organismen gefunden worden. Homologien zwischen Kern- und Mitochondrien-DNA wurden in <u>Strongylocentrotus purpuratus</u> (Lewin 1983), <u>Saccharomyces cerevisiae</u> (Farelly und Butow 1983), <u>Saltatoria</u> (Gellisen et al. 1983) und <u>Podospora anserina</u> (Wright und Cummings 1983), zwischen Kern- und Chloroplasten-DNA in <u>Spinacia oleracea</u> (Scott und Timmis 1984) und zwischen Chloroplasten- und Mitochondrien-DNA in <u>Zea mays</u>, <u>Pisum</u> und

Phaseolus (Stern et al. 1983) nachgewiesen. Bislang konnte nicht geklärt werden, ob die im Organell jeweils verbliebene DNA-Sequenz auch
tatsächlich transkribiert und translatiert wird. So konnte zwar in den
Mitochondrien von _Ochromonas_ immunologisch die kleine Untereinheit der
Ribulose-1,5-bisphosphatcarboxylase/oxygenase identifiziert werden (Lacoste-Royal und Gibbs 1985), jedoch ist dies kein hinreichender Beweis
für die Codierung dieses Proteins auf der mitochondrialen DNA. Ebenso
kann es sich um einen Fehl-Eintransport eines cytoplasmatisch synthetisierten Proteins in die _Ochromonas_-Mitochondrien handeln (siehe
2.5.3.). (Siehe N1)

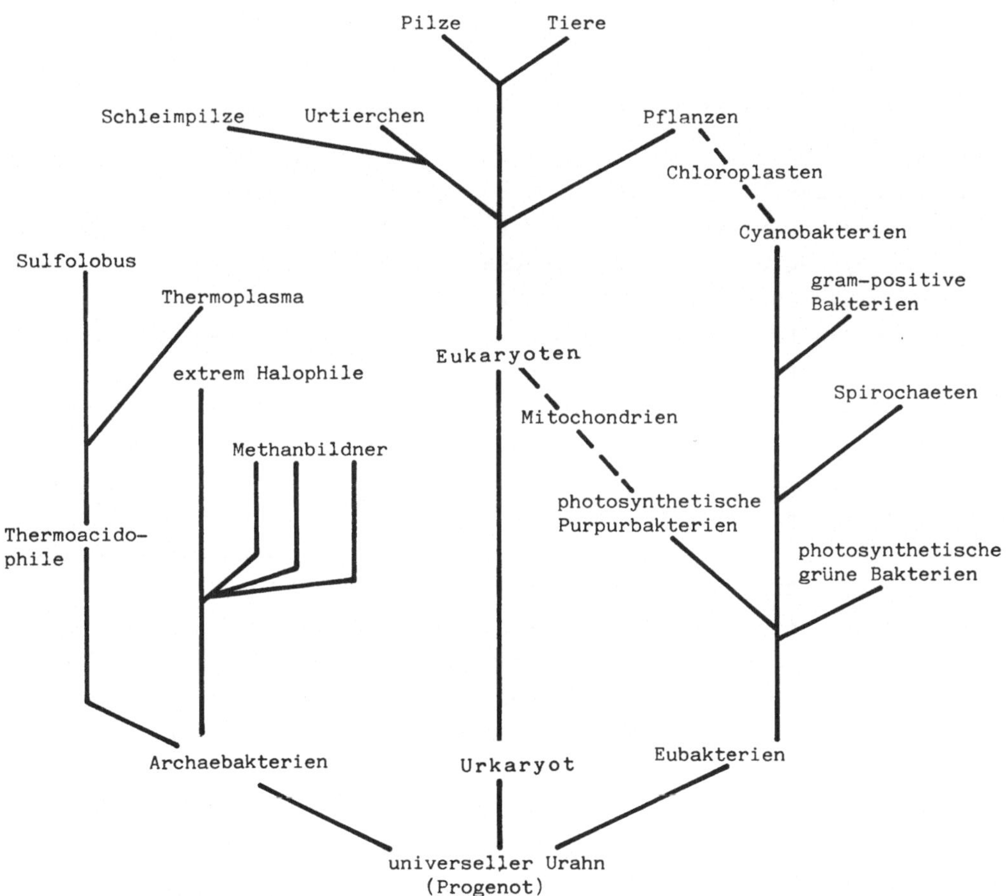

Abb. 13. Darstellung der stammesgeschichtlichen Verwandtschaft von Archaebakterien, Eukaryoten und Eubakterien. (Verändert nach Woese 1981)

Insgesamt sprechen also etliche gewichtige Gründe für die Endosymbiontentheorie. Sie ist derzeit die einzige Theorie, die einen schlüssigen
Grund für die Existenz von bis zu drei genetischen Realisationssyste-
men in der eukaryotischen Zelle liefert, von denen das nucleocytoplas-
matische System erst eine Anzahl von Polypeptiden für die beiden anderen Systeme bereitstellen muß, damit diese wiederum spezielle Proteine
synthetisieren können. Außerdem passen die Aussagen der Endosymbiontentheorie problemlos in das seit einiger Zeit favorisierte dreiteilige
Organismensystem aus Archaebakterien, Eubakterien und Eukaryoten, die
alle auf eine gemeinsame Progenote zurückgehen sollen (Abb. 13)(Woese
1981). Die Endocytoseschritte der Endosymbiontentheorie wären demnach
zeitlich aufeinanderfolgende Verbindungen zwischen dem Eubakterien-
und dem Eukaryotenast.

2.5.3.   Synthese und Eintransport von Kern-codierten Organellproteinen

Die Regulation der Synthese von Kern-codierten Organellenproteinen im
Cytoplasma und ihr Eintransport in die Organellen sind für die Organellendifferenzierung unabdingbar. Während über die Regulation bislang wenig bekannt ist (siehe 2.8.), liegt eine größere Anzahl von Untersuchungen über den Protein-Eintransport in die Organellen vor (Ellis und
Robinson 1985; Hartl et al. 1987; Chua und Schmidt 1979). Am Beispiel
der Chloroplasten soll zunächst eine umfassende Darstellung über den
generellen Ablauf des Protein-Eintransportes gegeben werden (Abb. 14).
Nach dem bisherigen Erkenntnisstand werden die später einzutransportie-
renden Organellenproteine im Cytoplasma an freien Ribosomen synthetisiert (1). Das synthetisierte Protein liegt im Cytoplasma als Vorstufe
(Precursor) vor. Dieser Precursor ist im Gegensatz zu dem Protein im
Organell größer; er trägt eine zusätzliche Aminosäuresequenz, die Transit-Sequenz (2). Nach der Synthese im Cytoplasma (post-translational)
gelangt der Precursor durch das Cytoplasma zum Envelope des Chloroplasten (3). Es erfolgt ein Erkennungs- und Bindungsprozeß des Precursors an dem Envelope, der durch die Transit-Sequenz des Precursors und
spezifische Rezeptorproteine des Envelope bewirkt wird (4). Nach oder
beim Hindurchgelangen des Precursors durch die Envelopemembran (Translokation), das bevorzugt an den sogenannten Kontaktstellen zwischen
äußerer und innerer Envelopemembran erfolgen soll, wird durch eine Endoprotease die Transit-Sequenz vom Restprotein abgespalten. Dieser Vorgang wird als Processing bezeichnet (5). Diese Abspaltung der Transit-
Sequenz hat eine Konformationsänderung des processierten Proteins zur

Folge, was sich auch vielfach durch Änderung der Proteineigenschaften
bemerkbar machen kann. Als Precursor im Cytoplasma überwiegen grundsätzlich die hydrophilen Eigenschaften der Proteine und nach dem Processing zumeist ihre mehr hydrophoben Eigenschaften. Anschließend
kann die Assemblierung mit anderen Proteinen zu Proteinkomplexen erfolgen, wie zum Beispiel bei der Komplexbildung der Ribulose-1,5-bisphos-
phatcarboxylase aus vier großen Untereinheiten, die im Chloroplasten
synthetisiert werden, und vier kleinen Untereinheiten, die im Cytoplasma synthetisiert und in die Chloroplasten eintransportiert werden (6).

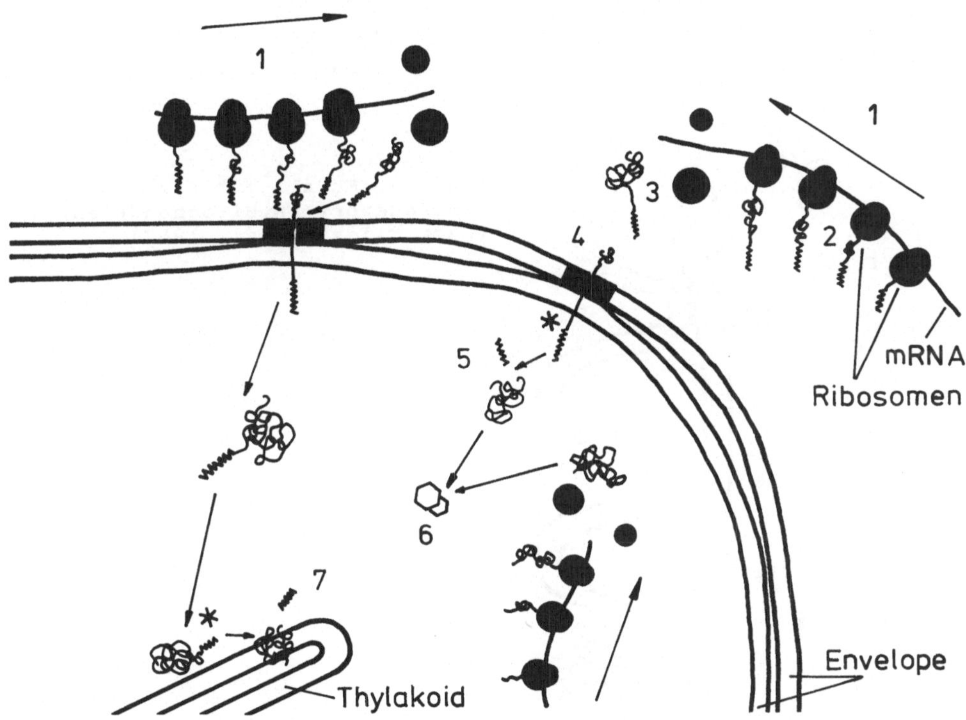

Abb. 14. Generelles Schema für die Synthese und den Eintransport von
Kern-codierten Plastiden-Proteinen in die Chloroplasten. ✳ = Processing,
wwww = Transit-Sequenz. (Erläuterungen im Text)(Verändert nach Douce
und Joyard 1984)

Bei Thylakoidproteinen kann nach Durchquerung des Chloroplasten-Stro-
mas der Processing-Schritt erfolgen, bevor das reife Protein im Thylakoidsystem inseriert werden kann (7). (Siehe N10)

Dieser gesamte Eintransportvorgang kann in-vitro nachvollzogen und in

seine Einzelschritte zerlegt werden. Dies ermöglicht, die Charakteristik
und die Bedingungen der Einzelschritte experimentell zu ermitteln. Für
diese Art der Untersuchungen gehen Cline et al. (1985) von rekombinan-
ter DNA für die kleine Untereinheit der Ribulose-1,5-bisphosphatcarboxy-
lase/oxygenase (SSU) bzw. für das LHCII-Apoprotein des 'Light-harvesting-
system' des Photosystem II aus. Im kombinierten Transkription-Transla-
tionsansatz wurden in-vitro größere Mengen radioaktiv markierter Precursor jeweils eines der beiden Kern-codierten Chloroplastenproteine
synthetisiert. Diese radioaktiv markierten Precursor wurden mit isolierten Chloroplasten aus Pisum inkubiert. Der Eintransport erwies sich als
ATP-abhängig. Bei Hemmung der Photophosphorylierung durch Nigericin erfolgt zwar kein Eintransport, aber die Precursor binden an der Envelope-Membran. Durch Zugabe von ATP kann der Eintransport trotz Hemmung

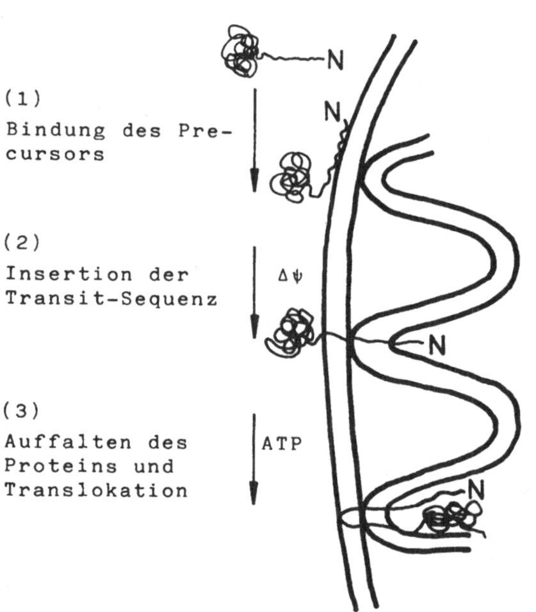

Abb. 15. Modell für den Protein-
Eintransport in Mitochondrien.
(Nach Eilers et al. 1987)

der Photophosphorylierung wieder aufgenommen werden. Diese Untersuchungen zeigen, daß der Prozeß der Bindung zwischen dem Rezeptor-Protein der Envelope-Membran und dem Precursor von dem Prozeß der eigentlichen Translokation des Precursors durch die Envelope-Membran getrennt
werden kann. Außerdem ist damit erwiesen, daß der Bindungsprozeß offensichtlich nicht ATP-abhängig ist, wohingegen der Translokationsprozeß
ATP benötigt. Dies ATP wird weder in Mitochondrien (Pfanner und Neupert 1986; Eilers et al. 1987) noch in Chloroplasten (Schindler et al.

1987) von der in der inneren Envelope-Membran lokalisierten ATPase bereitgestellt. Bei beiden Organellen besteht der ATP-Bedarf auf der Organellen-Außenseite. Nur bei Mitochondrien ist für die Translokation der Precursor zusätzlich ein Membranpotential $\Delta\psi$ über die innere Envelope-Membran erforderlich (Schleyer et al. 1982; Hay et al. 1984; Pfanner und Neupert 1985). Dadurch gliedert sich der Transfer der Precursor in die Mitochondrien nach dem von Eilers et al. (1987) entwickelten Modell in (1) die Bindung des Precursors an den Rezeptor der äußeren Envelope-Membran, (2) die Insertion der Transit-Sequenz und (3) das Auffalten des Proteins und seine Translokation (Abb. 15). Von diesen drei Schritten ist die Insertion der Transit-Sequenz abhängig vom Vorhandensein des Membranpotentials und ist das Auffalten des Proteins und seine Translokation ATP-abhängig. Für die Funktion des ATP beim Eintransport werden zur Zeit mehrere Möglichkeiten erwogen. So könnte eine membrangebundene Protein-Translokase das ATP hydrolysieren und dabei das Protein durch die Membran schleusen oder das ATP dient zur Aktivierung von Rezeptoren/Translokatoren durch Phosphorylierung oder aber das ATP ist nötig zur Konformationsänderung der zu transportierenden Proteine durch ATP-abhängige 'Auffaltungsenzyme' (Rothman und Kornberg 1986). (Siehe N2)

Für die Selektivität des Eintransportes von Precursor-Proteinen sind ihre Transit-Sequenzen und die Envelope-Rezeptoren gleichermaßen entscheidend. Im Chloroplasten-Envelope von _Pisum_ _sativum_ (Cline et al. 1985) befinden sich offensichtlich verschiedene Rezeptor-Spezies, da nach Vorbehandlung der isolierten Chloroplasten mit Thermolysin die Eintransportrate verschiedener Precursor-Spezies unterschiedlich beeinflußt wird. Eine direkte Isolierung und Charakterisierung der Rezeptor-Proteine gelang bisher nicht, jedoch konnte bereits die spezifische Precursor-Bindung an bestimmte Envelope-Proteine nachgewiesen werden (Kloppstech und Bitsch 1986; Bitsch und Kloppstech 1986). Demgegenüber ist die Aminosäuresequenz etlicher Precursor-Proteine bekannt (Abb. 16). Der Vergleich der Transit-Sequenz der kleinen Untereinheit der Ribulose-1,5-bisphosphatcarboxylase/oxygenase von _Lemna_, _Nicotiana_, _Pisum_, _Phaseolus_, _Triticum_ und _Chlamydomonas_ ergibt mehrere Gemeinsamkeiten, die für den Eintransport von Wichtigkeit sein können. Die Transit-Sequenzen sind in ihrer Nettoladung positiv und trotz verschiedener Länge in großen Bereichen homolog. Diese positive Nettoladung spielt sicher eine entscheidende Rolle bei der spezifischen Anheftung des Precursors an die negativ geladene Envelope-Membranen sowie für die Insertion. In bezug auf die Strukturhomologien der Transit-Sequenzen sind drei Domänen deutlich zu unterscheiden: (1) Die Domäne 1 umfaßt die

<u>Kleine Untereinheit der Ribulose-1,5-bisphosphatcarboxylase/oxygenase</u>:

<u>Lemna</u>

```
             oo    oo    +       o       +oo    o++   - oo   oo  + o
     H₂N-MASSMMA STAAVARVGP AQTNMVGPFN GLRSSVPFPA TRKANNDLST LPSSGGRVSC M
```

<u>Nicotiana</u>

```
         oo  o o   o+o         o    +o  o    o++   - oo   o    +
         MASSVLS SAAVATRSNV AQANMVAPFT GLKSAASFPV SRKQNLDITS IASNGGRVQC M
```

<u>Pisum</u>

```
        o  oo o  oo o+ o +  o       +o o    ++  o- oo   oo   + +
        MASMISS SAVTTVSRAS RGQSAAVAPF GGLKSMTGFP VKKVNTDITS ITSNGGRVKC M
```

<u>Phaseolus</u>

```
          oo   oo    oo     +      o  +o   o++o  - oo   o    +
          MASSM ISSPAVTTVN RAGAGMVAPF TGLKSMAGFP TRKTNNDITS IASNGGRVQC M
```

<u>Triticum</u>

```
                    oo oo        +oo    o +o oo  o o o   + +
             MAPAVMA SSATTVAPFQ GLKSTAGLPI SCRSGSTGLS SVSNGGRIRC M
```

<u>Chlamydomonas</u>

```
                    +oo o    + +oo +     + +         - -
                MAVI AKSSVSAAVA RPARSSVRPM AALKPAVKAA PVVAPAEAND M
```

<u>Ferredoxin</u>:

<u>Silene</u>

```
              oo oo o  o o   +      oo  o         +   o+ + o
             MASTLSTLS VSASLLPKQQ PMVASSLPIN MGQALFGLKA GSRGRVTA M A
```

<u>LHCII-Apoprotein</u>:

<u>Pisum</u>

```
                   oooo o  oo o    + +   oo   -    + o  +
                   MAASSS SMALSSPTLA GKQLKLNPSS QELGAARFTM R
```

<u>Lemna</u>

```
                   oo    oo     o   + +-- ++   o- + o  +
                   MAASSAI QSSAFAGQTA LKQRDELVRK VGVSDGRFSM R
```

<u>Petunia</u>

```
                    o    oooo    + + ooooo - o   + o  +
                    MAAAT MALSSSSFAG KAVKLSSSSS EITGNGKVTM R
```

<u>Triticum</u>

```
                    o o o oooo    + +   oo    - +    +
                    MAAT TMSLSSSSFA GKAVKNLPSS ALIGDARVNM R
```

<u>Plastocyanin</u>:

<u>Silene</u>

```
         o oo o     o   + oooo+  o +   o + o + o +-      o
         MATVTS SAAVAIPSFA GLKASSTTRA ATVKVAVATP RMSIKASLKD VGVVVAATAA AGILAGNAMA A
```

Abb. 16. Transit-Sequenzen von kern-codierten Chloroplastenproteinen.
Aminosäuren mit Hydroxylgruppen (o), mit negativer Ladung (-) oder mit
positiver Ladung (+) sind angegeben. Konservative Regionen sind unter-
strichen. (Verändert nach Schmidt und Mishkind 1986)
A = Alanin, C = Cystein, D = Aspartat, E = Glutamat, F = Phenylalanin,
G = Glycin, H = Histidin, I = Isoleucin, K = Lysin, L = Leucin, M =
Methionin, N = Asparagin, P = Prolin, Q = Glutamin, R = Arginin, S =
Serin, T = Threonin, V = Valin, W = Tryptophan, Y = Tyrosin.

ersten 12 bis 20 Aminosäuren am NH₂-terminalen Ende. Sie enthält relativ viel Threonin und Serin und weniger an Arginin und Lysin. Die unter-

schiedliche Länge dieser Domäne 1 schließt als Funktion die Anheftung an bestimmte Rezeptoren des Envelope aus. Der hydrophile Charakter dieser Region kann aber bewirken, daß während der Precursor-Synthese an freien Ribosomen im Cytoplasma das entstehende Protein löslichen Charakter behält. (2) Die Domäne 2 umfaßt die Region um die drei Aminosäuren Glycin-Leucin-Lysin mit den angrenzenden Aminosäuren. Als konservative Sequenz ist die Domäne 2 bei den aufgeführten Spezies nahezu identisch. Deshalb wird der Domäne 2 auch zugeschrieben, mit den Envelope-Akzeptoren zu interagieren. Im Bereich der Domäne 2 kann außerdem ein erster Processing-Schritt erfolgen, d.h. eine spezifische Endoprotease kann diese Domäne 2 erkennen und den ersten Teil der Transit-Sequenz proteolytisch abspalten. In dieser Domäne 2 ist ferner stets ein Prolin zu finden, das mit der positiven Nettoladung der Domäne 2 zu Konformationsänderungen beim Durchtritt der Transit-Sequenz durch die Envelope-Membran beitragen soll. (3) Die Domäne 3 ist (mit Ausnahme bei <u>Chlamydomonas</u>) reich an Threonin und Serin, trägt ein bis zwei positive Ladungen und an der 2. Processingstelle stets ein Cystein. Die konservative Region Glycin-Arginin-Valin der Domäne 3 soll dieses korrekte Processing am Cystein unterstützen. Eine Bedeutung für den Bindungsprozeß am Envelope wird dieser Domäne 3 nicht zugeschrieben, da der Precursor der kleinen Untereinheit aus <u>Chlamydomonas</u>, dem diese konservative Sequenz fehlt, auch von isolierten Chloroplasten aus <u>Spinacia</u> oder <u>Triticum</u> eintransportiert wird (Mishkind et al. 1985). Aus dem Vergleich von insgesamt 13 Transit-Sequenzen von drei Precursor-Spezies haben Karlin-Neumann und Tobin (1986) ein Grundmuster für die Organisation der Transit-Sequenz entwickelt (Abb. 17). Die drei Domänen sind von zwei

<u>MA.S.M.SS</u>-----------------------<u>P.F.G.K</u>-----P------------S--G.<u>GRV</u>
  I   Interblock I   II   Interblock II   III

Abb. 17. Generelles Grundschema für die Organisation der Transit-Sequenz. Die Abfolge der Aminosäuren wurde aus den Transit-Sequenzen des LHCII-Apoproteine, des Ferredoxins und der kleinen Untereinheit der Rubisco von <u>Lemna</u>, <u>Triticum</u>, <u>Arabidopsis</u>, <u>Pisum</u>, <u>Phaseolus</u>, <u>Petunia</u>, <u>Nicotiana</u> und <u>Silene</u> berechnet. I, II, III = Domäne 1, 2 bzw. 3, . = Stelle, die von unterschiedlichen Aminosäuren besetzt sein kann. (Nach Karlin-Neumann und Tobin 1986)

als Interblock bezeichneten Aminosäuresequenzen getrennt, die unterschiedliche Länge und Zusammensetzung haben können. Im Gegensatz zu den Precursor-Proteinen, die in die Chloroplasten eintransportiert werden, ist solches Grundmuster der Organisation für die Transit-Sequenzen der

Precursor-Proteine für die Mitochondrien oder für die Signal-Sequenz
der cytoplasmatischen Sekret- und Membranproteine (2.2.6.) nicht bekannt.

Zur Bedeutung der unterschiedlichen, Precursor-spezifischen Interblocks
haben Untersuchungen von Wasmann et al. (1986) einen Beitrag geliefert.
Sie konnten zeigen, daß eine Chimäre aus der Neomycinphosphotransferase
II (NPTII) und der Transit-Sequenz der kleinen Untereinheit (SSU) der
Ribulose-1,5-bisphosphatcarboxylase/oxygenase (Rubisco) schlecht in isolierte Chloroplasten eintransportiert wird. Enthält dagegen die Chimäre zwischen der Transit-Sequenz der SSU und der NPTII zusätzlich 23 Aminosäuren der processierten SSU, so wird dieses artifizielle Produkt
sehr gut eintransportiert. Diese Eintransportrate wird entscheidend ge-
senkt, wenn der Chimäre im Bereich der Transit-Sequenz Regionen am aminoterminalen Ende oder im Zentrum fehlen. Den Interblocks kann demnach
eine Bedeutung für den Eintransport zugesprochen werden. Wahrscheinlich
sorgen Interaktionen zwischen den Interblocks und Regionen des 'reifen'
Proteins für die richtige Konformation(sänderung) des Precursors beim
Eintransport.

Dieses Zusammenwirken von bestimmten Bereichen der Transit-Sequenz und
der Aminosäuresequenz des 'reifen' Proteins ist für den Eintransport
von Precursor-Proteinen in Mitochondrien zumindest in einem Fall unwe-
sentlich (Emr et al. 1986). Isolierten Hefe-Mitochondrien wurde eine
Chimäre aus dem Precursor für die ß-Untereinheit der mitochondrialen
ATPase und der ß-Galactosidase aus E.coli angeboten. Der Precursor besteht aus 509 Aminosäuren, wovon 20 auf die Transit-Sequenz entfallen.
Für diese Chimäre sowie für solche, denen bestimmte Bereiche der Aminosäuresequenz des Precursors fehlen, beträgt die Eintransportrate zwischen 80 und 90% (Abb. 18). Dies gilt jedoch nicht für die Chimäre,
der die Aminosäuren von der Position 4 bis 34 fehlen. Diese Chimäre
ohne große Teile der Transit-Sequenz zeigt nur eine Eintransportrate
von etwa 10%.

Ein wesentlicher Aspekt für das Funktionieren des eukaryotischen Systems
wäre der ausschließliche Eintransport von Precursor-Proteinen für Chloroplastenproteine nur in Chloroplasten und für Mitochondrien nur in Mitochondrien. Dies würde bedeuten, daß die Transit-Sequenzen der beiden
Precursor-Gruppen nicht nur generell an die Rezeptoren des Envelopes
binden, sondern daß dieser Bindungsprozeß auch organellspezifisch ist.
Zur Klärung dieses Fragenkomplexes wurden von Hurt et al. (1986a) Chi-

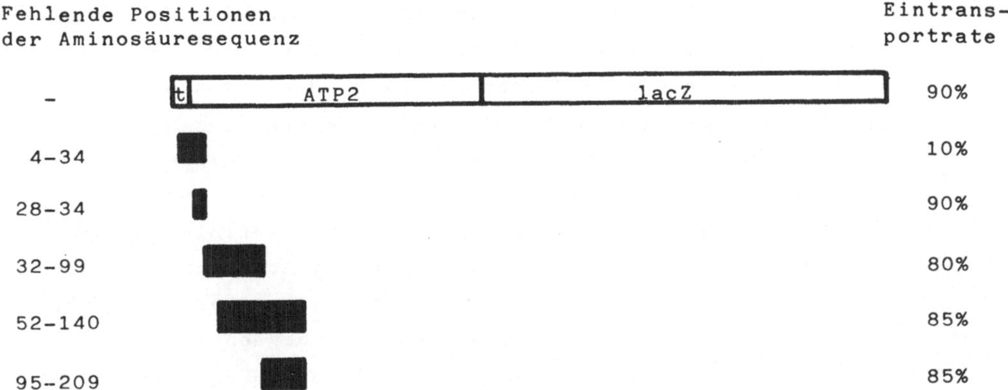

Abb. 18. Eintransportrate einer Chimäre aus dem Precursor der ß-Untereinheit der mitochondrialen ATPase und der ß-Galactosidase aus E.coli
in isolierte Hefe-Mitochondrien in Abhängigkeit von verschiedenen Fehlstellen. (Verändert nach Emr et al. 1986) t = Transit-Sequenz von 20
Aminosäuren.

mären aus der großen Untereinheit (LSU) der Rubisco, deren erste Aminosäure jedoch fehlte, einem Leucin und den ersten 22 Aminosäuren der Transit-Sequenz für den Precursor der Untereinheit IV der Cytochrom-c-Oxidase aus Mitochondrien oder Chimären aus Teilen der SSU der Rubisco,
Teilen der Transit-Sequenz der Untereinheit IV der Cytochrom-c-Oxidase
und der gesamten SSU verwendet (Abb. 19). Auf diese Weise konnte der
Eintransport eines plastidären Proteins aus Chlamydomonas reinhardii in
isolierte Hefe-Mitochondrien untersucht werden. Es zeigte sich, daß die

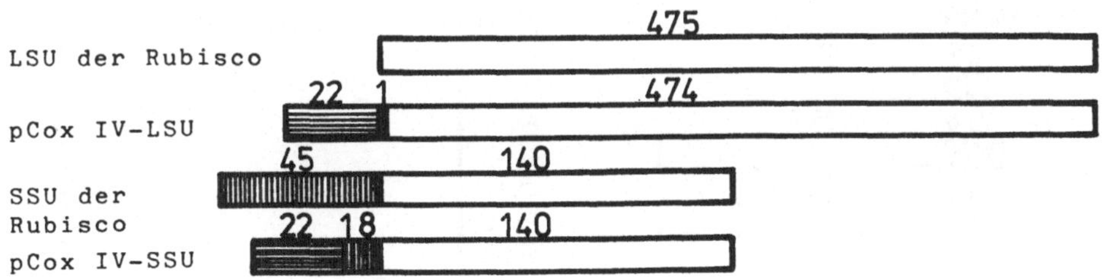

Abb. 19. Konstruktion der Chimäre pCox IV-LSU aus 22 Aminosäuren der
Transit-Sequenz des Precursors der Untereinheit IV der Cytochrom-c-Oxidase, 1 Leucin und 474 Aminosäuren der großen Untereinheit der Rubisco
sowie der Chimäre pCox IV-SSU aus 22 Aminosäuren der pCox IV, 1 Leucin,
8 Aminosäuren der Transit-Sequenz und 140 Aminosäuren des 'reifen' Proteins der kleinen Untereinheit der Rubisco. (Verändert nach Hurt et al.
1986a)

die LSU enthaltende Chimäre in die isolierten Mitochondrien eintransportiert und auch processiert worden ist. Das entsprechende Ergebnis wurde für den Eintransport der SSU erreicht, wenn die Transit-Sequenz den 22 Aminosäuren umfassenden Teil der Transit-Sequenz des mitochondrialen Precursors der Untereinheit IV der Cytochrom-c-Oxidase enthielt. Nach diesen Untersuchungen erscheint für den Eintransport von Proteinen in Mitochondrien nur das Vorhandensein einer 'mitochondrialen' Transit-Sequenz notwendig zu sein. Die Konfiguration des eintransportierten Proteins spielt demnach eine nur untergeordnete Rolle. Zur Gegenkontrolle zu diesen Experimenten ist es wichtig, den entsprechenden Eintransport von Chimären mit vorgeschalteten 'plastidären' Transit-Sequenzen zu untersuchen. Dazu wurden Chimären entweder aus 31 Aminosäuren der Transit-Sequenz der SSU aus <u>Chlamydomonas reinhardii</u>, 4 Aminosäuren des Precursors der Untereinheit IV der mitochondrialen Cytochrom-c-Oxidase aus <u>Saccharomyces cerevisiae</u> und der vollen Aminosäuresequenz der Dihydrofolat-Reduktase aus <u>Mus musculus</u> oder aus 22 Aminosäuren der Transit-Sequenz des Precursors der Untereinheit IV der Cytochrom-c-Oxidase aus <u>Saccharomyces cerevisiae</u> und der vollen Sequenz der Dihydrofolat-Reduktase aus <u>Mus musculus</u> verwendet (Hurt et al. 1986b)(Abb. 20). Der Eintransport der Dihydrofolat-Reduktase wurde bei Inkubation mit isolierten Hefe-Mitochondrien durch beide Transit-Sequenzen vermittelt. Jedoch zeigte die 'mitochondriale' Transit-Sequenz eine größere Effizienz für

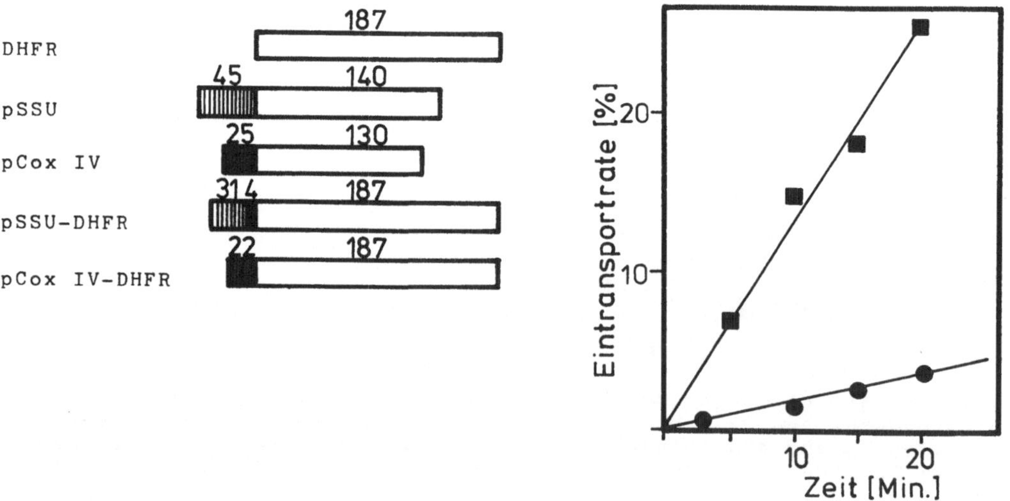

Abb. 20. Konstruktion und Eintransportrate der Chimären pSSU-DHFR (●) und pCox IV-DHFR (■). Erläuterungen im Text. (Nach Hurt et al. 1986b)

den Eintransport in die Mitochondrien (Abb. 20). Interessanterweise wurde aber auch die 'plastidäre' Transit-Sequenz von der mitochondrialen Endoprotease processiert. Demnach ist der Eintransport von kern-codierten Organellenproteinen in die Chloroplasten oder in die Mitochondrien nur begrenzt signifikant. Es kann also in-vivo durchaus auch zu Fehleintransporten kommen.

Die kern-codierten Organellenproteine müssen nach ihrem Eintransport in die Mitochondrien oder in die Chloroplasten ihren Funktionsort erreichen, der zum Beispiel bei löslichen Proteinen in der Matrix und bei Membranproteinen in der inneren Envelope-Membran oder in den Thylakoidmembranen sein kann. Auch für diesen intraorganellären 'Sortiermechanismus' sind das Überwiegen von hydrophilen oder hydrophoben Eigenschaften und die Konformation des eintransportierten Proteins entscheidend. Bei den Mitochondrien erfolgt der Eintransport meistens über die Kontaktstellen zwischen innerer und äußerer Envelope-Membran. Die anschließende Verteilung auf die mitochondrialen Kompartimente Matrix, innere Envelope-Membran oder Interspace (= Raum zwischen den beiden Envelope-Membranen) ist abhängig von der Transit-Sequenz des Precursors. So wird eine Chimäre aus der Transit-Sequenz und einem Teilbereich des processierten Proteins der Untereinheit IV der Cytochrom-c-Oxidase aus _Saccharomyces cerevisiae_ und der vollen Länge der Dihydrofolat-Reduktase aus _Mus musculus_ in isolierte Hefe-Mitochondrien eintransportiert, processiert und ist anschließend in der Matrix lokalisiert (Abb. 21)(Hurt et al. 1984). Ebenso gelangt dieses cytosolische Enzym in die Mitochondrien-Matrix, wenn es mit den ersten zwölf Aminosäuren eines kern-codierten Membranproteins der äußeren Envelope-Membran verknüpft und isolierten Hefe-Mitochondrien als Pseudo-Precursor angeboten wird (Hurt et al. 1985). Wird dieselbe Sequenz von zwölf Aminosäuren dem Precursor der Untereinheit IV der Cytochrom-c-Oxidase vorgeschaltet, dessen Transit-Sequenz jedoch auf die letzten 6 Aminosäuren reduziert ist, so wird auch diese Chimäre von isolierten Hefe-Mitochondrien eintransportiert und processiert. Die Untereinheit IV wird jedoch in der inneren Mitochondrienmembran inseriert.

Ein zweiter Regelmechanismus für die endgültige Lokalisierung der eintransportierten Proteine im Organell ist vielfach ein zweistufiges Processing. Der erste Processing-Schritt erfolgt generell bei oder nach der Translokation durch das Envelope und der zweite Processing-Schritt vor oder bei der Insertion in die Thylakoid-Membran der Chloroplasten bzw. in die innere Envelope-Membran der Mitochondrien im Cristae-Be-

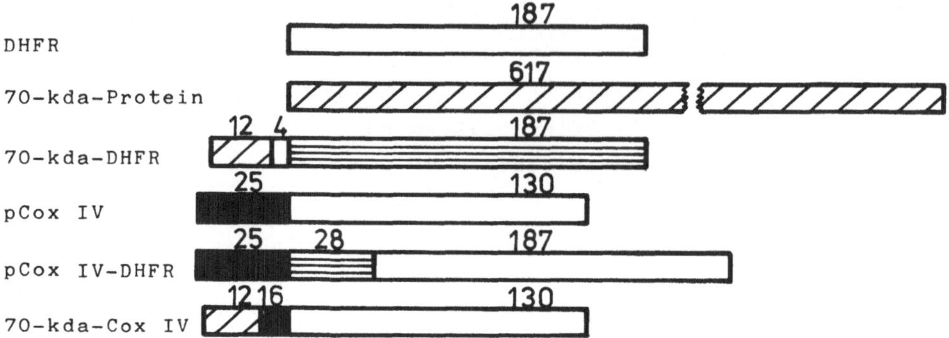

Abb. 21. Konstruktion der Chimären 70-kda-DHFR, pCox IV-DHFR und 70-kda-Cox IV. Erläuterungen im Text. (Nach Hurt et al. 1984, 1985)

reich. Das Verbleiben eines Abschnittes der Transit-Sequenz nach der Translokation durch das Envelope soll auch den hydrophilen Charakter vieler Membranproteine bewahren, die nach dem 2. Processing-Schritt hydrophoben Charakter annehmen.

2.6.   CHLOROPLASTENONTOGENESE

Chloroplasten sind der Plastiden-Typ photosynthetisch aktiver Pflanzenzellen. Grundsätzlich können sich sämtliche Plastiden-Typen in Chloroplasten umwandeln. Diese Chloroplastenontogenese ist unter anderem begleitet von einer massiven Ausdifferenzierung des internen Thylakoidsystems und der Etablierung des typischen Enzym-Ensembles. Das Verste-
hen dieses Gesamtvorganges setzt voraus zu wissen, (1) wo die plastidären Proteine codiert sind, (2) wie die Expression dieser Gene gesteuert
wird, (3) welche Regulationsmechanismen auf transkriptionaler und/oder
translationaler Ebene wirken, (4) wie der Protein-Eintransport in die
Chloroplasten erfolgt, (5) wie die Assemblierung zu den Holo-Komplexen
abläuft und (6) welchen Regeln die Insertion der Proteine in die Membranen unterliegt. Damit werden zwei der heutigen Grundfragen der Biologie
berührt: die Aufklärung der molekularen Basis der Differenzierung und
der Regulationsmechanismus zwischen verschiedenen genetischen Realisa-
tionssystemen. In diesem Sinne wird die Chloroplastenontogenese im folgenden bei der Ausdifferenzierung von Proplastiden zu Chloroplasten
(2.6.2.) und während der Entwicklung von 'jungen' Chloroplasten zu 'alten' Chloroplasten (2.6.4.) dargestellt und den Differenzierungsvorgängen in C_3- und C_4-Pflanzen (2.6.3.), in verschiedenen Gewebetypen
(2.6.6.) und bei der Chromoplastenentwicklung (2.6.5.) gegenübergestellt.

2.6.1.   Genetisches Realisationssystem der Chloroplasten

2.6.1.1. Plastidäre DNA und genetische Kompetenz der Chloroplasten

Die plastidäre DNA (ptDNA) ist doppelsträngig, ringförmig und frei von
Histonen. Sie weist eine Länge von etwa 40 bis 60 µm auf (Tabelle 1).
Die sog. 'Schwimmdichte' der ptDNA der Höheren Pflanzen, die mittels
Ultrazentrifugation im Cäsiumchloridgradienten ermittelt wird, liegt
meist bei 1,697 g cm^{-3}. Sie variiert bei der ptDNA verschiedener Algen-
Spezies zwischen 1,706 g cm^{-3} bei Acetabularia cliftonii und 1,685 gcm^{-3}
bei Euglena gracilis. Der berechnete Guanin-Cytosin-Gehalt liegt im Bereich zwischen 35% und 40%. Er ist für Euglena mit 26% sehr niedrig und
für Acetabularia mit 47% sehr hoch. Für die ptDNA von Euglena gracilis

Tabelle 1 . Eigenschaften der plastidären DNA

Spezies	Schwimm-dichte (g cm^{-3})	Guanin-Cytosin-Geh. (%)	Länge (µm)	Moleku-largew. (kbp)	Referenzen
Acetabularia cliftonii	1,706	47	bis 400		(1,2)
Acetabularia acetabulum	1,703	44	bis 400		(3)
Chlamydomonas reinhardii	1,695	36	62	196	(4-8)
Chlorella ellipsoidea	1,695	36	56	175	(9)
Chlorella pyrenoidosa	1,687	28			(10,11)
Codium fragile	1,696	37	27	85	(12)
Cyanophora paradoxa	1,692	33		127-138	(13-17)
Euglena gracilis	1,685	24-26	40-44	125-143	(18-24)
Ochromonas danica	1,690	30			(25)
Olisthodiscus luteus	1,691	31	46	150	(26-29)
Porphyridium cruentum	1,694	35			(25)
Polytoma obtusum		17			(30)
Pylaiella littoralis	1,693	34			(31)
Scenedesmus obliquus	1,694	35			(32)
Sphacellaria spec.	1,695	36			(31)
Spirogyra spec.	1,690	30			(33)
Vaucheria sessilis		38	36		(34)
Sphaerocarpus donelli	1,691	31		112	(35)
Asplenium nidus	1,697	38		132	(35)
Osmunda cinnamomea				144	(36)
Pteris vittata	1,697	38		130	(35)
Allium cepa	1,696	37			(37)
Avena sativa	1,698	39	37		(38)
Narcissus pseudonarcissus	1,697	38	44	161	(39,40)
Pennisetum americanum				125-130	(41)
Secale cereale	1,699	39		136-144	(42)
Spirodela oligorrhiza	1,698	37	54	182	(43)
Triticum aestivum	1,698	39		135	(44)
Tulipa gessneriana			43,6	131	(45)
Zea mays	1,700	39	38	136	(38)
Antirrhinum majus	1,697	38	46	138	(35)
Atriplex triangularis				152	(46)
Atropa belladonna				158-161	(47)
Beta vulgaris	1,697	38	46	138	(35)
Brassica napus				150	(48)
Cucumus sativus	1,701	42		155	(46)
Lactuca sativa	1,697	38	44-46	132-138	(38)
Lycopersicon spec.				149	(49)
Nicotiana tabacum	1,697	38-41		160	(35,47,50)
Oenothera parviflora	1,697	38	45	152	(35)
Petunia hybrida	1,699	39	46	153	(51)
Phaseolus aureus				150	(52)
Phaseolus spec.	1,699	39	40	120	(38)
Phaseolus vulgaris	1,698	37,7		150	(38,52)
Sinapis alba				158	(53)
Solanum spec.				158	(48)
Spinacia oleracea	1,693	37-39	40	158	(35)
Tropaeolum majus			44	155	(40)
Vicia faba	1,696	37	39	121	(54)

(1) Green et al. (1977) (2) Padmanabhan und Green (1978) (3) Mazza et al. (1980)
(4) Bastia et al. (1971) (5) Howell und Walker (1976) (6) Behn und Herrmann (1977)
(7) Wells und Sager (1971) (8) Rochaix (1978) (9) Yamada (1982) (10) Bayen und Ro-

de (1973) (11) Dalmon und Bayen (1975) (12)Hedberg et al. (1981) (13) Herdman und Stanier (1977) (14) Mucke et al. (1980) (15) Bohnert et al. (1982) (16) Edelman et al. (1967) (17) Jaynes et al. (1981) (18) Edelman et al. (1964) (19) Ray und Hanawalt (1964) (20) Gray und Hallick (1977) (21) Brawermann und Eisenstadt (1964) (22) Stutz und Vandrey (1971) (23) Manning und Richards (1972) (24) Slavik und Hershberger (1976) (25) Charles (1977) (26) Cattolico (1978) (27) Ersland et al. (1981) (28) Aldrich und Cattolico (1981) (29) Lüttke (1980) (30) Siu et al. (1975) (31) Dalmon und Loiseaux (1981) (32) Pryke et al. (1979) (33) Takaya und Sasaki (1973) (34) Kowallik und Hennig (unveröffentlicht) (35) Herrmann et al. (1980) (36) Palmer und Stein (1982) (37) Wells und Ingle (1970) (38) Kolodner und Tewari (1975) (39) Falk et al. (1974) (40) Thompson et al. (1981) (41) Rawson et al. (1981) (42) Herrmann und Feierabend (1980) (43)   Ee et al. (1980) (44) Bowman et al. (1981) (45) Wuttke (1976) (46) Palmer (1982) (47) Fluhr und Edelman (1981) (48) Vedel und Mathieu (1983) (49) Palmer und Zamir (1982) (50) Tewari und Wildman (1970) (51) Bovenberg et al. (1981) (52) Palmer und Thompson (1981) (53) Link (1981) (54) Koller und Delius (1980)

(Stutz und Vandrey 1971) und von _Spinacia oleracea_ (Schmitt et al. 1981) wurde nachgewiesen, daß das DNA-Molekül heterogen zusammengesetzt ist. Bei _Euglena gracilis_ unterscheiden sich große Anteile der ptDNA um 3o% im Guanin-Cytosin-Gehalt.

Chloroplasten können zwischen 10 und 200 DNA-Moleküle enthalten (Scott und Possingham 1980). Die ptDNA ist in mehreren Stroma-Bereichen (Nucleoiden) des Chloroplasten lokalisiert. Chloroplasten sind also sowohl polyploide als auch polyenergide Organellen. Der Polyploidie-Grad der ptDNA und die Anzahl der Nucleoide im Chloroplasten hängt vom Entwicklungsstand des Chloroplasten ab. So besitzen junge Spinat-Chloroplasten etwa 200 DNA-Moleküle, Chloroplasten älterer Spinatblätter dagegen nur 30 DNA-Moleküle in etwa 10 bis 15 Nucleoiden (Scott und Possingham 1980). Wie für Weizen (Boffey et al. 1979) wird auch für Spinat angenommen, daß die plastidäre DNA-Replikation vornehmlich in den Zellen junger Spinatblätter abläuft. Lamppa et al. (1980) konnten an Erbsenpflanzen nachweisen, daß zwar die Zahl der Chloroplasten bei der Entfaltung der Primärblätter ansteigt, jedoch die ptDNA-Menge je Chloroplast sinkt. Damit ändert sich der zelluläre Gehalt an ptDNA nicht. Entsprechende Befunde liegen für _Olisthodiscus luteus_ vor (Cattolico 1978).

In den Nucleoiden liegen die zahlreichen ptDNA-Moleküle in einer Überstruktur (Supercoil) vor. Für diese Organisationsform können bestimmte Proteine mitverantwortlich sein. Es handelt sich bei diesen nicht um Histone, sondern um Proteine, die wahrscheinlich die Anheftung des Nucleoids an die Thylakoide bewirken (Yoshida et al. 1978). Die Nucleoide sind dynamische Strukturen. In bestimmten Entwicklungsstadien der Chloroplasten können sie miteinander fusionieren (Sando et al. 1981).

Die durchschnittlich 50 µm lange ptDNA mit ihren 130 000 bis 160 000

Basenpaaren (Pennisetum americanum bzw. Nicotiana tabacum)(Rawson et al.
1981; Fluhr und Edelman 1981) kann theoretisch etwa 100 Proteine mit
einem Molekulargewicht von 30 000 codieren. Die ptDNA des Lebermooses
Marchantia polymorpha (Ohyama et al. 1986) und des Tabaks (Shinozaki et
al. 1986) ist bereits komplett sequenziert. Danach enthalten diese
ptDNAs über 120 Gene (Tabelle 2), davon 2 x 4 für rRNAs, etwa 30 für
tRNAs und nahezu 50 für Proteine des Thylakoidsystems.

Tabelle 2. Identifizierte Gene der ptDNA aus Marchantia polymorpha und
aus Nicotiana tabacum.(Nach Ohyama et al. 1986 und Shinozaki et al.
1986)

	Anzahl der Gene	
	Nicotiana	Marchantia
rRNAs (16S, 23S, 4,5S, 5S)	2x4	2x4
tRNAs	30	32
Ribosomale Proteine	19	20
Translationsfaktoren	2	2
RNA-Polymerase (Untereinheiten α, ß, ß´)	3	3
Rubisco (große Untereinheit)	1	1
Photosystem I	2	2
Photosystem II	6	7
Cytochrom b/f-Komplex	3	3
ATPase	6	6
NADH-Dehydrogenase-Komplex	6	7
Ferredoxin	–	3
Membrantranslokator	–	1
Nicht-identifizierte Gene (ORFs)	38	mehr als 28

Wenn auch die ptDNAs anderer Organismen bislang noch nicht durchsequen-
ziert sind, so ergibt sich aus den vorliegenden Daten bereits jetzt ein
hoher Konstantheitsgrad in der Genausstattung der Plastome verschiedener Höherer Pflanzen. Zieht man in Betracht, wieviele Enzyme und Komponenten in einem funktionsfähigen Chloroplasten bekannt sind, so ergibt
sich eine hypothetische Zahl von etwa 1000 Gen-Produkten. Davon konnten
bislang mehr als 140 Proteine im Stroma und wenigstens 50 Proteine aus
dem Thylakoidsystem nachgewiesen werden (Roscoe und Ellis 1982). Das
Chloroplasten-Envelope enthält wenigstens 25 Polypeptide (Joy und Ellis
1975; Brandt 1982; Joyard et al. 1982). Diese Zahlen belegen, daß ein
großer Teil der Chloroplastenproteine im Kern codiert sein muß und nach

der Synthese im Cytoplasma in die Chloroplasten eintransportiert wird.

Die Grundstruktur der ptDNA der Höheren Pflanzen ist in wesentlichen Grundzügen einheitlich. Für die meisten ptDNAs sind zwei große repetitive, invertierte Sequenzen charakteristisch. Diese Anordnung bewirkt eine gegenläufige Ableserichtung der komplementären Abschnitte (Abb. 22). Sie umfassen generell etwa 20 000 bis 24 000 Basenpaare, in der ptDNA von _Spirodela_ 27 000 Basenpaare (van Ee et al. 1980). Diese repetitive Sequenzen enthalten die Gene für die plastidären rRNAs. Zwischen die repetitiven Sequenzen sind eine kleine und eine große Einzelstrang-Sequenz eingeschaltet. Diese Einzelstrang-Sequenzen variieren speziesspezifisch. Für die kleine Einzelstrang-Sequenz werden Werte zwischen 12 000 Basenpaaren für die ptDNA von _Zea mays_ und 76 000 Basenpaaren für die ptDNA von _Chlamydomonas reinhardii_ angegeben (Kolodner und Tewari 1979; Rochaix 1978), für die große Einzelstrang-Sequenz zwischen 78 500 Basenpaaren in _Zea mays_ und 100 000 Basenpaaren in _Spirodela_ (Kolodner und Tewari 1979; van Ee et al. 1980). Von diesem Grund-

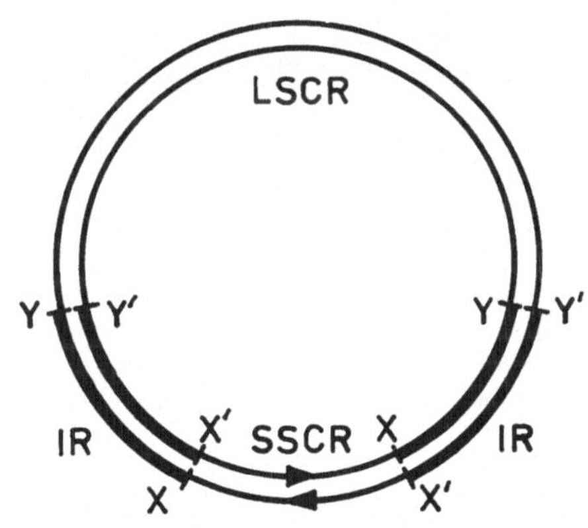

Abb. 22. Hauptcharakteristika der Morphologie der ptDNA der Höheren Pflanzen. LSCR = große Einzelstrang-Sequenz, SSCR = kleine Einzelstrang-Sequenz, IR = invertierte, repetitive Sequenz.

muster weicht die Organisation der ptDNA verschiedener Organismen ab. Die ptDNA von einigen _Euglena_-Spezies, von _Pisum_ und von _Phaseolus_ weist keine repetitiven Sequenzen auf und die von _Euglena gracilis_, Stamm Z eine dreifache Tandem-Sequenz, die von kurzen Zwischenstücken (Spacern) gegliedert wird.

Diese generelle Übereinstimmung der ptDNA-Organisation vieler Organismen kann auch für Teilbereiche der ptDNA im Detail demonstriert werden. Dies sei an dem die rRNAs codierenden ptDNA-Bereichen gezeigt (Abb. 23). Sofern vorhanden sind die Gene für die rRNAs stets in den repetitiven

Sequenzen lokalisiert, d.h. sie sind per Chromosom in zweifacher Ausführung vorhanden. Zusammen mit einigen tRNA-Genen nehmen die rRNA-Gene
bei Höheren Pflanzen etwa 30% und bei _Euglena gracilis_ die gesamte repetitive Sequenz ein (Wollgiehn und Partier 1979). In _Euglena_ sind die
drei Operons nur von sehr kurzen Spacern getrennt (Rawson et al. 1978;
Jenni und Stutz 1978; Gray und Hallick 1977). Im Plastom von _Chlamydo-
monas_ und der ptDNA der Höheren Pflanzen sind die Gene nahe dem einen
Ende der repetitiven Sequenz nach folgendem Grundmuster geclustert:
5´- 16S - Spacer - 23S - 5S - 3´. Dieses Grundmuster zeigt speziesspezifische Modifikationen (Abb. 23). So hat der Spacer zwischen der 16S

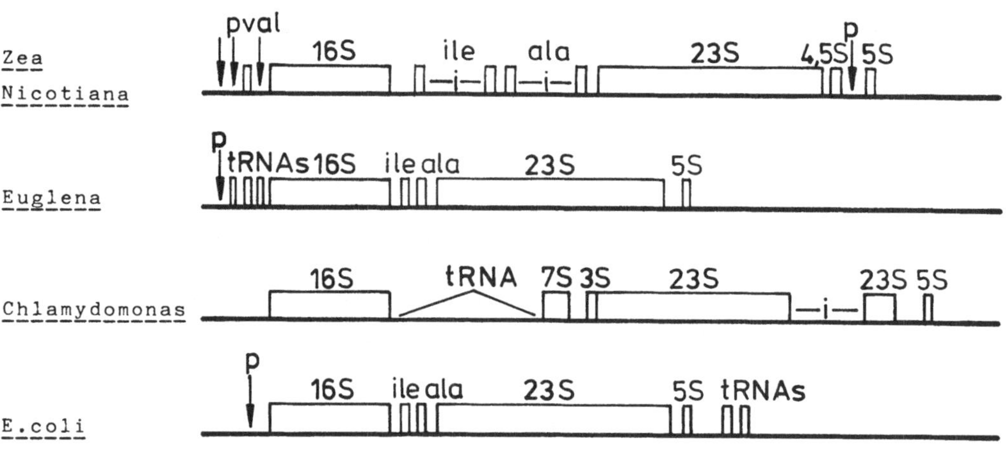

Abb. 23. Schematische Darstellung plastidärer rrn Transkriptionseinhei-
ten im Vergleich zur _E.coli_ rrn Transkriptionseinheit. p = Promoter,
i = Intron. (Verändert nach Bohnert et al. 1982)(Weitere Referenzen im
Text)

und der 23S rRNA eine Länge von 259 Basenpaaren bei _Euglena_ (Graf et al.
1980), von 2 408 Basenpaaren bei _Zea mays_ (Koch et al. 1981) und von
2 080 Basenpaaren bei _Nicotiana tabacum_ (Takaiwa und Sugiura 1982b).
Der entsprechende Spacer im _E.coli_ rrn Operon umfaßt 440 Basenpaare
(Brosius et al. 1981) und enthält zusätzlich tRNA-Gene. In _E.coli_ und
in Mais-Chloroplasten wird dieser Spacer zusammen mit den rRNAs co-transkribiert. Der Homologie-Grad zwischen der 16S rRNA von _Nicotiana taba-
cum_ und von _Zea mays_ und der 16S rRNA von _E.coli_ beträgt 74%, im Fall
der 23S rRNA 67% (Schwarz und Kössel 1980; Tohdoh und Sugiura 1982; Edwards und Kössel 1981; Takaiwa und Sugiura 1982a). In Gesamtorganisation
und Homologie-Grad weisen also _E.coli_ und die ptDNA im Bereich der rRNA-
Gene große Übereinstimmung auf. (Siehe N3)

Dies gilt in ähnlicher Weise auch für die DNA-Bereiche, in denen die Untereinheiten der ATPase codiert sind. In $\underline{E.coli}$ sind diese die Untereinheiten codierenden Gene in einem Operon zusammengefaßt (Abb. 24). Nach einem Gen 1, dessen Produkt noch nicht identifiziert worden ist, folgen die Gene für die Untereinheiten a, c und b des in die Membran inserierten ATPase-Anteils BF_o. Daran schließen sich die Gene für die Untereinheiten δ, α, γ, β und ε des Extrinsicanteils BF_1 der ATPase an. Die Spacer innerhalb dieses Operons betragen jeweils weniger als 65 Basenpaare (Gay und Walker 1981a,1981b; Nielsen et al. 1981; Saraste et al. 1981). Die Gene für die Untereinheiten der plastidären ATPase aus $\underline{Spinacia}$ $\underline{oleracea}$ zeigen eine erstaunliche Übereinstimmung in der Organisation und Reihenfolge auf der ptDNA mit der auf der bakteriellen DNA.

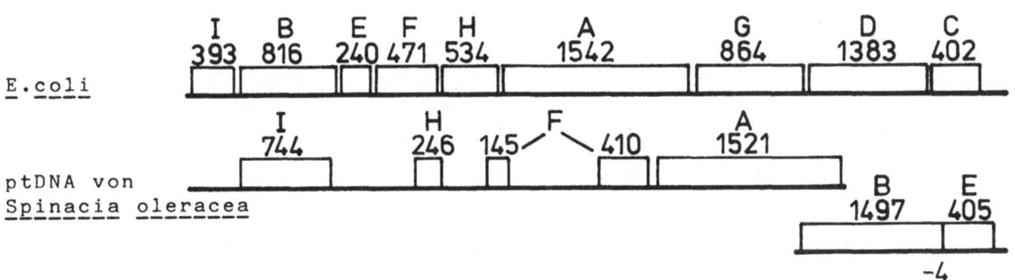

Abb. 24. Anordnung der Gene im $\underline{E.coli}$ atp (unc) Operon und in den atp Operons A und B der ptDNA aus $\underline{Spinacia}$ $\underline{oleracea}$. In $\underline{E.coli}$ codieren uncI für Protein I, uncB für die F_o-Untereinheit a, uncE für die F_o-Untereinheit c, uncF für die F_o-Untereinheit b, uncH für die F_1-Untereinheit δ, uncA für die F_1-Untereinheit α, uncG für die F_1-Untereinheit γ, uncD für die F_1-Untereinheit β und uncC für die F_1-Untereinheit ε. In entsprechender Weise codiert in der ptDNA von $\underline{Spinacia}$ $\underline{oleracea}$ atpI für IV, atpH für III, atpF für I, atpA für α, atpB für β und atpE für ε. (Verändert nach Hennig und Herrmann 1986)

Wesentliche Unterschiede sind allerdings (1) die Aufspaltung in zwei Operons, von denen das Operon A die Gene für die Untereinheiten IV, III und I des CF_o sowie das Gen für die Untereinheit α des CF_1 und das Operon B die Gene für die β- und die ε-Untereinheit des CF_1 enthält, (2) das Auftreten längerer Spacer zwischen den Genen des Operons A sowie das Überlappen der beiden Gene im Operon B und (3) die Aufteilung des Gens für die Untereinheit I in zwei Exons mit einem dazwischen geschalteten Intron von 764 Basenpaaren. Analysen der Aminosäuresequenzen ergaben für die Untereinheiten der Spinat-ATPase eine Übereinstimmung von 30% - 40% mit denen der ATPase-Untereinheiten aus $\underline{E.coli}$ oder aus Mitochondrien. Auf dieser Grundlage konnte auch eine eindeutige Zuordnung des CF_o-I zum F_o-b, des CF_o-IV zum F_o-a und des CF_o-III zum F_o-c erfolgen (Hennig und Herrmann 1986). Das CF_o-II ist kerncodiert und hat kein Äquivalent in der E.coli-ATPase. Die im Plastom von Spinacia fehlenden Gene für die δ- und γ-Untereinheit des CF_1 sind ebenfalls im Kern codiert, aber äquivalent zu F_1-δ bzw. F_1-γ. Diese Organisation der ATPase-Gene in Spinacia ist evolutionär nur durch einen Gen-Transfer und nicht durch eine 'Parallel-Evolution' dieser ATPase-Codierung in Eukaryoten und in Eubakterien zu erklären. Falls dieser Gen-Transfer tatsächlich stattgefunden hat, müssen noch weitere Umorganisationen auf der ptDNA erfolgt sein, die zum Einschub des Spacers von 40 000 Basenpaaren zwischen Operon A und B geführt haben. Beide Operons werden komplett und von demselben ptDNA-Strang transkribiert. Dieses für die Chloroplasten der Höheren Pflanzen einheitlich erscheinende Muster gilt nicht für die Gen-Organisation der ATPase in Chlamydomonas reinhardii (Woessner et al. 1987). Bei dieser einzelligen Alge sind die entsprechenden sechs Gene auf beide Einzelstrang-Sequenzen verteilt. Dies führt dazu, daß die beiden Untereinheiten β und ε nicht mehr in einem Operon zusammengefaßt sind und auch nicht mehr co-transkribiert werden. Eine stärkere Umorganisation kann vermutet werden.

Es ist ein generelles Phänomen, daß - wie im Falle der ATPase - die Gene für die Proteine, die Komponenten eines thylakoidalen Multiproteinkomplexes sind, auf das Plastom und die Kern-DNA verteilt sind. Das Thylakoidsystem enthält vier solche Multiproteinkomplexe: das Photosystem I (PSI), das Photosystem II (PSII), den Cytochrom b/f-Komplex und die ATPase. Bezogen auf diese Thylakoidproteine haben die Chloroplasten eine etwa 50%ige Codierungskompetenz. Diese umfaßt sämtliche Reaktionszentren der Photosysteme, alle Chlorophyll a-bindenden Proteine und sämtliche Cytochrome. Damit kommt dem genetischen Realisationssystem der Chloroplasten bei der Thylakoiddifferenzierung eine entscheidende Rolle zu. In der Tabelle 3 sind die Komponenten der vier Multiproteinkomplexe des Thylakoidsystems mit ihren Codierungsorten und 'Gennamen' aufgeführt. Es sei auch betont, daß diese Angaben hauptsächlich auf Untersuchungen an Chloroplasten Höherer Pflanzen basieren. Es ist durchaus möglich und denkbar, daß die ptDNAs verschiedener Algenspezies im Einzelfall für weitere Proteine codieren, wie sich an der Codierung der kleinen Untereinheit der Ribulose-1,5-bisphosphatcarboxylase/oxygenase in Cyanidium- und Porphyridium-Chloroplasten (Steinmüller et al. 1983) bzw. in den Cyanellen von Cyanophora paradoxa (Heinhorst und Shively 1983) bereits gezeigt hat.

Tabelle 3. Verteilung der Gene für die Thylakoidproteine auf die ptDNA und auf die Kern-DNA.(Erweitert und verändert nach Herrmann 1984)

Gen-Produkt	in der ptDNA codiert	in der Kern-DNA codiert	Codierungs- stelle noch unbekannt	Gen
ATPase:				
Untereinheit α von CF_1	1	–	–	atpA
Untereinheit β von CF_1	1	–	–	atpB
Untereinheit γ von CF_1	–	1	–	atpC
Untereinheit δ von CF_1	–	1	–	atpD
Untereinheit ε von CF_1	1	–	–	atpE
Untereinheit I von CF_1	1	–	–	atpF
Untereinheit II von CF_o	–	1	–	atpG
Untereinheit III von CF_o	1	–	–	atpH
Untereinheit IV von CF_o	1	–	–	atpI
Photosystem II:				
Herbizid-bindendes Protein (D1)	1	–	–	psbA
PSII P680-Apoprotein	1	–	–	psbB
PSII 44-kda-Protein	1	–	–	psbC
PSII D2-Protein (34 kda)	1	–	–	psbD
Cytochrom b559-Apoprotein	1	–	–	psbE
PSII 4,5-kda-Protein	1	–	–	psbF
PSII G-Protein (32-kda)	1	–	–	psbG
PSII 10-kda-Phosphoprotein	1	–	–	psbH
Wasserspaltungsapparat aus 33-kda-, 23-kda-, 16-kda-Protein	–	3	–	
LHCII-Apoprotein	–	1	–	
Photosystem I:				
PSI P700-Apoprotein A1	1	–	–	psaA
PSI P700-Apoprotein A2	1	–	–	psaB
Chlorophyll a-bindendes Protein	1	–	–	psaC
Untereinheiten	–	2	2	
LHCI-Apoprotein	–	1	–	
Cytochrom b/f-Komplex:				
Cytochrom f-Apoprotein	1	–	–	petA
Cytochrom b6-Apoprotein	1	–	–	petB
Rieske-Protein	–	1	–	petC
Untereinheit IV	1	–	–	petD
Untereinheit	–	–	1	
Andere Proteine:				
Plastocyanin	–	1	–	petE
Ferredoxin	–	1	–	petF
NADP-Ferredoxinoxidoreduktase	–	1	–	
Chlorophyllidoxidoreduktase	–	1	–	
	20	15	3	

Sowohl aus der Verteilung der Gene für Proteine, die in Komplexen zusammengefaßt sind, auf das Plastom und auf die Kern-DNA als auch aus der zuvor erläuterten Tatsache, daß die Chloroplasten im Gegensatz zur Kern-DNA polyploid und polyenergid sind, ergeben sich gravierende Probleme bei der Interaktion von Nucleocytoplasma und Chloroplasten auf transkriptionaler, translationaler und post-translationaler Ebene. Darauf wird an entsprechender Stelle im weiteren eingegangen werden.

2.6.1.2. Plastidäre Genexpression

Die DNA-abhängige RNA-Polymerase von E.coli bindet an bestimmte Nucleotidsequenzen der DNA vor der Startstelle der Transkription. Die Sequenz dieser prokaryotischen Promoter ist aus dem Vergleich zahlreicher RNA-Polymerase-Bindungsstellen hergeleitet worden und hat eine uniforme Grundstruktur (Abb. 25). In-vitro bindet die prokaryotische RNA-Polymerase ebenso an die ptDNA. Jedoch variiert die Affinität zwischen prokaryotischer RNA-Polymerase und den verschiedenen Bindungsstellen an der ptDNA. Sie ist am größten mit dem dem psbA-Gen vorgeschalteten Bereich (Zech et al. 1981). Mit der Affinität ist die Transkriptionsrate korreliert. Zur Identifizierung plastidärer Promoter-Sequenzen ist es nicht hinreichend, nur die Sequenz-Homologie bestimmter Abschnitte der ptDNA mit E.coli-Promoter-Sequenzen nachzuweisen, sondern diese ptDNA-Sequenzen müssen außerdem dem 5´-Ende des Transkripts im Abstand weniger Nu-

```
Prokaryotischer          TTGACA-------17Bp---------TATAAT
Promoter


                         -35                          -10      +1
rbcL   Zea     TTTGGGTTGCGCTATATCTATCAAAGAGTATACAATAATGATGGATTTGG
       Spinacia G............C....A...G...................T......


atpB   Zea     TCTGTTGACAGCAATCTATGCTTCACAGTAGTATATATTTTGTATATCGA
       Spinacia A..C........TGG.A....T.GT.T.TGTA...CCTAGA...GA.AAT.


psbA   Triticum ACTTGGTTGACATTGGTATATAGTCTATGTTATACTGTTAAATAACAAGC
       Spinacia TA...........CG..C.....AGGC...............G........T.
```

Abb. 25. Darstellung der 5´-Regionen, die den Chloroplasten-Genen rbcL, atpB bzw. psbA vorgeschaltet sind. +1 = Startstelle der Transkription, ... = homologe Sequenzen, ----- = homologe Sequenzen mit dem prokaryotischen Promoter, ▲ = Begrenzung des plastidären Promoters. (Verändert nach Hanley-Bowdoin und Chua 1987)

cleotide vorgeschaltet sein. Diese Bedingungen erfüllen die das 5´-Ende flankierenden DNA-Sequenzen der Gene rbcL (LSU der Rubisco), atpB (ß-Untereinheit der ATPase), psbA (Herbizid-bindendes Protein) und trnM (tRNA-Met) weitgehend. Diese konservativen 5´-Regionen der rbcL-Gene sind zu 85% homolog zwischen Monokotylen (Zea, Triticum, Hordeum) und Dikotylen (Spinacia, Nicotiana und Pisum). Werden speziesspezifische Unterschiede vernachlässigt, so erreicht der Homologiegrad für die atpB-Gene Werte von 90% und für die psbA-Gene Werte von 87%. Alle drei Gene zeigen einen hohen Homologiegrad im Bereich -35 bis -10 mit der prokaryotischen Promoter-Sequenz (Abb. 25). Zwischen den konservativen Sequenzen in den Positionen -35 und -10 erstreckt sich in allen Fällen eine Sequenz von 17 bis 18 Basenpaaren. Es ist allerdings aus mehreren Gründen nicht gerechtfertigt, diese Übereinstimmung allein zum Auffinden weiterer Promoter in der ptDNA zu benutzen. Dies ist nur zweifelsfrei in Kombination mit einem in-vitro transkribierenden System zu erreichen.

Extrakte löslicher Proteine aus den Chloroplasten von Euglena gracilis (Brandt und Wiessner 1977; Greenberg et al. 1984), Sinapis alba (Link 1984), Spinacia oleracea (Gruissem et al. 1986; Orozco et a. 1986), Zea mays (Mullet et al. 1985) und Pisum sativum (Boyer und Mullet 1986) zeigen RNA-Polymerase-Aktivität. Aufgrund der Ergebnisse der in-vitro Transkription von plastidären mRNA- und tRNA-Genen mit Hilfe dieser löslichen plastidären RNA-Polymerase konnte der plastidäre Promoter-Bereich auf der ptDNA vor den Genen bestimmt werden (Abb. 25), ohne den eine Transkription des Gens nicht erfolgt. Vor allem Punktmutationen im Bereich der Positionen -35 und -10 sowie die Veränderung des Abstandes von 17 bis 18 Basenpaaren zwischen diesen Positionen senken die Transkriptionsrate beträchtlich (Gruissem und Zurawski 1985). Die Promoter benachbarter Gene kooperieren offensichtlich miteinander. So sind die Promoter des rbcL- und des atpB-Gens, die in entgegengesetzter Orientierung auf der ptDNA von Zea mays zu finden sind, nur 100 Basenpaare voneinander entfernt. Eine Eliminierung des Promoters des rbcL-Gens steigert in-vitro die Transkriptionsrate des atpB-Gens, während eine Veränderung der Sequenz zwischen den Positionen -35 und -10 des rbcL-Promoters die Transkriptionsrate beider Gene absenkt (Hanley-Bowdoin und Chua 1987). Es wird angenommen, daß die Bindung der RNA-Polymerase an den rbcL-Promoter zu sterischen Veränderungen im Bereich des atpB-Promoters führt. Dies ist unter Umständen ein Steuerungsprinzip der Genexpression in den Chloroplasten. Demnach können benachbarte Gene nicht simultan an einem ptDNA-Molekül transkribiert werden. Damit ist für die Transkriptionsrate einer Gen-Spezies die relative Bindungsaffi-

nität des Promoters zur RNA-Polymerase entscheidend. Ein zweites Steuerungsprinzip für die Genexpression im Chloroplasten erfolgt über die
spezifische Wirkung der plastidären Gyrase (Lam und Chua 1987) und einer plastidären Topoisomerase I (Siedlecki et al. 1983) auf die Konformation der ptDNA. Im speziellen Fall des rbcL- und des atpB-Gens wird
die Genexpression nach Einwirkung von Gyrase auf die ptDNA angeregt und
nach Einwirkung von Topoisomerase I gehemmt. Die Möglichkeit der RNA-
Polymerase-Bindung an die Promoter dieser Gene ist damit davon abhängig,
daß zumindest im Bereich der beiden Gene die ptDNA in einer superhelika-
len Form vorliegt (Thompson und Mosig 1987).

Außer der 'löslichen' RNA-Polymerase ist aus den Chloroplasten von Euglena gracilis und von Höheren Pflanzen (Rushlow et al. 1980; Briat et
al. 1979; Reiss und Link 1985) ein sogenannter TAC-Komplex (= tran-
skriptionsaktives Chromosom) isoliert worden, der aus ptDNA, einer RNA-
Polymerase und anderen Proteinen besteht. Aufgrund unterschiedlicher
Eigenschaften des TAC-Komplexes und der 'löslichen' RNA-Polymerase, insbesondere des Temperaturoptimums, des KCl- und Mg^{2+}-Bedarfs sowie der
Hemmbarkeit durch Heparin, wie auch ihrer Spezifität für tRNA- und
mRNA- bzw. rRNA-Gene wurde vermutet (Greenberg et al. 1984), daß zwei
verschiedene RNA-Polymerasen in den Chloroplasten vorliegen. Kürzlich
konnte aber gezeigt werden, daß die 'lösliche' RNA-Polymerase aus Spi-
nacia-Chloroplasten ebenso rRNA-Gene transkribieren kann (Briat et al.
1987). Wenn es tatsächlich zwei verschiedene RNA-Polymerasen im Chloroplasten geben sollte , so müßten - unter Einbeziehung der Codierungskapazität der ptDNA für dieses Enzym (Tabelle 4) - entweder die plasti-
där-codierten Untereinheiten jeweils mit einem von zwei 'Typen' kern-codierter Untereinheiten assembliert werden, damit zwei verschiedene RNA-
Polymerasen im Chloroplasten entstehen, oder aber die eine RNA-Polymerase ist nach dem generellen Muster der Plastidenkomplexe teils im Pla-

Tabelle 4. Codierungskapazität der ptDNA für die RNA-Polymerase (nach
Shinozaki et al. 1986)

Gen-Produkt	Abschnitt der ptDNA	Gen	ptDNA-Strang
Untereinheit α	Große Einzelstrangsequenz	rpoA	B
Untereinheit ß	Große Einzelstrangsequenz	rpoB	B
Untereinheit ß´	Große Einzelstrangsequenz	rpoC	B

stom und teils in der Kern-DNA codiert, während die Untereinheiten der
anderen plastidären RNA-Polymerase vollständig im Kern codiert sind, im
Cytoplasma synthetisiert werden und erst nach Eintransport und Processing im Chloroplasten zum Holoenzym assembliert werden können. Eine
Klärung dieser Frage werden weitere Untersuchungen erbringen.

Als Endpunkt der Transkription enthalten viele plastidäre Gene in ihrer
3´-Region schleifenartige Konformationen ('stem-and-loop'), wie sie auch
von bakterieller DNA her bekannt sind. Solche Sekundärstrukturen im 3´-
Bereich sind bereits für das rbcL-Gen von <u>Spinacia</u>, <u>Chlamydomonas</u>
(Abb. 26) und <u>Zea</u> <u>mays</u> sowie für das psbA-Gen von <u>Spinacia</u> und <u>Nicoti-</u>
<u>ana</u> <u>debneyi</u> nachgewiesen (Adhya und Gottesman 1978; Yang et al. 1986).

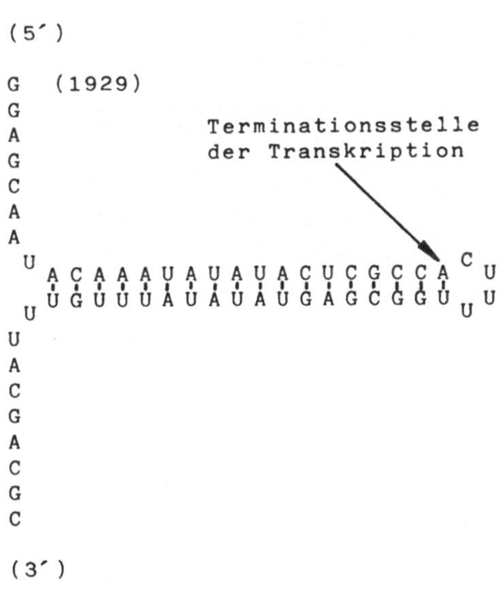

Abb. 26. Sekundärstruktur des rbcL-
Gens von <u>Chlamydomonas</u> <u>moewusii</u> in
der 3´-Region.(Nach Yang et al.
1986)

In Analogie zur DNA-Organisation von <u>E.coli</u> sind einige Gene der ptDNA
in Clustern zusammengefaßt und werden co-transkribiert. Dies gilt zum
Beispiel für die Gene rpl 23, rpl 2, rps 19, rpl 22, rps 3 und rpl 16 der
<u>Zea</u> <u>mays</u>-ptDNA (Larrinua und McLaughlin 1987). Dieser Cluster entspricht
damit dem S10-Operon von <u>E.coli</u>. Diese polycistronischen Transkripte
erfordern post-transkriptionale Modifikationen, durch die die Primär-
transkripte spezifisch geschnitten werden (Spleiß-Mechanismen). So entstehen die 23S rRNA, die 4,5S rRNA, die 16S rRNA, die tRNA-Ile und die
tRNA-Ala aus einem gemeinsamen Transkript von 2,7 Md, das zunächst in
zwei Intermediärprodukte von 2,3 Md bzw. 1,7 Md gespleißt wird (Crouse

et al. 1984). Von diesem Konzept war die 5S rRNA ausgeschlossen und sollte möglicherweise als gesondertes Transkript entstehen. Neuere Untersuchungen von Eck et al. (1987) an 5S rDNA von _Pelargonium zonale_ beweisen jedoch, daß in der 5´-Region der 5S rDNA keine Promoter-ähnlichen Strukturen zu finden sind und daß im E.coli-System die 5S rRNA nicht als einzelnes Transkript synthetisiert wird.

Außerdem enthalten einige der plastidären Gene Introns, wie sie von der eukaryotischen DNA her bekannt sind. Allerdings können diese plastidären Introns ungewöhnlich lang sein wie zum Beispiel Intronlängen von bis zu 2526 Basenpaaren bei den tRNA-Genen. Die plastidären Spleiß-Mechanismen sind ebenfalls komplexer als im eukaryotischen System. So ist das rps 12-Gen aufgeteilt in drei Exons, wovon das eine Exon (5´-rps 12) die Nucleotidsequenz von der Initiationsstelle bis zur Position 38 umfaßt und auf der großen Einzelstrang-Sequenz der ptDNA lokalisiert ist. Die beiden anderen Exons umfassen jeweils die Nucleotidsequenz von der Position 38 bis zur Position 123 (3´-rps 12) und befinden sich je in einer der beiden invertierten, repetitiven Sequenzen der ptDNA. Das 5´-rps 12 ist 28 kbp von dem 3´-rps 12 in der IRb auf demselben DNA-Strang und 86 kbp von dem 3´-rps 12 in der IRa auf dem anderen DNA-Strang entfernt (Shinozaki et al. 1986). Diese Organisation des rps-Gens gilt allerdings nur für _Nicotiana tabacum_ und in Annäherung für die ptDNA eines Lebermooses (Fukuzawa et al. 1986). In _Euglena gracilis_ dagegen besitzt dieses Gen keine Introns (Montandon und Stutz 1984). Zur Bereitstellung des Genprodukts in _Nicotiana_ ist das Trans-Spleißen notwendig. Dazu werden die Transkripte des aufgeteilten Gens rps 12 in-vivo zunächst als drei Precursor-RNAs synthetisiert (Koller et al. 1987; Zaita et al. 1987). Die zusätzlichen Nucleotidsequenzen z.B. im 3´-Bereich des Exon 1 und im 5´-Bereich des Exon 2 zeigen Strukturen, die denen der plastidären Introns ähneln und teilweise eine Verknüpfung zwischen komplementären Positionen der als Transon 1 und 2 bezeichneten DNA-Sequenzen ermöglichen (Abb. 27). Diese Zusammenlagerung ist die Voraussetzung für das Trans-Spleißen, bei dem die zusätzlichen DNA-Sequenzen abgeschnitten und die so 'prozessierten' DNA-Bereiche zum funktionsfähigen Transkript zusammengefügt werden. (Siehe N4)

Das Eliminieren von Introns aus plastidären Transkripten erfolgt in einem Zwei-Stufen-Prozeß innerhalb von Spleißeosomen (Brody und Abelson 1985). Dies sind RNA-Protein-Komplexe, die zunächst in der 5´-Position und dann in der 3´-Position die Intronsequenz aus der übrigen RNA-Sequenz herausschneiden. Außerdem bewirken die Spleißeosomen, daß die

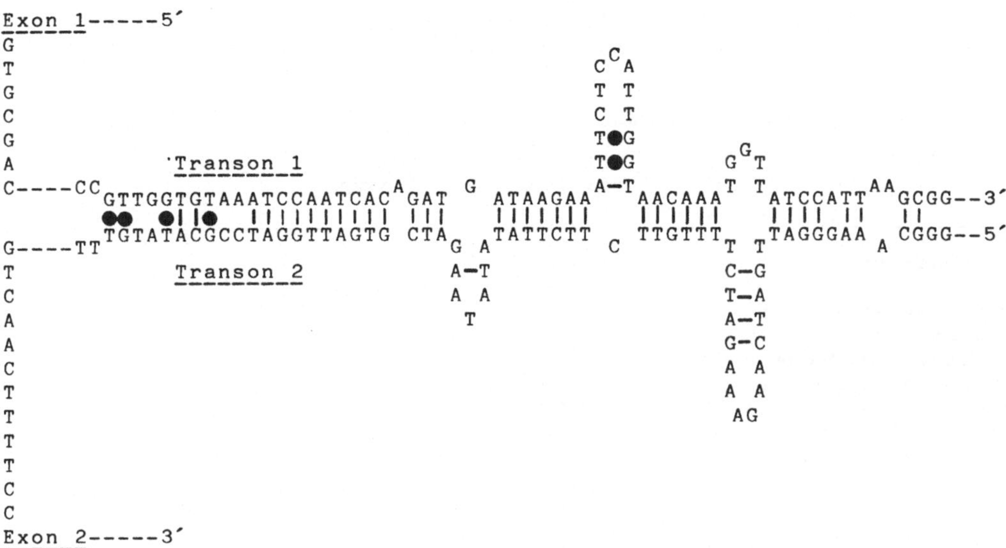

Abb. 27. Mögliche Komplementärstruktur zwischen den Transons 1 und 2 der Exons 1 bzw. 2 von rps 12 aus <u>Nicotiana</u>-ptDNA. ●●●●● = Spleißstelle (Nach Zaita et al. 1987)

5´-Spleißstelle zur freiwerdenden 3´-Spleißstelle in der richtigen Position gehalten wird, damit mit dem Spleißvorgang an der 3´-Stelle sofort die beiden Exons verbunden werden können. An Transkripten mit mehreren Introns können simultan mehrere Spleißeosomen diese überzähligen RNA-Bereiche herausschneiden (Christofori et al. 1987).

2.6.1.3. <u>Plastidäre Translation</u>

Zum Translationsapparat der Chloroplasten werden etliche Proteine benötigt. Von diesen sind wahrscheinlich generell in den Chloroplasten der Höheren Pflanzen etwa 20 ribosomale Proteine (Tabelle 5) und 2 Translationsfaktoren (Tabelle 6) im Plastom codiert. Das bedeutet, daß die 70S Ribosomen der Chloroplasten in ihrem Proteinanteil fast je zur Hälfte im Kern bzw. im Plastom codiert sind. Die tRNAs und rRNAs dagegen sind vollständig im Plastom codiert (Tabelle 5 und 6).

Die Nucleotidsequenz der plastidären mRNAs zeigt oberhalb des Translationstartpunktes die Shine-Dalgarno-Sequenz --GGAGG-- (Shine und Dalgarno 1974), die für die Ribosomenbindung durch die 16S RNA wichtig sein soll. Auch hier gleicht also das genetische System der Chloropla-

Tabelle 5. Aufstellung der im Plastom codierten Komponenten der 70S-Ribosomen. LSC = große Einzelstrangsequenz, SSC = kleine Einzelstrangsequenz, IR = invertierte, repetitive Sequenz (Nach Shinozaki et al. 1986)

Gen-Produkt	Abschnitt der ptDNA	ptDNA-Strang	Gen
Ribosomale Proteine:			
ribosomales Protein S2	LSC	B	rps2
ribosomales Protein S3	LSC	B	rps3
ribosomales Protein S4	LSC	B	rps4
ribosomales Protein S7	IRb	B	rps7
ribosomales Protein S7	IRa	A	rps7
ribosomales Protein S8	LSC	B	rps8
ribosomales Protein S11	LSC	B	rps11
ribosomales Protein S12(5´)	LSC	B	5´-rps12
S12(3´)	IRa	A	3´-rps12
S12(3´)	IRb	B	3´-rps12
ribosomales Protein S14	LSC	B	rps14
ribosomales Protein S15	SSC	B	rps15
ribosomales Protein S16	LSC	B	rps16
ribosomales Protein S18	LSC	A	rps18
ribosomales Protein S19	LSC	B	rps19
ribosomales Protein L2	IRb	B	rpl2
ribosomales Protein L2	IRa	A	rpl2
ribosomales Protein L14	LSC	B	rpl14
ribosomales Protein L16	LSC	B	rpl16
ribosomales Protein L20	LSC	B	rpl20
ribosomales Protein L22	LSC	B	rpl22
ribosomales Protein L23	IRa	A	rpl23
ribosomales Protein L23	IRb	B	rpl23
ribosomales Protein L33	LSC	A	rpl33
Ribosomale RNA:			
16S rRNA	IRb	A	16SrDNA
16S rRNA	IRa	B	16SrDNA
23S rRNA	IRb	A	23SrDNA
23S rRNA	IRa	B	23SrDNA
4,5S rRNA	IRb	A	4,5SrDNA
4,5S rRNA	IRa	B	4,5SrDNA
5S rRNA	IRb	A	5SrDNA
5S rRNA	IRa	B	5SrDNA

sten dem der Eubakterien.

Vom genetischen System der Chloroplasten wird der generelle Code benutzt. Es ist allerdings eine Häufung von Adenin oder Threonin in der dritten Position des Codons zu verzeichnen. Dies wirkt sich durch die Redundanz des Codes aber nicht auf die Auswahl der codierten Aminosäuren aus. Als Termination der Translation werden die gebräuchlichen Co-

Tabelle 6. Aufstellung der im Plastom codierten transfer-RNAs und der Translationsfaktoren von <u>Nicotiana</u>. SSC = kleine Einzelstrangsequenz, LSC = große Einzelstrangsequenz, IR = invertierte, repetitive Sequenz (Nach Shinozaki et al. 1986)

Gen-Produkt	Codon	Abschnitt der ptDNA	ptDNA-Strang	Gen
Transfer-RNAs:				
tRNA-Ala	UGC	IRa	A	trnA
tRNA-Ala	UGC	IRb	B	trnA
tRNA-Cys	GCA	LSC	A	trnC
tRNA-Asp	GUC	LSC	B	trnD
tRNA-Glu	UUC	LSC	B	trnE
tRNA-Phe	GAA	LSC	A	trnF
tRNA-Gly	GCC	LSC	A	trnG
tRNA-Gly	UCC	LSC	A	trnG
tRNA-His	GUG	LSC	B	trnH
tRNA-Ile	CAU	IRa	A	trnI
tRNA-Ile	CAU	IRb	B	trnI
tRNA-Ile	GAU	IRa	A	trnI
tRNA-Ile	GAU	IRb	B	trnI
tRNA-Lys	UUU	LSC	B	trnK
tRNA-Leu	CAA	IRa	A	trnL
tRNA-Leu	CAA	IRb	B	trnL
tRNA-Leu	UAG	SSC	A	trnL
tRNA-Leu	UAA	LSC	A	trnL
tRNA-Met	CAU	LSC	A	trnM
tRNA-fMet	CAU	LSC	B	trnfM
tRNA-Asn	GUU	IRa	A	trnN
tRNA-Asn	GUU	IRb	B	trnN
tRNA-Pro	UGG	LSC	B	trnP
tRNA-GLn	UUG	LSC	B	trnQ
tRNA-Arg	UCU	LSC	A	trnR
tRNA-Arg	ACG	IRa	A	trnR
tRNA-Arg	ACG	IRb	B	trnR
tRNA-Ser	GGA	LSC	A	trnS
tRNA-Ser	GCU	LSC	B	trnS
tRNA-Ser	UGA	LSC	B	trnS
tRNA-Thr	GGU	LSC	A	trnT
tRNA-Thr	UGU	LSC	B	trnT
tRNA-Val	UAC	LSC	B	trnV
tRNA-Val	GAC	IRa	B	trnV
tRNA-Val	GAC	IRb	A	trnV
tRNA-Trp	CCA	LSC	B	trnW
tRNA-Tyr	GUA	LSC	B	trnY
Translationsfaktoren:				
Elongationsfaktor Tu	LSC		B	tufA
Initiationsfaktor IF-1	LSC		B	infA

dons TAA, TAG und TGA benutzt. Diese weitgehenden Übereinstimmungen mit der prokaryotischen Translation hat es möglich gemacht, im heterologen System mit <u>E.coli</u>-Komponenten plastidäre mRNA zu translatieren. Beide

Translationssysteme benutzen nicht-adenylierte mRNA (poly A$^-$) und beginnen die Proteinsynthese mit tRNA-fMet.

2.6.2. Die Entwicklung vom Proplastiden zum Chloroplasten

Das auffälligste Merkmal bei der Umwandlung von Proplastiden zu Chloroplasten ist das Ergrünen, d.h. es kommt zur Synthese und Akkumulation von Chlorophyll. Diese im Licht ablaufende Chlorophyllsynthese ist begleitet von der Bildung anderer Komponenten des Photosyntheseapparates. Da es keine nachweisbaren Mengen an freiem Chlorophyll in den Thylakoiden gibt (Markwell et al. 1979), ist in bezug auf das Turnover des neusynthetisierten Chlorophylls die Bereitstellung spezieller Proteine von besonderem Interesse. Diese werden zum Zusammenfügen (Assemblierung) der Chlorphyll-Protein-Komplexe benötigt. Aber auch andere nicht-chlorophyll-bindende Proteine wie zum Beispiel Teile des sog. Wasserspaltungsapparates (OEC = oxygen evolving complex), das zur CO_2-Fixierung notwendige Enzym Ribulose-1,5-bisphosphatcarboxylase (Rubisco) oder das Herbizid-bindende Protein des Photosystems II werden bei dem Ergrünungsprozeß synthetisiert und in die entstehenden Thylakoide inseriert, wenn es sich um Membranproteine handelt. Und zwar läuft der gesamte Prozeß nicht kontinuierlich ab, sondern es folgen in offensichtlich festgelegter Reihenfolge bestimmte Entwicklungsschritte aufeinander.

2.6.2.1. Das Ergrünen: Induktion und Steuerung

Zur Bildung von Chlorophyll-Protein-Komplexen sind drei Biosynthesewege notwendig: der Porphyrin-Syntheseweg zur Bereitstellung der Chlorophyllide, der Isoprenoid-Syntheseweg zur Bereitstellung des Phytols und die Proteinsynthese zur Bereitstellung der Apoproteine.

Die Chlorophyllsynthese findet vollständig in den Chloroplasten statt (Kannangara und Gough 1977). Das spezifische Ausgangsprodukt des Porphyrin-Syntheseweges ist die δ-Aminolävulinsäure (ALA), die in den Höheren Pflanzen aus Glutamat über den C_5-Syntheseweg entsteht (Porra und Meisch 1984). ALA kann zwar auch aus Succinyl-CoA und Glycin synthetisiert werden (Shemin und Russel 1953), jedoch konnte bislang die dazu notwendige ALA-Synthase in Höheren Pflanzen nicht nachgewiesen werden. Welcher der beiden Synthesewege jeweils benutzt wird, scheint vom Organismus abhängig zu sein und wird zum Teil kontrovers diskutiert. Das Endprodukt des Pophyrin-Syntheseweges ist das Protochlorophyllid.

Ohne Belichtung endet mit ihm die Chlorophyllsynthese in den Angiospermen. Das Protochlorophyllid wirkt in einer Feed-back-Reaktion auf die Syntheserate des ALA ein (Kasemir 1983). Im Gegensatz zu den Angiospermen ist die Chlorophyllsynthese in den Gymnospermen lichtunabhängig (Bogdanovic 1973).

Die Überführung des Protochlorophyllids in Chlorophyll ist eine obligat (bei den Angiospermen) lichtabhängige Reaktion, bei der der Ring IV des Protochlorophyllids reduziert wird. Im Ätherextrakt absorbiert das Protochlorophyllid bei 623 nm und das Chlorophyllid bei 663 nm. Obwohl die Absorptionsmaxima der Pigmente in-vivo einer Rotverschiebung unterworfen sind, läßt sich diese lichtabhängige Pigmentumwandlung auch in-vivo spektroskopisch verfolgen (Abb. 28). Unbelichtete Blätter von etiolierter Gerste zeigen ein Absorptionsmaximum von 650 nm (Griffiths und Oliver 1984). Dieses verschiebt sich nach Belichtung von 10 Sekunden auf 678 nm. Nach einer darauf folgenden Dunkelzeit von 30 Sekunden liegt das Absorptionsmaximum bei 684 nm und nach weiteren 20 Minuten im Dunkeln bei 672 nm. Die Photoumwandlung des Protochlorophyllids er

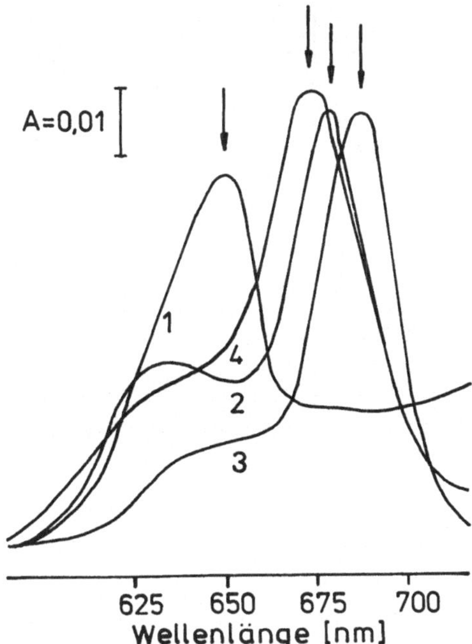

Abb. 28. Absorptionsmaxima von Pigment-Komplexen in etiolierten Blättern der Gerste vor und nach Belichtung. 1 = ohne Belichtung, 2 = nach Belichtung von 10 Sekunden, 3 = nach anschließender Dunkelheit von 30 Sekunden, 4 = nach weiteren 20 Minuten Dunkelheit. (Verändert nach Griffiths und Oliver 1984)

folgt an einem Proteinkomplex (Smith 1952), dessen Protein ein Molekulargewicht von 36 000 besitzt (Schopfer und Siegelmann 1968) und das

locker an die inneren Membranen von Etioplasten gebunden ist. Oliver
und Griffiths (1980) haben das Protein als NADPH-Protochlorophyllid-
Oxidoreduktase identifiziert. Es katalysiert die Photoreduktion des
Protochlorophyllids durch Bildung eines Komplexes mit Protochlorophyllid und NADPH. Bei Belichtung vermittelt das Enzym den Transfer des
Wasserstoffs vom Nucleotid auf das Protochlorophyllid. In-vitro-Untersuchungen unter Zusatz von $NADP^+$ oder NADPH und verschiedenen Licht-
und Dunkelzeiten ergaben folgende Reaktionskette (Abb. 29). Die Belichtung von Etioplasten bewirkt die Ausbildung der 678 nm-Form des Chlorophyllids. Bei Anwesenheit von NADPH wandelt es sich in die 684 nm-
Form um. Die Reduktion des $NADP^+$ im Komplex bewirkt die spektrale Ver-
schiebung in den Bereich von 680 bis 684 nm. Bei Freisetzung des Chlorophyllids wird die 672 nm-Form erreicht. Die Freisetzung ist abhängig
vom endogenen Protochlorophyllidgehalt, wie sich in Versuchen bei Zugabe von ALA (in-vivo) bzw. von Protochlorophyllid (in-vitro) zeigt.

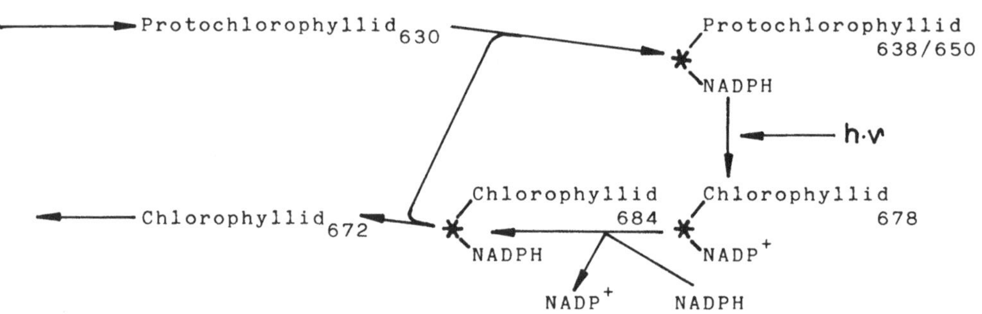

Abb. 29. Generelles Schema zur Photoumwandlung des Protochlorophyllids
zu Chlorophyllid. ✱ = Protochlorophyllid-Oxidoreductase. (Verändert
nach Griffiths und Oliver 1984)

Das Wirkungsspektrum der Photoumwandlung entspricht dem Absorptionsspektrum des Protochlorophyllids.

Die Protochlorophyllid-Oxidoreduktase ist im Membransystem von Etioplasten nachgewiesen (Lütz et al. 1981). Ebenso gelang ihr Nachweis im Prolamellarkörper von Gymnospermen (Selstam und Widell 1986). In Angiospermen hat das Licht aber nicht nur essentielle Bedeutung für die Reduktion
des Protochlorophyllids, sondern bewirkt erstaunlicherweise auch ein
Absinken der Protochlorophyllid-Oxidoreduktase-Aktivität (Mapleston und
Griffiths 1980). Bereits nach 30 Minuten Belichtung ist die Enzymakti-

vität auf 15% des Dunkelwertes abgesunken. Dieses Phänomen geht zurück
auf ein Absinken der Enzymmenge und sogar der zu seiner Synthese notwendigen mRNA (Apel 1981). Allerdings widersprechen den Untersuchungen
von Apel (1981) und Apel et al. (1980) die von Griffiths und Mapleston
(1978), die den Aktivitätsverlust auf durch die Belichtung hervorgeru-
fene Veränderungen im plastidären NADP-Pool zurückführen. Außerdem
konnten Kay und Griffiths (1983) zeigen, daß bei in vitro Untersuchungen
ein Überangebot an Protochlorophyllid das Enzym stabilisiert. So liegt
in erster Linie keine lichtinduzierte Proteolyse des Enzyms vor, sondern es ist beim Freisetzen des Chlorophyllids in die 672 nm-Form und
einer damit vermutlich bedingten Konformationsänderung kurzzeitig für
eine Protease angreifbar (Walker und Griffiths 1986). Nach Wiederan-
heftung von neuem Protochlorophyllid ist die Proteolyse des Enzyms jedoch nicht mehr möglich aufgrund der erneuten Konformationsänderung.
Damit wäre das über das Phytochromsystem gesteuerte Absinken der Pro-
tochlorophyllid-Oxidoreduktase-mRNA (Apel 1980) ein von dem Absinken
der Enzymaktivität gänzlich unabhängiger Prozeß. Kürzlich haben Dehesh
et al. (1986a, 1986b) einen Pool eines 36-kda-Proteins im Cytoplasma
von ergrünenden _Hordeum_-Pflanzen entdeckt. Dieses Protein reagiert immunologisch ebenfalls mit dem für die Protochlorophyllid-Oxidoreduktase
monospezifischen Antikörper. Im Gegensatz zu dem im Chloroplasten lokalisierten Enzym sinkt die Menge dieses 36-kda-Proteins bei Belichtung
jedoch nicht ab. Die Beziehung zwischen den beiden Pools ist bislang
noch ungeklärt. Batschauer et al. (1982) haben nachgewiesen, daß die
Protochlorophyllid-Oxidoreduktase in vitro an poly(A^+)mRNA und in vivo
in bei 33°C kultivierten Pflanzen synthetisiert wird. (Die höhere Kultivierungstemperatur unterbindet nachweislich die plastidäre Transkription und Translation in den Chloroplasten von _Euglena gracilis_ (Pringsheim und Pringsheim 1952; Brandt und Wiessner 1977) und in Gerstenkeimlingen (Feierabend 1978).) In vitro wird das Enzym als ein um 8 000 da
größerer Precursor synthetisiert. Diese drei Merkmale sprechen für ein
kern-codiertes Chloroplastenprotein (siehe 2.5.3.). Die Steuerung der
Synthese dieser mRNA über das Phytochromsystem konnte eindeutig gezeigt
werden (Apel et al. 1983): Im Dunkeln kultivierte Gerstenpflanzen wurden kurzzeitig mit Rotlicht bestrahlt. Anschließend wurde nach verschieden langen Zeiten im Dunkeln die poly(A^+)mRNA isoliert und mit für das
Enzym spezifischer cDNA hybridisiert. Die Menge an verfügbarer spezifischer mRNA nimmt in Abhängigkeit von der Länge der Dunkelzeit ab.

Das erste spezifische Zwischenprodukt des im Chloroplasten lokalisierten Isoprenoid-Syntheseweges (Arebalo und Mitchell 1984) ist die Meva-

lonsäure. Die Folgeprodukte sind vor allem Geranylgeranylpyrophosphat (GGPP) und Phytholpyrophosphat (PPP). Sie werden unabhängig vom Licht synthetisiert und im Dunkeln sogar angehäuft. Bei Einsetzen des Lichtes sinkt der Gehalt an GGPP und PPP sofort ab und erreicht erst seinen Anfangswert wieder, wenn die Chlorophyllsynthese nachläßt (Benz et al. 1983).

Die Verknüpfung des Isoprenoid- mit dem Porphyrin-Syntheseweg erfolgt über die Chlorophyll-Synthetase. Dieses Enzym ist in den Chloroplasten von Algen und Höheren Pflanzen nachweisbar. In wiederergrünenden etiolierten Pflanzen sind die Ausgangsprodukte für die Chlorophyllsynthese Chlorophyllid und GGPP und beim erstmaligen Ergrünen von Keimlingen Chlorophyllid und PPP (Schoch 1978; Dehesh et al., nicht publiziert).

Die Reihenfolge der beschriebenen Einzelreaktionen kann nicht verallgemeinert werden. In Abhängikeit vom Entwicklungszustand des Chloroplasten kann die Photoreduktion des Protochlorophyllids vor oder nach der Anheftung des Phythols und vor oder nach der Umwandlung des GGPP erfolgen. Insgesamt sprechen die bisherigen Untersuchungen dafür, daß im Gegensatz zu den weiter differenzierten Etioplasten die wenig differenzierten Proplastiden und die ergrünenden Plastiden vorwiegend die veresterten Formen aufweisen.

Nach Beginn der Belichtung verläuft die Chlorophyllsynthese in etiolierten Pflanzen in charakteristischer Weise. Nur mit wenig zeitlicher Verzögerung setzt nach der Chlorophyll a- auch die Chlorophyll b-Synthese ein. Radioaktive Markierungsversuche an ergrünenden Zwiebelblättern zeigten eine direkte Abhängigkeit der Chlorophyll b-Synthese von der Chlorophyll a-Synthese (Godnev et al. 1960), wobei Chlorophyll b aus einem Pool neusynthetisierter Chlorophyll a-Moleküle entstehen soll (Shlyk 1971; Akoyunoglou et al. 1966). Diese Umwandlung wird durch NADP$^+$ stimuliert, d.h. der Vorgang ist lichtunabhängig, und soll in den Thylakoiden ablaufen. Es kann vermutet werden, daß die Chlorophyll a-Moleküle durch ihre Insertion in die Thylakoide an bestimmten Stellen prädestiniert sind zur Umwandlung in Chlorophyll b und an anderen Stellen im Thylakoidsystem vor dieser Umwandlung geschützt sind. Unter definierten physiologischen Bedingungen treten in Algen und Höheren Pflanzen jeweils bestimmte Relationen zwischen dem Gehalt an Chlorophyll a und b auf, wobei Chlorophyll a stets in gleicher oder größerer Menge als Chlorophyll b vorhanden ist. Dieser jeweilige Wert für das Chlorophyll a/b-Verhältnis wird beim Ergrünen der Pflanzen dadurch erreicht, daß zunächst nur Chlorophyll a synthetisiert wird. Erst wenn ein physiologisch bedingter Grenzwert für den Chlorophyll a-Gehalt erreicht ist (Kasemir 1983), setzt auch die Bildung von Chlorophyll b ein (Augustinussen 1964; Oelze-Karow und Mohr 1978).

Obwohl die Umwandlung von Chlorophyll a in Chlorophyll b nachgewiesen ist, wird ihre physiologische Bedeutung in Frage gestellt (Bogorad 1976). Die Gegenargumente sind (1) die zu langsame Umwandlungsrate von Chlorophyll a in Chlorophyll b im Vergleich zu der Syntheserate des Chlorophyll b bei schneller Chloroplastendifferenzierung, (2) die Assoziierung des Chlorophyll a mit spezifischen Proteinen des Thylakoidsystems und das Fehlen eines 'freien' Chlorophyll a-Pools und (3) die Abhängigkeit der Chlorophyll b-Synthese von neusynthetisiertem Chlorophyll a, die eine konstante Umwandlungsrate implizieren würde. Es wurde deshalb eine Umwandlung auf der Stufe der Chlorophyllide in Erwägung gezogen, konnte aber bislang nicht eindeutig nachgewiesen werden (Duggan und Rebeiz 1982; Bhaya und Castelfranco 1985).

Eine entscheidende Rolle bei der Synthese des Chlorophylls und der dauerhaften Insertion in das Thylakoidsystem kommt dem Vorhandensein der spezifischen Proteine zu, mit denen dieses Pigment die verschiedenen photosynthetisch aktiven Chlorophyll-Protein-Komplexe bildet. In Teilaspekten ungeklärt ist dabei, ob die vorherige Insertion des Apoproteins oder des Chlorophylls in die Thylakoidmembran Voraussetzung ist für die nachfolgende Assoziation des jeweils anderen Partners zum stabilen Komplex. Zwar ist in Mutanten von <u>Chlamydomonas reinhardii</u>, die einen geringeren Chlorophyll b-Gehalt aufweisen, das Apoprotein des Light-Harvesting-Systems des Photosystems II (LHCII) ohne assoziiertes Chlorophyll nachgewiesen worden (Michel et al. 1983), andererseits fehlt unter 'Intermittent-light'-Bedingungen ergrünten Pflanzen nicht nur das Chlorophyll b, sondern auch das LHCII-Apoprotein (Cuming und Bennett 1981; Bennett 1981). (Unter 'Intermittent-light' versteht man den periodischen Wechsel von zum Beispiel 2 Minuten Licht und 98 Minuten Dunkel.)

Ebenso ist noch keine endgültige Aussage über den Assoziationsmodus des Chlorphylls mit dem Apoprotein im Chlorophyll-Protein-Komplex möglich. Aufgrund der ermittelten Aminosäuresequenz der Apoproteine ist es gelungen, eine Aussage über hydrophile und hydrophobe Abschnitte des Moleküls (Hydropathie-Plot) und daraus resultierend über ihre teilweise Konformation in α-Helix-Bereiche zu machen. Diese hydrophoben Bereiche

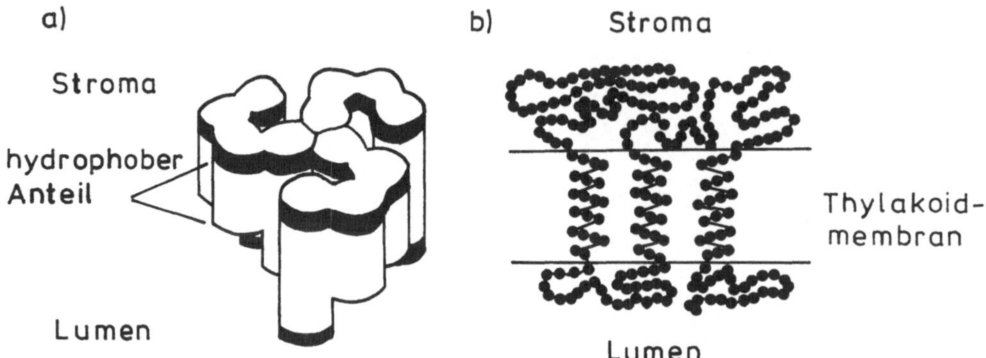

Abb. 30. Modelle des 'Light-harvesting-Systems' (LHCII) des Photosystems II. a) Modell des LHCII aufgrund von elektronenmikroskopischen Strukturuntersuchungen des Chlorophyll-Protein-Komplexes in künstlichen Membranen.(Kühlbrandt 1984) Das LHCII ist ein Trimer aus drei gleichen Untereinheiten, deren hydrophile Bereiche in das Stroma bzw. in das Lumen hineinragen. b) Modell des LHCII aufgrund von Aminosäuresequenzanalysen (Karlin-Neumann et al. 1985). Dargestellt ist ein LHCII-Monomer mit drei membranspannenden α-Helices.

befinden sich in den Thylakoidmembranen. Als Beispiel ist in Abb. 30 die Struktur und Aminosäuresequenz des LHCII gezeigt (Karlin-Neumann et al. 1985). Die aus der Thylakoidmembran herausragenden Teile des Moleküls entsprechen den oberen bzw. unteren Bereichen des LHCII-Modells, das aus elektronenmikroskopischen Strukturuntersuchungen entwickelt worden ist (Abb. 30a)(Kühlbrandt 1984). Es wird angenommen, daß die die Membran durchquerenden Proteinbereiche sowohl innerhalb des Moleküls als auch mit den Helix-Bereichen anderer LHCII-Moleküle interagieren können. Sowohl die Helix-Bereiche selbst als auch die Bereiche zwischen ihnen werden als wahrscheinlicher Ort der Chlorophyll-Bindung angesehen. Mehr Aufschluß über den dreidimensionalen Aufbau der Chlorophyll-Protein-Komplexe kann durch Röntgenuntersuchungen von in Kristallform vorliegenden Chlorophyll-Protein-Komplexen gewonnen werden. Für das LHCII aus _Pisum_ hat Kühlbrandt (1987) bereits zwei Kristallformen beschrieben, von denen die eine zum Kristall-Typ II mit überwiegend polaren Kräften zwischen hydrophilen Gruppen des Proteins gehört, während die andere vom Kristall-Typ I sowohl von hydrophoben als auch von hydrophilen Kräften zusammengehalten wird (Michel 1983). Dichroismus-Messungen in Abhängigkeit von der Wellenlänge des eingestrahlten Lichtes deuten darauf hin, daß es mindestens zwei, in bezug auf die Bindungsverhältnisse verschiedene Populationen an Chlorophyll a im LHCII von _Hordeum_-Chloroplasten gibt (Hinz und Welinder 1987).

2.6.2.2. Die Assemblierung von Chlorophyll-Protein-Komplexen und die Etablierung der Photosysteme I und II

Nach der Strukturaufklärung des Chlorophyll-Moleküls war man zunächst der Meinung, daß dieses Pigment mit seinem Phythol-Anteil in einer Lipidschicht der Thylakoidmembran verankert sei. Wie sich aber aus den Untersuchungen der letzten zehn Jahre ergeben hat, sind weder die Thylakoidmembranen lateral oder transversal symmetrisch oder einheitlich aufgebaut (Staehelin 1986) noch kann aus dem Absorptionsverhalten der Chlorophyll-Moleküle in vivo auf eine uniforme Bindungsart in der Thylakoidmembran geschlossen werden. Vielmehr zeigt das Absorptionsspektrum schon bei Raumtemperatur ein Maximum bei etwa 670 nm und eine Schulter bei etwa 650 nm (Abb. 31). Bei -196°C sind sogar drei deutliche Maxima zu unterscheiden. Diese Gesamtabsorption kann unter Zugrundelegung mehrerer Chlorophyll-Proteine mathematisch in eine Anzahl von Einzelabsorptionsmaxima zerlegt werden (French et al. 1971). Bereits

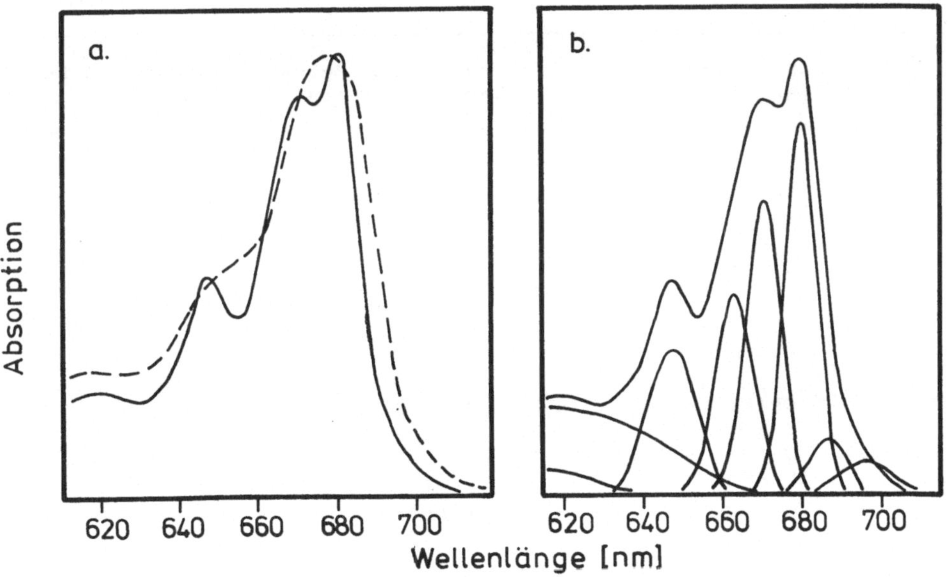

Abb. 31. (a) Absorptionsspektrum von Chlorella vulgaris bei Raumtemperatur (– – –) und bei -196°C (———) (b) Aufteilung der Gesamtabsorption von Chlorella vulgaris bei -196°C auf die Einzelabsorption von sechs hypothetischen Chlorophyll-Protein-Komplexen. (Nach French et al. 1971)

diese ersten Untersuchungen beweisen, daß nur in Verbindung mit verschiedenen spezifischen Proteinen der Thylakoidmembran die Chlorophyll-Moleküle die für die Photosynthese funktionell wichtigen Absorptionseigenschaften erlangen. Die Verfeinerung der Methodik in den letzten Jahren hat die Isolierung der Chlorophyll-Protein-Komplexe möglich gemacht. Sie zeigen überwiegend hydrophobe Charakteristika und sind nur in der Thylakoidmembran lokalisiert. Ihre Isolierung verläuft daher zunächst über eine Solubilisierung mit Hilfe von Detergenzien wie Triton X-100, Natriumdodecylsulfat , Natriumdesoxycholat oder Octylglycosid-Verbindungen und einer anschließenden gelelektrophoretischen Auftrennung. Je nach den denaturierenden oder nichtdenaturierenden Bedingungen bei der Aufarbeitung erhält man nur das Apoprotein des Chlorophyll-Protein-Komplexes oder den gesamten Komplex. Generell konnten bislang bei fast allen pflanzlichen Organismen vier verschiedene Chlorophyll-Protein-Komplexe nachgewiesen und eindeutig charakterisiert werden (Tabelle 7).

Tabelle 7. Chlorophyll-Protein-Komplexe aus den Thylakoidmembranen der Höheren Pflanzen und vieler Algenspezies. (Nach Thornber 1986)

	Synonyme Bezeichnung	Apparentes Molekulargewicht (kda) der Apoproteine	des Holokomplexes
Photosystem I:			
CCI	CPI	2 (oder mehr)	90-130
	PSI-40	von 60 bis 70	
	P-700-Chla-Protein		
	PSI-Reaktionszentrum		
LHCI		22 und 23 (LHCIa)	?
		20 (LHCIb)	
Photosystem II:			
CCII	CPIII und IV	43 und 47	etwa 50
	CPa		
	CP43 und CP47		
	CP29	29	etwa 30
LHCII	CPII	2 (oder mehr)	etwa 30
	LHCP	von 25 bis 28	
	LHC		
	Chla/b-Protein		

Die Chlorophyll a-bindenden Apoproteine des CCI und des CCII sind Plastom-codiert, die Apoproteine des LHCI und des LHCII dagegen sind im Kern codiert (siehe 2.6.1.1., Tabelle 3). Letztere werden dem generel-

len Schema zufolge (siehe 2.5.3.) im Cytoplasma als Precursor synthetisiert und in die Chloroplasten eintransportiert. Sowohl für die Assemblierung des Apoproteins mit dem Chlorophyll zum Komplex in den Thylakoidmembranen als auch für die zuvor ablaufenden Einzelschritte sind
fünf Fragen von entscheidender Bedeutung: (1) Wo wird das LHCII-Apoprotein tatsächlich processiert? Es gilt als bewiesen, daß der Precursor im Cytoplasma aufgrund der noch vorhandenen Transit-Sequenz noch
weitgehend hydrophilen Charakter hat. Diese Eigenschaft verliert er
aber beim Processing und wird zu einem hydrophoben Intrinsic-Protein.
Würde der Precursor bereits beim Passieren des Envelopes processiert,
so müßte das hydrophobe Apoprotein das hydrophile Milieu des Chloro-
plastenstromas zu den Thylakoiden durchqueren. (2) Welche Mechanismen
spielen für die Insertion des LHCII-Apoprotein in die Thylakoidmembran
eine Rolle ? Möglicherweise ändern sich mit der Insertion die Konformation und andere Eigenschaften des LHCII-Apoproteins erneut. (3) Das
LHCII-Apoprotein ist im Kern in einer Multigen-Familie codiert. Im Thylakoidsystem tauchen ebenfalls nach Anwendung speziellerer Trennverfah-
ren mehrere Apoproteine des LHCII auf, die untereinander immunologisch
und von der Aminosäuresequenz her äußerst nah verwandt sind. In welcher
Beziehung stehen diese Apoprotein-Spezies des LHCII zu der Multigen-Familie im Kern ? (4) Zum funktionsfähigen LHCII gehört der Proteinanteil
und der Chlorophyllanteil. In welcher Abhängigkeit stehen daher Chlorophyllsynthese und Apoproteinsynthese, und kann gegebenenfalls das Apoprotein ohne Chlorophyll in die Thylakoidmembran inseriert werden und
dort stabil verbleiben ? (5) Gibt es Anzeichen dafür, daß die Phytochrom-gesteuerte Genexpression der LHCII-Apoproteine im Kern zusätzlich einer Steuerung unterliegt, die von den Chloroplasten ausgeht ?

Teilaspekte dieser fünf Fragen können durch neuere Untersuchungen von
Kohorn et al. (1986), Chitnis et al. (1986) und Batschauer et al. (1986)
geklärt werden. Um die Herkunft des meist in mehreren Varianten im Thylakoidsystem nachweisbaren LHCII-Apoproteins zu untersuchen, wurde zunächst eine das LHCII-Apoprotein codierende Sequenz (AB30) aus der nukleären Multigen-Familie von _Lemna gibba_ isoliert (Kohorn et al. 1986).
Nach Einbau in ein Plasmid (psp65ab30) und in-vitro Transkription mit
SP6-RNA-Polymerase liegt ein Transkript und nach in-vitro Translation
im Weizenkeim-Extrakt nur ein Translationsprodukt von 32 kda vor. Bei
ihm handelt es sich offensichtlich um einen Precursor des LHCII-Apoproteins, da sein Molekulargewicht identisch ist mit dem des Translationsproduktes, das man aus der in-vitro Translation der poly(A$^+$)mRNA erhält und das mit dem LHCII-Apoprotein-Antikörper präzipitiert werden

kann. Wird dieser Precursor des LHCII-Apoproteins (pLHCII) mit isolierten Chloroplasten von Lemna gibba inkubiert, so wird der pLHCII eintransportiert und in processierter Form in die Thylakoide inseriert. Jedoch erscheint nicht nur ein LHCII-Apoprotein, sondern drei von leicht differierendem Molekulargewicht. Nachweislich handelt es sich bei den drei Proteinen um keine Zwischenprodukte, die in einem zeitabhängigen Prozeß erst in die endgültige, 'reife' Form eines der drei LHCII-Apoproteine processiert werden. Vielmehr sind alle drei Proteine fertig processierte Endprodukte für das LHCII, da ihr thylakoidaler Gehalt im Eintransport-Experiment zeitabhängig gemeinsam ansteigt. Der Eintransport des LHCII ist abhängig von der Zugabe von δ-Aminolävulinsäure und wird durch S-Adenosylmethionin, einen Co-Faktor bei der Chlorophyllsynthese, maßgeblich gesteigert. Das meiste des eintransportierten LHCII-Apoproteins wird mit Chlorophyll in der Thylakoidmembran zu LHCII komplexiert. Veränderungen der Aminosäuresequenz des LHCII-Apoproteins, die nicht die Transit-Sequenz betrafen, führten in vier Fällen zum Eintransport, Processing und Insertion der entsprechenden pLHCIIs in die Thylakoide. Jedoch fand die Komplexierung mit Chlorophyll nur in einem Fall statt. Zwei andere LHCII-Mutanten wurden nicht eintransportiert, obwohl auch bei ihnen die Transit-Sequenz unverändert geblieben war. Diese Untersuchungen von Kohorn et al. (1986) schließen natürlich nicht aus, daß unter in-vivo Bedingungen mehrere LHCII-Gene der Multigen-Familie exprimiert, ihre Transkripte im Cytoplasma translatiert und die daraus resultierenden pLHCIIs eintransportiert werden, wie dies in-vivo in ergrünenden Keimlingen von Cucumis sativus nachgewiesen worden ist (Greenland et al. 1987). Andererseits zeigen sie aber, daß nicht von der Anzahl der in den Thylakoidmembranen vorhandenen LHCII-Apoprotein-Spezies auf die Anzahl von exprimierten LHCII-Genen im Kern geschlossen werden kann.

Gelten diese Ergebnisse auch für die Chloroplastenontogenese, bei der sich die regulatorische Ab- oder Umstimmung zwischen der Bereitstellung des Chlorophylls und des LHCII-Apoproteins erst einstellen muß ? Untersuchungen in einem heterologen System aus isolierten Chloroplasten ergrünender Gerstenkeimlinge und dem pLHCII von AB30 aus Lemna gibba (Chitnis et al. 1986) zeigten, daß das pLHCII eintransportiert, processiert und in die Thylakoidmembran inseriert wird. Außerdem ließ sich aber ein Anteil von pLHCII in den Thylakoiden nachweisen. Dies bedeutet, daß der Eintransport und das Processing nicht notwendigerweise miteinander gekoppelt sind und daß zur richtigen Insertion des LHCII-Apoproteins das vorherige Processing nicht Voraussetzung ist. Der An-

teil an nicht-processiertem LHCII-Apoprotein geht mit dem Grad der Er-
grünung zurück. Obwohl ähnliche Ergebnisse im heterologen System mit
isolierten Chloroplasten aus ergrünenden Zea mays-Pflanzen erzielt wurden, kann nicht ausgeschlossen werden, daß das AB30-Produkt im homologen
System schon in früheren Entwicklungsstadien während des Ergrünens vollständig processiert wird. Die Untersuchungen von Chitnis et al. (1986)
lassen aber trotzdem schon folgende Hypothesen zu: (1) Das Processing-
System ist lichtinduziert und folgt in seiner Entwicklung dem Eintrans-
port-Mechanismus nach. Dadurch kommt es zur zeitweiligen Anhäufung von
pLHCII im Thylakoidsystem. (2) Das processierte LHCII-Apoprotein ist
nur stabil in der mit Chlorophyll komplexierten Form. Daher kommt es
nach 5 Stunden Belichtung zur Anhäufung nur dieser LHCII-Apoprotein-
Form. Hinreichend zur Komplexbildung ist auch Chlorophyll a allein, wie
Duranton und Brown (1987) durch Nachweis eines nur Chlorophyll a-enthal-
tenden LHCII in der Chlorophyll b-freien Gersten-Mutante Hordeum chlo-
rina f2 zeigen konnten. (3) Das in die Thylakoidmembran inserierte
pLHCII bekommt erst ab einer bestimmten Entwicklungsstufe während des
Ergrünens die richtige Konformation, um von dem Processing-Enzym erkannt zu werden. Dies würde aber gleichzeitig bedeuten, daß das Processing des pLHCII stets in der Thylakoidmembran ablaufen würde.

Zum Mechanismus der Koordination von nucleocytoplasmatischen und plastidären Synthesewegen, die gemeinsam in der Assemblierung des LHCII enden,
hat die Untersuchung von Batschauer et al. (1986) einen Beitrag geliefert. Bereits 1982 konnten Gallagher und Ellis an isolierten Zell-
kernen von Pisum sativum zeigen, daß die Menge an Transkripten des
LHCII-Gens bei Belichtung der isolierten Kerne um das 9fache ansteigt.
Das Licht bewirkt also eine Steigerung der Transkriptionsrate dieses
Gens und nicht eine Abnahme der mRNA-Turnover-Rate. Der Anstieg der
Menge an LHCII-Apoprotein-mRNA bei Belichtung wird über das Phytochrom-
System gesteuert (Apel 1979; Tobin 1981). Ob bei Belichtung zusätzlich
der Entwicklungszustand der Chloroplasten über die Expression des
LHCII-Gens im Kern entscheidet, wurde an Gerstenmutanten und am Wildtyp
der Gerste nach Behandlung mit dem Herbizid Norflurazon untersucht
(Batschauer et al. 1986). Dieses Herbizid blockiert die Carotinoid-Syn-
these und schafft damit einen den Mutanten vergleichbaren Differenzierungsgrad der Chloroplasten im Wildtyp der Gerste. Das Fehlen der Carotinoide führt zur Photooxidation des Chlorophylls (Feierabend und Schubert 1978; Reiß et al. 1983). Die Pflanzen ähneln damit etiolierten
Pflanzen in der Pigmentierung. Außerdem werden weder in den Chloroplasten der Mutante noch in denen der mit Norflurazon behandelten Pflan-

zen die Prolamellarkörper ab-und die Thylakoide aufgebaut. Wie auch bei
Gallagher und Ellis (1982) steigt der mRNA-Gehalt für das LHCII-Apoprotein nach Belichtung um das 9fache an (Abb. 32). Diese Steigerung der
mRNA-Synthese ist jedoch nach Behandlung mit Norflurazon im Wildtyp,

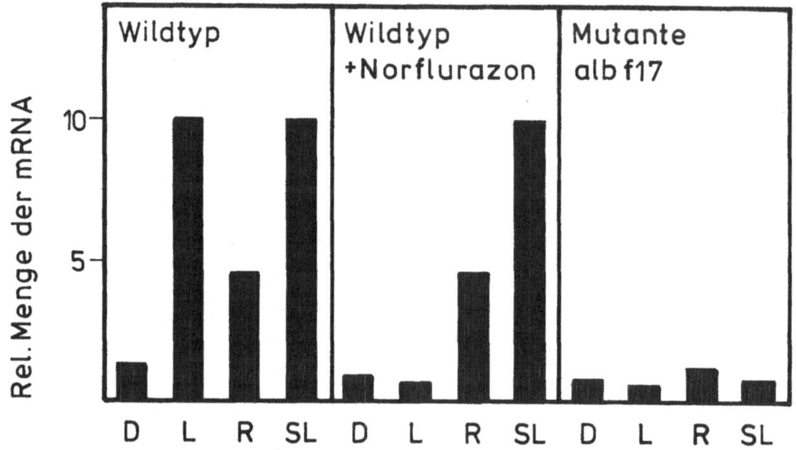

Abb. 32. Relative Menge an LHCII-Apoprotein-mRNA von im Dunkeln kultivierten Gerstenpflanzen des Wildtyps, des Wildtyps nach Norflurazon-
Behandlung und der Mutante alb f17 nach 12 Stunden Belichtung oder nach
30 Sekunden Rotbelichtung und anschließender Dunkelzeit von 3 Stunden.
Am Ende der Belichtungszeit bzw. der Dunkelzeit wurde die poly(A$^+$)mRNA
isoliert und gegen radioaktiv markierte, LHCII-spezifische cDNA hybridisiert. D = Dunkelkontrolle, L = 12 Stunden Belichtung (8 000 Lux),
R = Rotlicht für 30 Sekunden und anschließend 3 Stunden Dunkel, SL = 12
Stunden Licht (80 Lux).(Verändert nach Batschauer et al. 1986)

d.h. bei Fehlen des Chlorophylls im Chloroplasten aufgrund der Photooxidation des Chlorophylls, und auch in der Mutante alb f17, deren Defekt im Unvermögen der Chlorophyllid-Bildung liegt, blockiert. Bei Fehlen funktionsfähiger Chloroplasten sind die Pflanzen nicht in der Lage,
bei Belichtung die Transkriptionsrate der LHCII-Gene zu steigern. Dies
zeigt besonders deutlich das Ansteigen des mRNA-Gehaltes für das LHCII-
Apoprotein unter Schwachlicht in den Norflurazon-behandelten Pflanzen.
Unter Schwachlicht-Bedingungen findet keine Photooxidation des Chlorophylls statt und der Gehalt an mRNA entspricht dem des Wildtyps. Die
Photooxidation kann aber nicht die Primärursache sein, wie die Menge
an mRNA bei der Mutante alb f17 beweist. Der Anstieg des LHCII-Apopro-
tein-mRNA-Pools nach einer Rotlichtbestrahlung von 30 Sekunden weist
auf die Phytochrom-gesteuerte Erhöhung der Transkriptionsrate hin. Je-

doch benötigt die Expression der nukleären LHCII-Gene noch einen zusätzlichen, lichtabhängigen Prozeß, der mit funktionell aktiven Chloroplasten zusammenhängen muß (siehe 2.8.), wie aus der geringen Steigerungsrate des LHCII-Apoprotein-mRNA-Pool bei der Mutante alb f17 nach Rotlichtbehandlung zu ersehen ist.

Im Gegensatz zum LHCII erscheint die direkte Mitwirkung des Nucleocytoplasma für die Assemblierung der plastom-codierten Apoproteine des CCI und des CCII nicht erforderlich. Der zeitabhängige Verlauf der Etablierung der Reaktionszentren für das Photosystem I und das Photosystem II unterscheidet sich jedoch erheblich. Beim Ergrünen von 5 Tage alten, im Dunkeln kultivierten Hordeum vulgare-Keimlingen ist bereits 15 Minuten nach Lichtbeginn eine Nettosynthese des CCI-Apoproteins zu verzeichnen (Vierling und Alberte 1983). Nach 4 Stunden Belichtung beträgt die CCI-Apoprotein-Synthese 10% der Gesamtsynthese aller Membranproteine. Werden danach die Pflanzen weiter im Dunkeln kultiviert, so hält die Synthese des CCI-Apoproteins (bei verminderter Rate) an. Immunologische Untersuchungen an Spinacia oleracea zeigen, daß das CCI-Apoprotein bereits in den Samen dieser Pflanze vorhanden ist und sein Gehalt während der Samenquellung zunimmt (Paproth und Hauska 1986). Ebenso weisen die Proplastiden von etiolierter Euglena gracilis eine geringe Quantität an CCI-Apoprotein auf (Devic und Schantz 1984). In Cyanidium caldarium wird sogar bei Kultivierung im Licht zunächst das CCI-Apoprotein in die Thylakoidmembran inseriert und erst später mit Chlorophyll a assembliert (Brandt und Zagon 1987).

Obwohl in Euglena gracilis auch das CCII-Apoprotein in etiolierten Zellen vorhanden ist (Devic und Schantz 1984), unterliegt seine Zunahme in den Chloroplasten Höherer Pflanzen während des Ergrünungsvorganges einem anderen Regelmechanismus. Im Gegensatz zum CCI steigt der CCII-Gehalt in Gerstenkeimlingen erst nach 4 Stunden Belichtung an (Abb. 33). Damit ist die zu diesem Zeitpunkt auch einsetzende Assemblierung des LHCII korreliert (Burkey 1986; Hiller et al. 1978). Licht induziert die Steigerung der Translationsrate der CCI- und CCII-Apoproteine in ergrünenden Gerstenkeimlingen, hat aber keine Wirkung auf die Transkriptionsrate. Diese bleibt im Dunkeln und im Licht gleich (Klein und Mullet 1986). Diese Regulation der CCI- und CCII-Apoprotein-Synthese auf posttranskriptionaler Ebene ist ebenso für Euglena gracilis nachgewiesen (Devic und Schantz 1984).

Das Vorhandensein des CCI-Apoproteins in den Etioplasten von Spinacia

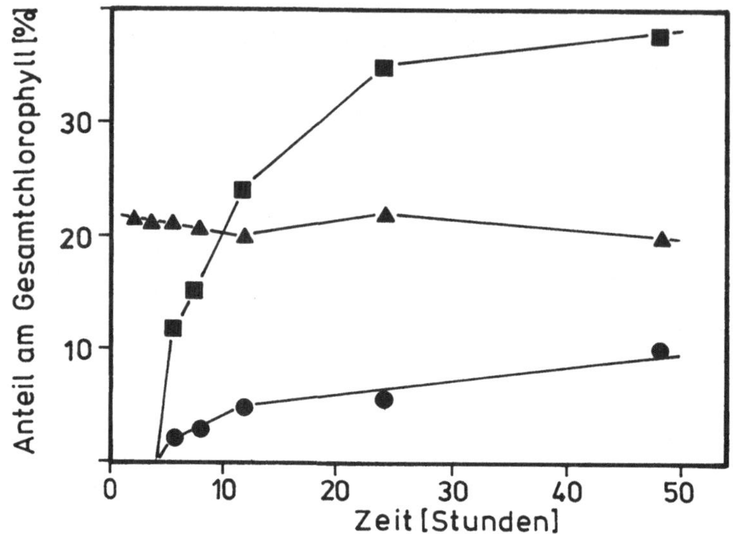

Abb. 33. Prozentuale Verteilung des Chlorophylls auf die Chlorophyll-Protein-Komplexe CCI (▲), CCII (●) und LHCII (■) während des Ergrünens von Gerstenkeimlingen. (Verändert nach Burkey 1986)

oleracea, Phaseolus vulgaris und Avena sativa (Nechustai und Nelson 1985) wie auch in denen von Hordeum vulgare (Vierling und Alberte 1983) und Euglena gracilis (Devic und Schantz 1984) und der nur geringe Anstieg seines thylakoidalen Gehaltes in den ersten Stunden nach Belich-

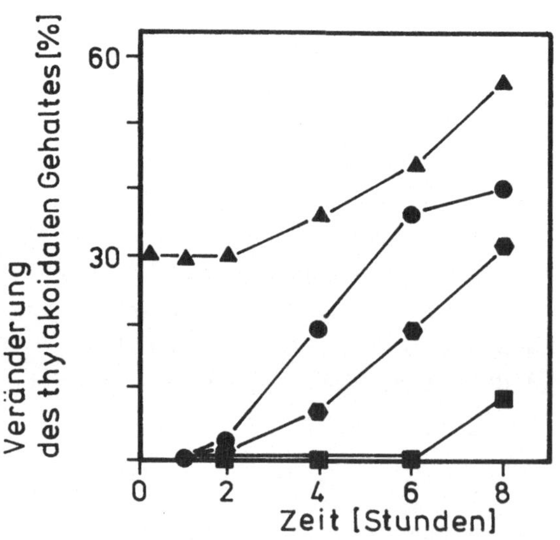

Abb. 34. Zeitabhängige Synthesefolge der Untereinheiten I (▲), II (●), III (◆) und IV (■) des Photosystems I von Spinacia oleracea während des Ergrünens. (Verändert nach Nechustai und Nelson 1985)

tung der Pflanzen kann unter anderem darauf hinweisen, daß das CCI-Apoprotein als erster notwendiger Baustein in der werdenden Thylakoidmembran vorhanden sein muß, damit die weiteren Untereinheiten des Photosystems I in koordinierter Weise inseriert werden können. Dafür spricht
auch, daß das CCI-Apoprotein nicht nur im CCI direkt mit dem Chlorophyll a assoziiert ist, sondern auch eine Bindungsstelle für das Pla-
stocyanin enthält (Nechustai und Nelson 1981). Die Synthese und Insertion der weiteren Untereinheiten des Photosystems I erfolgt stadienspe-
zifisch und sequentiell (Abb. 34). Hervorzuheben ist das Zusammenwirken
der genetischen Systeme des Nucleocytoplasmas und der Chloroplasten bei
diesem Zusammenfügen der Photosystem I-Komponenten. Es ist bekannt, daß
die Untereinheiten I (= CCI-Apoprotein) und IV im Plastom und die Untereinheit II im Kern codiert sind (Nechustai et al. 1981). Über den Mechanismus, wie Licht die nachfolgenden Syntheseschritte steuert, ist
bislang nichts bekannt. Sicherlich reicht die Steuerung durch Licht
nicht aus, ein funktionsfähiges Photosystem I aufzubauen. In diesem
Sinne sind die Gerstenmutanten _Hordeum_ _viridis_ zb63, _H._ _viridis_ k23 und
_H._ _chlorina_ 104 von besonderem Interesse (Simpson und von Wettstein
1980; Simpson 1986; Hoyer-Hansen et al. 1985): Die Mutante _H._viriris_ zb
63 besitzt den 'Light-harvesting-chlorophyll-protein complex' des Photosystems I (LHCI), es fehlen aber die Reaktionszentren des Photosystem
I (CCI). Es ist jedoch bekannt, daß diese Mutante die mRNA für diese
plastom-codierten Proteine synthetisiert. Die Mutante _H._ _viridis_ k23
besitzt stets kein LHCI und die Mutante _H._ _chlorina_ f enthält bei niedrigen Temperaturen kein LHCI. Es handelt sich in allen drei Fällen um
das Fehlen von Komponenten des Photosystems I, jedoch von unterschiedlicher genetischer Herkunft. Es ist noch nicht bekannt, welchen Einfluß cytoplasmatisch synthetisierte Proteine auf die Auslösung der plastidären Translation der Proteine für die PSI-Reaktionszentren haben
könnten.

Die Wechselwirkungen zwischen plastidärer und cytoplasmatischer Translation bzw. Transkription bei der Ontogenese des Photosystem II in _Chla-
mydomonas_ _reinhardii_ sind zum Teil bereits bekannt (Jensen et al. 1986).
Die Transkription der mRNA für eines der CCII-Apoproteine (56 kda) und
für das D1-Protein (32 kda) im Chloroplasten steht unter der Kontrolle
je eines Kern-codierten Chloroplastenproteins. Die Translationsraten
der beiden Plastom-codierten Proteine sind miteinander koordiniert. Im
Dunkeln, d.h. bei Fehlen des Chlorophylls a, kann keines der beiden
CCII-Apoproteine synthetisiert werden (Sutton et al. 1987). Trotz des
Fehlens des CCII-Apoproteins (56 kda) und des D1-Proteins können je-

doch zwei andere Plastom-codierte Proteine (das CCII-Apoprotein von
46 kda und das 'D1-ähnliche' Protein von 30 kda) synthetisiert und in
die Thylakoidmembran inseriert werden. Jedoch unterbleibt die korrekte
Assemblierung (Jensen et al. 1986).

Während die Transkriptmenge für die Apoproteine des CCI und des CCII
von im Dunkeln kultivierten bzw. im Licht ergrünenden Gerstenkeimlingen
nahezu gleich bleibt, sinkt sie nach längeren Belichtungszeiten in den
Chloroplasten der Keimlinge ab (Klein und Mullet 1987). Dies bedingt
auch automatisch eine verminderte Translationsrate der Apoproteine.

2.6.2.3. <u>Die Etablierung des 'water-splitting-enzyme'</u>

Die aufeinanderfolgende Synthese der CCI- und der CCII-Apoproteine sowie die stadienspezifische Etablierung erst des Photosystems I und dann
des Photosystems II läßt erwarten, daß der unvollständige Photosyntheseapparat nach dem Beginn des Ergrünens eine Zeitlang noch keine oder eine
verminderte photosynthetische Leistung zeigt. Eine photosynthetische
Sauerstoffproduktion ist je nach Organismus und Schnelligkeit des Ergrünungsvorganges in einem Zeitraum von 30 Minuten bis 2 Stunden nach
Lichtbeginn zu messen (Smith 1954; Lüttge et al. 1974; Alberte et al.
1972). Im Zeitraum von 2 bis 6 Stunden nach Lichtbeginn setzt die photosynthetische CO_2-Fixierung ein (Tolbert und Gailey 1955; Biggins und
Park 1966). Es ist problematisch, das genaue Einsetzen der photosynthetischen Aktivitäten zu bestimmen, da aufgrund der anfänglich geringen
Chlorophyllkonzentration und dem unvollkommen ausgebildeten Antennen-
pigmentsystem hohe Lichtintensitäten zum Erreichen der Lichtsättigung
nötig sind. Diese liegen mit 50 000 bis 100 000 Lux (Kirk und Tilney-
Basset 1978) jedoch außerhalb der physiologischen Realität.

Voraussetzung zur photosynthetischen Sauerstoffproduktion ist unter anderem der stöchiometrisch ausgestattete Wasserspaltungsapparat (='wa-
ter-splitting-enzym' = 'oxygen-evolving-system' = OEC) und seine funktionelle Kopplung mit dem Photosystem II. Der OEC ist zusammengesetzt
aus drei Extrinsic-Proteinen von 33, 23 bzw. 16 kda (Akerlund et al.
1986), die als Komplex in den Grana-Bereichen den Thylakoiden lumenseitig aufsitzen (Simpson und Andersson 1986). Die drei OEC-Proteine sind
Kern-codiert (Jansen et al. 1987; Tyagi et al. 1987). In Keimlingen von
<u>Spinacia oleracea</u> sind das 33-kda- und das 23-kda-Protein in den Membra-
nen der Etioplasten vorhanden und ihr thylakoidaler Gehalt nimmt mit
Beginn der Belichtung zu (Ryrie et al. 1984). Das 16-kda-Protein dagegen fehlt den Etioplasten. Seine Synthese setzt mit Lichtbeginn ein.

Erst wenn nach etwa 6 Stunden Belichtung eine ausreichende Menge dieses
16-kda-Proteins vorliegt, ist offensichtlich auch erst eine photosynthetische Sauerstoffproduktion möglich (Tabelle 8). Es sei daran erinnert,
daß zu diesem Zeitpunkt des Ergrünungsvorganges die ersten kompletten
Photosysteme II in den Thylakoiden vorliegen (Abb. 33). Die Lichtunab-

Tabelle 8. Photosynthetische Sauerstoffproduktion in Prothylakoiden aus
Spinatkeimlingen während des Ergrünens im Dauerlicht von 170 $\mu E.m^{-2}.s^{-2}$.
(Verändert nach Ryrie et al. 1984)

Belichtungsdauer	PS II - Aktivität	
	$\mu mol\ O_2.min^{-1}.mg\ Protein^{-1}$	$\mu mol\ O_2.min^{-1}.mg\ Chl^{-1}$
30 Minuten	0	0
3 Stunden	0	0
6 Stunden	0,23	0,25
10 Stunden	0,49	0,43
16 Stunden	0,39	0,31
Kontrolle (vollständig er-grünt)	0,64	0,50

hängigkeit der Synthese des 33-kda-Proteins ist für Keimlinge von _Zea
mays_ (Sutton et al. 1987) und von _Spinacia oleracea_ (Ryrie et al. 1984;
Liveanu et al. 1986) unbestritten. Dagegen soll nach Liveanu et al.
(1986) auch das 16-kda-Protein in Etioplasten von _Spinacia oleracea_ vorhanden sein. Dieser Untersuchung zufolge liegen bereits zu Lichtbeginn
die drei OEC-Proteine im endgültigen stöchiometrischen Verhältnis vor.
Allerdings setzt auch hier die photosynthetische Sauerstoffproduktion
erst nach 4 Stunden Belichtung ein, wenn das PS II assembliert wird.
Zwar können zumindest das 33-kda-Protein (Sutton et al. 1987) und das
23-kda-Protein (Honberg 1984) auch ohne das Vorhandensein bestimmter
PS II-Proteine in die Membranen lumenseitig inseriert werden, jedoch
ist die Protein-Bindung in der Membran verändert. Über diese strukturel-
le Beziehung des 33-kda-Proteins zum PS II und seiner funktionellen Bedeutung für die photosynthetische Sauerstoffproduktion hinaus besteht
eine enge Koordination seiner Synthese mit der anderer PS II-Proteine.
So führt eine Mutation im D2-Gen von _Chlamydomonas_ zur Hemmung der Synthese eines CCII-Apoproteins und des 33-kda-Proteins (Erickson et al.
1986). Ebenso ist die Synthese des 33-kda-Proteins in alternden Blättern

einer Tabak-Mutante gehemmt, in der die Translationsrate mehrerer Pla-
stom-codierter PS II-Proteine nach der Ausdifferenzierung drastisch
absinkt (Chia et al. 1986). In Chlamydomonas reinhardii wird ein Protein, das dem 33-kda-Protein aus den Chloroplasten der Höheren Pflanzen homolog ist, auch in Abwesenheit des CCII korrekt processiert und
in die Membranen inseriert (Greer et al. 1986). In der Mutante lut-1
von Nicotiana tabacum dagegen reichern sich Intermediate des 33-kda-
und des 23-kda-Proteins in der Membran an, wenn das CCII fehlt (Chia
und Arntzen 1986). Diese Intermediate sind mit 34 kda und 28 kda offensichtlich die Produkte eines 1. Processing-Schrittes. Für das 16-kda-
Protein wurde in entsprechender Weise keine Anhäufung eines Intermediates festgestellt, obwohl dieses Protein auch in zwei aufeinanderfolgenden Schritten, nämlich beim Transport durch das Envelope in das Stroma
und beim Transport durch die Thylakoidmembran in das Thylakoidlumen, processiert wird. Es wird angenommen, daß erst die Interaktion der Intermediate des 33-kda- und des 23-kda-Proteins mit den Proteinen des Photosystems II eine Konformationsänderung der Intermediate herbeiführt,
die für den Ablauf des 2. Processing-Schrittes Voraussetzung ist.

Eine ähnliche Abhängigkeit des richtigen Einbaus der OEC-Proteine in die
Membranen von dem Vorhandensein bestimmter PS II-Proteine zeigen die
Versuche von Callahan und Cheniae (1985). Nach NH_2OH-Behandlung gehen
wesentliche PS II-Eigenschaften wie z.B. die Abgabe von Elektronen in
die Elektronentransportkette und die photosynthetische Sauerstoffproduktion verloren. Die lichtabhängige Reaktivierung aus diesem auch als
'Photoinhibition' bezeichneten Stadium bedarf der plastidären Translation von PS II-Proteinen, des Bindens von Mn^{2+} und der Assemblierung
der PS II-Proteine.

2.6.2.4. Die Synthese, der Einbau und der Abbau des Herbizid-bindenden 32-kda-Proteins

1974 wurde von Eaglesham und Ellis erstmalig bei der in-organello Translation von Erbsenchloroplasten eine stark radioaktiv markierte Proteinbande im Bereich von 32 kda gefunden, die sie als 'peak D' bezeichneten.
In-vivo wurde 1978 dasselbe Protein von Edelman und Reisfeld unter den
Translationsprodukten von Spirodela nachgewiesen. Das 32-kda-Protein
ist Plastom-codiert (Tabelle 3). Im Gegensatz zu den anderen Plastom-
codierten Proteinen wird das 32-kda-Protein als Precursor (33,5 kda)
synthetisiert. Im heterologen System wurde ein großer Anteil der
poly(A^-)mRNA als Transkript des 32-kda-Protein-Gens (psbA) identifiziert.
Jedoch unterliegen Transkription und Translation dieses Proteins unter-

schiedlichen Regelmechanismen. So wird das 32-kda-Protein in Spirodela

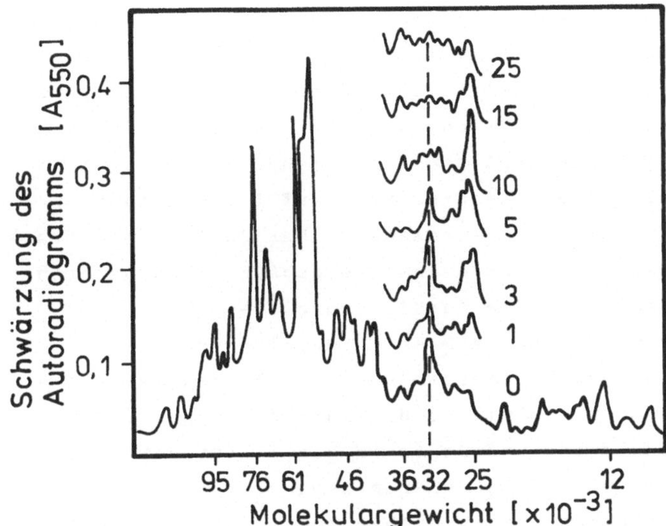

Abb. 35. Einbau von ^{35}S-Methionin in die Thylakoidproteine von Spirodela oligorrhiza während des Ergrünens. 0, 1, 3, 5, 10, 15, bzw. 25 Stunden Belichtung. (Verändert nach Reisfeld et al. 1978)

in vivo unter photoautotrophen Kulturbedingungen synthetisiert. In vitro
translatierbare pol(A⁻)mRNA von psbA ist in photoautotroph kultivierten Pflanzen nachweisbar, nicht aber in heterotroph unter Zugabe von
Saccharose gehaltenen Pflanzen. Diese enthalten auch kein 32-kda-Protein.
Unter beiden Kulturbedingungen ist die Translation und die Transkription des 32-kda-Proteins streng koordiniert. Diese Koordination wird
bei Entzug der Saccharose in im Dunkeln kultivierten Pflanzen aufgehoben. Unter diesen Bedingungen setzt die Expression von psbA wieder ein,
die Translation des Gen-Produkts unterbleibt jedoch (Reisfeld 1979).

Etwa drei Stunden nach Belichtung von im Dunkeln kultivierten Spirodela-
Pflanzen steigt gleichzeitig mit dem Gehalt einer plastidären mRNA von
$0,5 \times 10^6$ da und einer vermehrten spezifischen Translationsaktivität für
das 32-kda-Protein der Gehalt dieses Proteins in den Thylakoidmembranen
an (Abb. 35)(Reisfeld et al. 1978). Bei diesem Ergrünen von Spirodela
ist die Transkriptions- und die Translationsrate ebenfalls koordiniert.
Ab der 6.Stunde nach Lichtbeginn sinkt der thylakoidale Gehalt an 32-
kda-Protein auf ein niedrigeres Maß ab (Abb. 35). Der Anstieg der Transkript-Menge des psbA nach Belichtung von Spirodela (Reisfeld et al.

1978) und _Zea_ _mays_ (Bedbrook et al. 1978) wurde auch in _Sinapis_ _alba_
(Link 1982) nachgewiesen und dort als Phytochrom-gesteuerte Genexpression gedeutet. Fromm et al. (1985) weisen dagegen eine lichtgesteuerte Regulation der Expression des 32-kda-Proteins in _Spirodela_ auf translationaler Ebene nach. Tatsächlich haben Klein und Mullet (1987) in einer detailierteren Untersuchung gezeigt, daß in ergrünenden _Hordeum_-Keimlingen bei Lichtbeginn die Translationsrate für das 32-kda-Protein sofort ansteigt, ohne daß sich die psbA-Transkriptmenge nennenswert ändert. Dies spricht ebenfalls für eine Steuerung auf translationaler Ebene in der ersten Phase des Ergrünungsprozesses. Der Anstieg der Transkriptionsrate folgt nach. Außerdem erscheint die psbA-Expression nicht unbedingt lichtabhängig zu sein, da die Anreicherung des psbA-Transkripts bei Weiterkultivierung der _Hordeum_-Keimlinge im Dunkeln (bei verminderter Rate) anhält. Das Vorhandensein des psbA-Transkripts in im Dunkeln kultivierten Pflanzen ermöglicht die äußerst schnelle Synthese des 32-kda-Proteins und seine Insertion in die intraplastidären Membranen bei Lichtbeginn. In _Spirodela_-Chloroplasten ist das 32-kda-Protein bereits nach 6 Minuten Belichtung nachweisbar (Mattoo und Edelman 1987). Nach einer 3minütigen Markierung mit ^{35}S-Methionin zu Lichtbeginn ist nach 6 Minuten zunächst in den Stroma-Thylakoiden sowohl eine kleinere Menge an Precursor-Proteinen von 33,5 kda als auch eine größere Menge der processierten Form des Proteins von 32 kda vorhanden. Zu diesem Zeitpunkt enthalten die Grana-Thylakoide nur das 32-kda-Protein. Nach 2 Stunden zeigt sich in den Stroma-Thylakoiden nur noch ein kleiner Rest an processiertem Protein. In den Grana-Thylakoiden ist zu diesem Zeitpunkt die Menge an 32-kda-Protein stark angestiegen. Zieht man außerdem noch in Betracht, daß kurz nach Lichtbeginn die Grana-Thylakoide noch kein neusynthetisiertes 32-kda-Protein enthalten und die Stroma-Thylakoide viel an Precursor-Protein und weniger an der processierten Form besitzen, so liegt es nahe, eine Insertion des neusynthetisierten 32-kda-Proteins in seiner Precursor-Form in die Stroma-Thylakoide und danach das Processing und eine 'Wanderung' des processierten Proteins in die Grana-Thylakoide anzunehmen. In der Tat ist für das 32-kda-Protein ein 'Lebenszyklus' aufstellbar, der sogar die Verweildauer in den einzelnen Stadien angibt (Abb. 36). Dieser 'Lebenszyklus' beinhaltet auch eine temporäre Acylierung mit Palmitinsäure während der Translokation von dem Stroma- in den Grana-Bereich des Thylakoidsystems und/oder bei der Eingliederung des 32-kda-Proteins in die dann funktionsfähigen PS II-Einheiten. Die Acylierung des processierten Proteins macht möglicherweise diese korrekte Eingliederung in das PSII erst möglich. (Siehe N5)

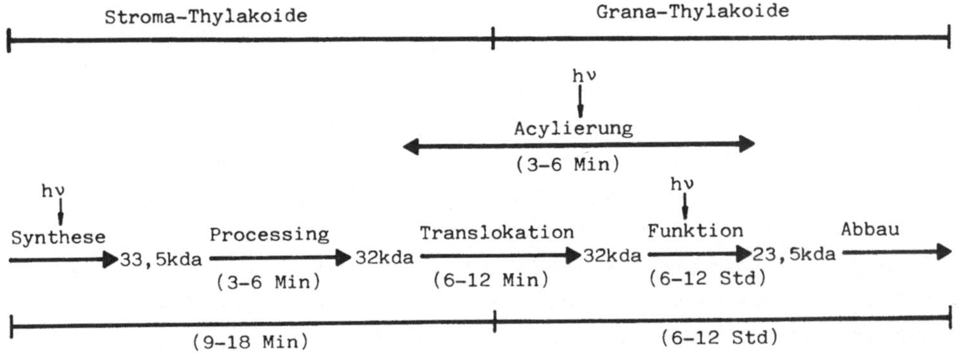

Abb. 36. Generelles Schema für den 'Lebenszyklus' des herbizid-bindenden 32-kda-Proteins mit Angabe der jeweiligen Lokalisierung im Thylakoidsystem und der jeweiligen Verweildauer (in Form der Halbwertszeit).
(Verändert nach Mattoo und Edelman 1987)

Der 'Lebenszyklus' des 32-kda-Proteins weist im Vergleich mit den anderen Chloroplastenproteinen eine weitere Besonderheit auf (Abb. 36).
Trotz der hohen Translationsrate bei Belichtung der Pflanzen kommt es
im Thylakoidsystem nicht zu einer übermäßigen Anhäufung des 32-kda-Pro-
teins. Seine Translationsrate steigt in Abhängigkeit von der Lichtintensität (Mattoo et al. 1984). Andererseits steigt aber auch seine Degra-
dationsrate in Abhängigkeit von der Lichtintensität (Hoffman-Falk 1980).
Das 32-kda-Protein unterliegt damit einem besonders hohen Turnover. Dieser ist eng mit seiner physiologischen Rolle im Ablauf der Photosynthe-
seprozesse verknüpft. Nach Untersuchungen von Renger (1976) sitzt das
32-kda-Protein als Proteinschild dem Photosystem II stromaseitig auf
und schirmt es zum Stroma hin ab. Daher kann ein exponierter Anteil des
32-kda-Proteins durch Trypsin-Zugabe zu isolierten Thylakoiden verdaut
werden. Nach dieser Behandlung ist der Elektronenfluß zwischen dem Photosystem II und dem Photosystem I unterbrochen und der primäre Elektro-
nenakzeptor des PS II ist für artifizielle Elektronendonatoren von außen
her zugänglich. Rengers Modell geht davon aus, daß in-vivo in dem 32-
kda-Protein lichtinduzierte Konformationsänderungen eintreten, die al-
losterisch die Elektronenübergabe zwischen Q und dem Plastochinonpool
regulieren. In diesem Sinne verhindert der Photosyntheseinhibitor DCMU
diese Konformationsänderungen durch reversible Bindung an das 32-kda-
Protein. Hat aber das 32-kda-Protein DCMU oder ein anderes PS II-Herbi-
zid gebunden, so bleibt die Protein-Degradation aus. Unter anderem wird
aus dieser Korrelation von Unterbrechung des photosynthetischen Elek-
tronentransportes durch DCMU-Bindung, d.h. Funktionsunfähigkeit des

32-kda-Proteins, und dem Sistieren des Turnover des 32-kda-Proteins auf folgende photosynthetische Wirkungsweise des Proteins geschlossen: Nach Lichtanregung des PSII und Ladungstrennung zwischen dem P680 und dem Phäophytin wird ein Elektron auf Q, den primären Akzeptor des PS II, übertragen. Q überträgt das Elektron auf den sekundären Akzeptor B, ein Chinon. Dabei entsteht wahrscheinlich ein Semichinon-Anionradikal. Parallel zu diesen Elektronenübertragungen auf der reduzierenden Seite des PS II werden auf der oxidierenden Seite Elektronen von einem Elektronen akkumulierenden Zentrum Z in das P680 eingespeist. Dabei entsteht molekularer Sauerstoff, der durch Elektronenabgabe zur Radikalbildung führen kann. Diese Radikale bewirken eine Konformationsänderung des 32-kda-Proteins. Dadurch wird einerseits seine Bindungsstelle für das Chinon deformiert und andererseits wird das 32-kda-Protein für eine Protease zugänglich. Die photosynthetisch bedingte Degradation des 32-kda-Proteins ist damit die Erklärung für seinen hohen Turnover im Licht.

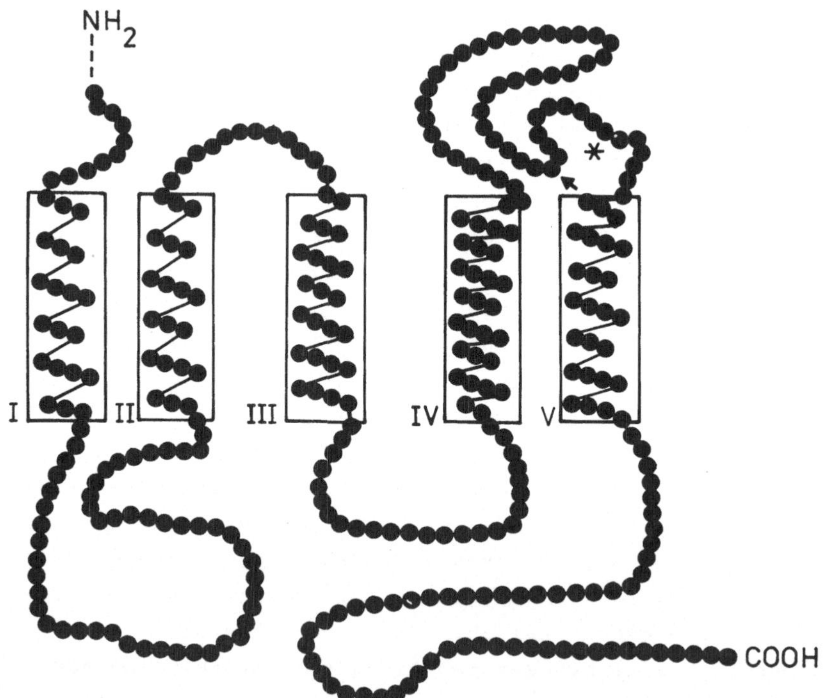

Abb. 37. Aus Hydropathie-Plot-Messungen ermittelte Faltung der Aminosäuresequenz des 32-kda-Proteins vom Photosystem II mit fünf hydrophoben Helices, die die Thylakoidmembran spannen.(Verändert nach Trebst 1986)➡ = Phe in Position 255, ✳ = Serin in Position 264. (Siehe N6)

Unter physiologischen Bedingungen kann dieser Abbau durch eine gesteigerte Neusynthese kompensiert werden.

Neuere Untersuchungen der Aminosäuresequenz des 32-kda-Proteins, insbesondere die Identifizierung von hydrophoben und hydrophilen Abschnitten (Hydropathie-Plot), haben die Vorstellungen darüber, wie dieses Protein in die Thylakoidmembran inseriert ist, teilweise modifiziert. Das 32-kda-Protein besitzt fünf membranspannende Helices sowie hydrophile Anteile, die entweder der Stroma- oder der Lumenseite der Thylakoidmembran zugewandt sind (Abb. 37)(Trebst 1986). Eine fast gleiche Konfiguration zeigt ein anderes zum Photosystem II gehöriges Protein von 34 kda, das sogenannte D2-Protein. Da außerdem beide Proteine in den Positionen 215 und 272 an wahrscheinlich benachbarten Helices Histidin enthalten und diese aufgrund der räumlichen Anordnung Q und Fe binden könnten, ist in Analogie zu dem Modell für das bakterielle Photosystem (Deisenhofer et al. 1985) eine entsprechende Assoziierung für das D1- und das D2-Protein in den Thylakoidmembranen der Chloroplasten entwickelt worden (Abb. 38). Die für die Herbizidbindung entscheidende Stelle des 32-kda-Proteins am Serin in der Position 264 ist auch hier stromaseitig exponiert und kann daher durch Trypsin-Behandlung angegriffen werden. Ein Austausch dieses Serins gegen Glycin bewirkt Herbizid-Resistenz (Golden und Haselkorn 1985). Diesem auf strukturellen Überlegungen basierenden Modell aus dem D1- und dem D2-Protein müßte eigentlich die PS II-Aktivität zukommen. Es steht damit im Widerspruch zu dem herkömmlichen

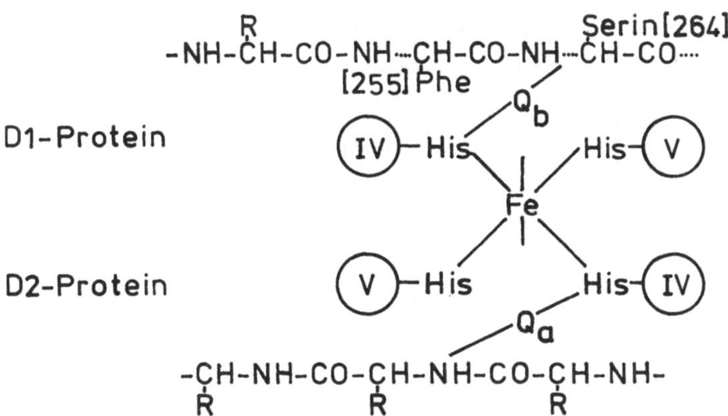

Abb. 38. Modell für die Bindung von Q und Fe über vier Histidine an das 32-kda-Protein (D1) und das 34-kda-Protein (D2) von Photosystem II. (Verändert nach Trebst 1986)

Reaktionszentrum des Photosystems II, dem 47-kda-Protein, das Chlorophyll a bindet. Ebenso ungeklärt ist es, nach welchen Mechanismen die zuvor beschriebene Translokation des 32-kda-Proteins von den Stroma-Bereichen in die Grana-Bereiche der Thylakoide erreicht wird, wenn das 32-kda-Protein mit den fünf Helices membranspannend in die Thylakoidmembranen inseriert ist.

Die Synthese des 32-kda-Proteins beginnt mit einem Methionin, dem eine Sequenz aus 21 hydrophoben Aminosäuren nachfolgt (Zurawski et al. 1982). Diese wird auch als Grund dafür angesehen, daß die Translation des Proteins nur an thylakoidgebundenen Ribosomen abläuft (Herrin und Michaels 1985). Damit wäre die Insertion des Proteins in die Membran mit seiner Translation kombiniert. Jedoch liegt keine intraplastidäre Kompartimentierung der mRNA-Spezies vor. Die mRNAs für die Membranproteine und die für lösliche Proteine sind nicht auf thylakoidgebundene bzw. auf freie Ribosomen beschränkt, sondern im gleichen Verhältnis in beiden Ribosomentypen vertreten (Boschetti et al. 1987). Allerdings sind 76 bis 80 % der gesamten mRNA an thylakoidgebundenen Ribosomen zu finden. Die Rolle der freien Ribosomen und die möglichen Wechselwirkungen der Membranen bei und nach der Bindung von Ribosomen auf die Translation sind vorerst noch ungeklärt.

2.6.2.5. Die Ribulose-1,5-bisphosphatcarboxylase: Bereitstellung der Untereinheiten und Assemblierung des Holoenzyms

Die Ribulose-1,5-bisphosphatcarboxylase/oxygenase (Rubisco) ist das Eingangsenzym für die photosynthetische CO_2-Fixierung sowie für die Photorespiration. Mengenmäßig kann es bis zu 50% aller löslichen Proteine eines Blattes ausmachen. Das Holoenzym der Chloroplasten der Höheren Pflanzen und der Chlorophyceae besteht aus acht großen, Plastom-codierten Untereinheiten von je 53 kda (LSU) und acht kleinen, Kern-codierten Untereinheiten von je 14 kda (SSU). Diese SSU wird als Precursor von 20 kda im Cytoplasma synthetisiert und nach post-translationalem, ATP-abhängigen Eintransport in die Chloroplasten processiert (Ellis 1981). Bei Cyanophora paradoxa jedoch sind sowohl die LSU als auch die SSU auf der Cyanellen-DNA codiert (Heinhorst und Shiveley 1983). Die Codierung beider Rubisco-Untereinheiten im Plastom ist ebenso für die Rhodophyceae Cyanidium caldarium und Porphyridium cruentum (Steinmüller et al. 1983) und für Olisthodiscus luteus (Reith und Cattolico 1986) nachgewiesen. In Olisthodiscus liegen die Gene für die Rubisco-Untereinheiten rbcS und rbcL dicht beieinander in der invertierten, repetitiven Sequenz (IR) und werden als dicistronische mRNA transkribiert.

Die Steuerung der Expression von rbcS und rbcL und die stöchiometrisch
richtige Assemblierung der Rubisco erscheint daher in <u>Olisthodiscus</u> relativ einfach. Viel komplexer ist die Situation für die Assemblierung
der Rubisco in den Chloroplasten der Höheren Pflanzen und der <u>Chloro-
phyceae</u> durch die Verteilung des rbcL auf die große Einzelstrang-Sequenz des Plastoms und des rbcS auf die Kern-DNA. (Als Ausnahme ist das
rbcL bei <u>Petunia hortorum</u> (Palmer 1985) und bei <u>Chlamydomonas eugametos</u>
(Lemieux et al. 1985) in der IR des Plastoms codiert.) Die Koordination
der Genexpression des in einer Multigen-Familie von 6 bis 12 Exemplaren
im Kern vorhandenen rbcS mit der Genexpression des in Vielzahl in den
Chloroplasten vorliegenden rbcL ist erst in Ansätzen aufgeklärt.

Die Funktion der SSU im Holoenzym ist bislang ungeklärt, zumal sich das
aktive Zentrum der Rubisco an der LSU befindet. Für die Rubisco-Aktivität aber ist die SSU unverzichtbar. Das rbcS-Gen der meisten Dikotylen
enthält an identischen Stellen zwei Introns, während bei den Monokotylen nur ein Intron an verschiedenen Positionen innerhalb der Nucleotid-
Sequenz des rbcS auftaucht (Nagy et al. 1986). Die Aminosäuresequenz
der processierten SSU der bislang untersuchten mono- und dikotylen Spezies ist weitgehend homolog. Die rbcS-Gene der Multigen-Familie sind zumeist in der Kern-DNA geclustert (Cashmore 1983; Dean et al. 1985) und
unterscheiden sich in nur wenigen Sequenzen. Diese geringen Unterschiede sind jedoch für die Chloroplastendifferenzierung offensichtlich entscheidend, da die Expression einzelner Gen-Spezies dieser Multigen-Familie nur in Abhängigkeit von bestimmten physiologischen Bedingungen erfolgt (siehe 2.8.). Die Expressionsrate von rbcS-Genen wird in allen
Angiospermen durch Belichtung gesteigert (Tobin und Silverthorne 1985).
Dabei ist die durch Licht bewirkte Steigerung abhängig von der Menge an
rbcS-mRNA, die bereits in den etiolierten Pflanzen vor der Belichtung
angehäuft worden ist (Thompson et al. 1983). Außerdem ist sie generell
in Getreidepflanzen niedriger als zum Beispiel in <u>Pisum</u>. Es konnte nachgewiesen werden, daß zur lichtgesteuerten Genexpression des rbcS aus
<u>Pisum</u> eine die TATA-Region enthaltende Sequenz von 33 Basenpaaren zwi-
schen den Positionen -35 und -2 notwendig ist (Morelli et al. 1985; Nagy et al. 1985). Darüber hinaus reicht eine Sequenz von 352 Basenpaaren
vor dem 5´-Bereich von rbcS aus, damit die Chimäre nach Transfer in <u>Pe-
tunia hybrida</u> oder <u>Nicotiana tabacum</u> gewebespezifisch exprimiert und
das Translationsprodukt in Mischkomplexen zur Rubisco assembliert wird
(Herrera-Estrella et al. 1984; Nagy et al. 1985).

Es konnte noch nicht geklärt werden, wie das Licht die Transkriptions-

rate des rbcS-Gens steigert. Beim Ergrünungsprozeß gilt als gesichert,
daß das Phytochromsystem direkt oder indirekt die Genexpression steigert.
So wird zum Beispiel in etiolierten _Pisum_-Keimlingen bereits durch
30minütige Bestrahlung mit Rotlicht von 662 nm und anschließende Dunkelheit von 24 Stunden in der darauf folgenden Belichtung mit Weißlicht
nach 24 Stunden das 3fache an SSU-mRNA gebildet im Vergleich mit Keimlingen, die nicht mit Rotlicht bestrahlt worden waren (Jenkins 1986).
Die Transkriptionsrate des rbcS-Gens in etiolierten _Pisum_-Keimlingen
nimmt bei Belichtung nicht kontinuierlich zu, sondern zeigt zwischen der
5. und 20. Stunde nach Lichtbeginn eine lag-Phase (Abb. 39)(Gallagher
et al. 1984). Aus diesem charakteristischen Kurvenverlauf für die rbcS-
Genexpression bei Belichtung können zwei verschiedene Wirkungen des
Lichtes auf die Transkription des rbcS-Gens abgelesen werden. Zunächst
erfolgt eine Konditionierung des rbcS-Gens zur gesteigerten Transkrip-

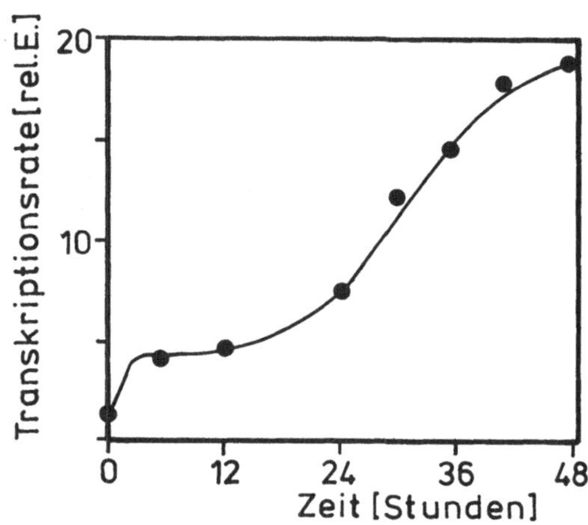

Abb. 39. Änderung der Transkriptionsrate des rbcS während des Ergrünens von etiolierten _Pisum_-
Keimlingen. Die Keimlinge wurden
6 Tage lang im Dunkeln kultiviert
und dann belichtet. Zu den Probe-
zeiten wurden die Zellkerne isoliert, in-vitro transkribiert und
die Menge an gebildeter rbcS-mRNA
durch Hybridisierung mit spezifischer, radioaktiv markierter cDNA
bestimmt. (Verändert nach Gallagher et al. 1984)

tion und dann erst die Steigerung der Transkriptionsrate. Diese Hypothese wurde durch zahlreiche Untersuchungen bestätigt, bei denen die
Transkriptionsrate des rbcS nach einer Ergrünungszeit von 36 Stunden
und anschließenden, verschieden langen Dunkel- und Lichtzeiten bestimmt
wurde. Die Menge an SSU steigt bei Belichtung von etiolierten _Pisum_-Keim-
lingen in gleicher Weise an wie der Gehalt an SSU-mRNA (Bennett et al.
1984). Die SSU-Menge in sich ausdifferenzierenden Chloroplasten unterliegt damit einer transkriptionalen Kontrolle, die in Höheren Pflanzen
weitgehend von dem Phytochromsystem ausgeübt wird. Im Gegensatz dazu
ist während der ersten 12 Stunden des Ergrünens die Menge an LSU geringer als der Gehalt an rbcL-Transkripten erwarten läßt (Bennet et
al. 1984). Der Gehalt an LSU wird also auf translationaler oder post-

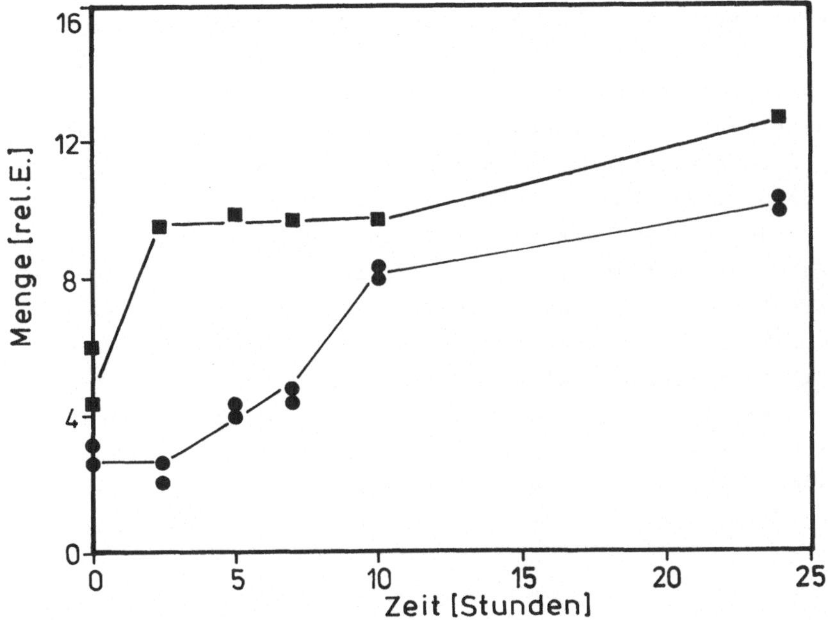

Abb. 40. Menge an LSU (●) und an SSU (■) der Rubisco während des Ergrünens etiolierter _Euglena gracilis_.(Verändert nach Eichholz und Buetow
1984)

translationaler Ebene reguliert. Auch in ergrünenden _Euglena_-Zellen verläuft die SSU-Synthese in zwei Abschnitten. Nach einem starken Anstieg
der SSU-Menge während der ersten zwei Stunden des Ergrünens folgt für
etwa 7 bis 8 Stunden eine lag-Phase, die in eine leichte Zunahme der
SSU-Menge übergeht (Abb. 40)(Eichholz und Buetow 1984). Dieser Ablauf
der SSU-Bildung in _Euglena gracilis_ entspricht damit tendenziell der
durch Phytochrom gesteuerten rbcS-Transkriptionsrate in _Pisum_, obwohl
Euglena gracilis nachweislich kein Phytochrom enthält. Erstaunlicherweise verläuft die Translationsrate von SSU und LSU während der ersten
10 Stunden des Ergrünens von etiolierter _Euglena gracilis_ nicht syn-
chron und nicht in dem stöchiometrisch zu erwartenden Verhältnis zu-
einander ab (Abb. 40). Die Koordination zwischen den Synthesewegen von
LSU und SSU ist erst in Teilaspekten aufgeklärt. So unterliegt die Synthese der SSU in der _Chlamydomonas_-Mutante ac20r1, die weder plastidäre Ribosomen noch LSU enthält, einer post-translationalen Kontrolle
(Mishkind und Schmidt 1983). Zwar besitzt diese Mutante noch dieselbe
Transkriptmenge an rbcS-mRNA, wird der pSSU noch synthetisiert und in die
Chloroplasten eintransportiert. Dort wird die SSU jedoch sehr schnell
abgebaut (Schmidt und Mishkind 1983). Auch bei _Chlorogonium elongatum_

erfolgt beim Wechsel von heterotropher zu autotropher Kultivierung die
Steuerung der Gen-Expression des rbcS und rbcL nicht über das Phytochromsystem, sondern über einen Blaulichtrezeptor (Roscher und Zetsche
1986). Die Menge an gebildeten Transkripten von rbcS und rbcL ist dabei
abhängig von der Lichtqualität und -intensität. Damit wird bei Chlorogonium die Rubisco-Synthese hauptsächlich auf der transkriptionalen
Ebene reguliert. Jedoch nehmen die rbcS-mRNA und die rbcL-mRNA nicht
in gleichem Maße koordiniert zu, so daß zusätzlich zu der Blaulicht-ge
steuerten Transkription post-transkriptionale Regulationsmechanismen
für die Synthese beider Untereinheiten der Rubisco hinzukommen müssen.
Selbst beim Zerfall des Rubisco-Holokomplexes zeigen SSU und LSU ein
unterschiedliches Verhalten. In ihren Untersuchungen an Chlorella konnten Bullmann und Galling (1986) zeigen, daß bei Zerfall des Holokomplexes die LSU einem proteolytischen Abbau unterliegt, während die SSU
wieder zum Assemblieren mit neusynthetisierter LSU zur Rubisco verwendet werden kann.

Zum Verständnis der Rubisco-Assemblierung müssen für die LSU und die
SSU zwei weitere Aspekte in Betracht gezogen werden:
(1) Die pSSU (20 kda) der Rubisco aus Pisum sativum wird in-vitro über
ein Intermediat mSSU (18 kda) zur endgültigen SSU (14 kda) zweimal nach-

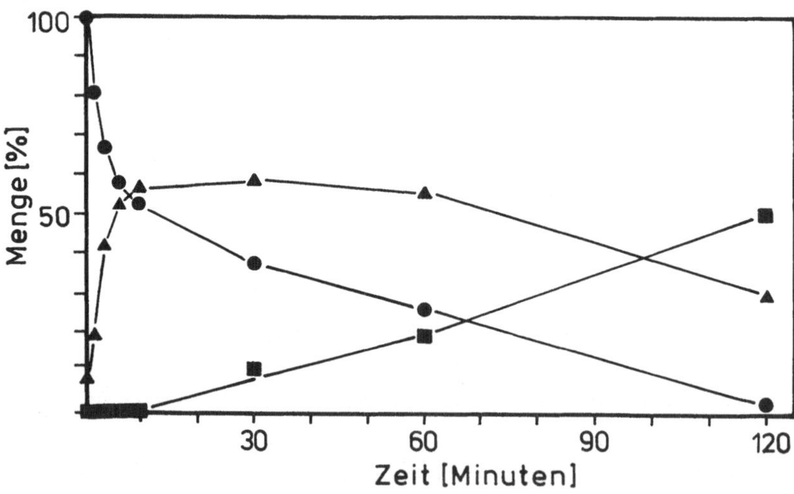

Abb. 41. In-vitro-Processing des mit einem spezifischen Antikörper komplexierten Precursors der SSU (●) über ein Intermediat (▲) zur endgültigen SSU (■) von Chlamydomonas reinhardii y-1. Das Processing wird durch
Zugabe löslicher Proteine der Alge erreicht.(Verändert nach Marks et al.
1986)

einander von derselben Protease processiert (Robinson und Ellis 1984).
Obwohl es sich bei dieser Protease um ein lösliches Protein handelt,
wird eine lockere Bindung an die innere Envelope-Membran angenommen
(Robinson und Ellis 1984; Marks et al. 1986). Die 2. Processing-Stelle
liegt zwischen den Aminosäuren Cystein und Methionin, wobei das Methionin das aminoterminale Ende der SSU ist (Abb. 16). Die 1. Processing-
Stelle liegt innerhalb der Transit-Sequenz und ist nicht von diesen beiden Aminosäuren markiert. Es ist nicht hinreichend erklärbar, wie trotz
dieser Unterschiede die Endoprotease spezifisch an diesen zwei Stellen
der Transit-Sequenz des pSSU nacheinander wirken kann. In vitro ist es
nicht möglich, die mSSU nachzuweisen, ohne daß Hilfsmittel eingesetzt
werden, die den 2. Processing-Schritt unterbinden oder verzögern (Robinson und Ellis 1984). Für das Processing des pSSU aus Chlamydomonas
wurde durch Zugabe eines SSU-spezifischen Antikörpers in-vitro ein Zeitraum von 2 Stunden benötigt, um den pSSU quantitativ zu processieren
(Abb. 41)(Marks et al. 1986). Sicherlich ist der Zeitablauf dieses Pro-
zesses in-vivo anders und schneller, zumal bislang der Nachweis von
pSSU und mSSU in-vivo nicht möglich war. Es kann aber vorerst nicht ausgeschlossen werden, daß dieses 2-Stufen-Processing auch eine Rolle bei
der Bereitstellung der SSU für die Assemblierung der Rubisco spielt.
(2) Von Roy et al. (1978, 1979) wurden Pools von nicht-assemblierter
SSU und LSU in ergrünenden Pisum-Pflanzen nachgewiesen. Während die SSU
stets als Monomer vorliegt, wenn sie nicht im Holoenzym assembliert ist,
ist die LSU dann stets in komplexerer Form in Ein- oder Mehrzahl mit
einem sogenannten Bindungsprotein assoziiert. Dieses Bindungsprotein
(BP) kann aus Pisum sativum als Oligomer mit einem Molekulargewicht von
720 000 isoliert werden (Hemmingsen und Ellis 1986). Dieses Oligomer
ist je zur Hälfte aus den Untereinheiten α (61 kda) und β (60 kda) zusammengesetzt und hat demnach die Form $\alpha_6\beta_6$. Die beiden Untereinheiten
sind kern-codiert, werden unabhängig vom Licht in Etioplasten und Chloroplasten aus Pisum in fast gleicher Menge im Cytoplasma als Precursor-
Proteine synthetisiert und in die Etioplasten/Chloroplasten eintransportiert und processiert.

Die Syntheserate der LSU in Pisum-Chloroplasten ist größer als ihre As-
semblierungsrate mit der SSU zum Holoenzym. Der zunächst überschüssige
Anteil der neusynthetisierten, nicht assemblierten LSU bindet nicht-ko-
valent an die Oligomere des BP (Abb. 42)(Musgrove und Ellis 1986). Die
ATP-abhängige Dissoziation dieser Oligomere soll auch die gebundene LSU
freisetzen (Bloom et al. 1983). Allerdings sind auch Dimere des BP mit
gebundener LSU, sogenannte 7S-Komplexe, neben den Oligomeren (29S-Kom-

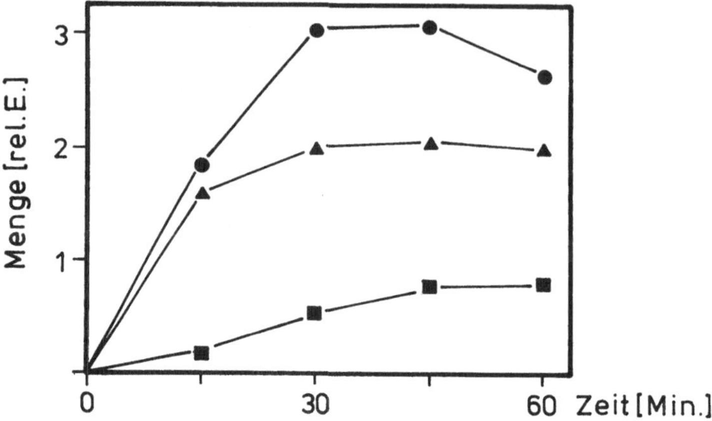

Abb. 42. Zeitlicher Verlauf der LSU-Synthese (●), der Assoziation mit dem Bindungsprotein (▲) und der Assemblierung mit der SSU zur Rubisco (■) in isolierten <u>Pisum</u>-Chloroplasten.(Verändert nach Musgrove und Ellis 1986)

plexe) identifiziert worden (Roy et al. 1982).

Zur Funktion dieses BP für die Rubisco-Assemblierung werden zwei Hypothesen diskutiert. Zum einen wird erwogen, daß die hydrophobe LSU durch Assoziation mit dem BP-Oligomer im Chloroplasten-Stroma in Lösung gehalten wird und so ein Pool von LSU zur Assemblierung mit der SSU bereitsteht. Zum anderen könnte das BP für den Assemblierungsvorgang selbst notwendig sein, indem es zunächst die LSU bindet und dann die Assemblierung mit der SSU gleichsam katalysiert, ohne selbst an diesem Bindungsprozeß direkt beteiligt zu sein.

2.6.3.   Chloroplastenontogenese in C_3- und C_4-Pflanzen

In den C_3-Pflanzen differenzieren sich die Chloroplasten aus Proplastiden oder Etioplasten in den Gewebeteilen mit photosynthetischer Aktivität nach den in den vorherigen Kapiteln behandelten Kriterien. In den C_4-Pflanzen wie zum Beispiel <u>Zea mays</u>, <u>Portulacca oleracea</u> oder <u>Panicum maximum</u> kommt es jedoch zur Ausbildung von verschiedenen Chloroplastentypen in Abhängigkeit von ihrer Lokalisierung im pflanzlichen Gewebe und von ihrer Funktion im Rahmen der Photosyntheseabläufe, insbesondere der CO_2-Fixierung. Die Chloroplasten der Mesophyllzellen haben das gewöhnliche Thylakoidsystem mit Stroma- und Granathylakoiden. Sie besitzen jedoch keine Stärkekörner. Die Chloroplasten der Bündelscheidenzellen dagegen enthalten Stärkekörner, aber ihr Thylakoidsystem keine Grana-Bereiche. Beide Chloroplastentypen werden von einem peripheren Reticulum umgeben. Jedoch ist dieses periphere Reticulum auch bei den Chloroplasten in Mesophyllzellen einiger C_3-Pflanzen zu finden (Laetsch 1974). Dieser Chloroplastendimorphismus innerhalb einer C_4-Pflanze in zwei aneinandergrenzenden Gewebeschichten muß auf unterschiedliche Realisation der in der Kern-DNA und im Plastom codierten Chloroplastenproteine zurückgehen, da die Chloroplasten der Bündelscheidenzellen und der Mesophyllzellen identische Plastome enthalten (Walbot 1977). Dies gilt umsomehr, als sich diese zwei Chloroplastentypen nicht nur morphologisch, sondern auch hinsichtlich ihrer photosynthetischen Aktivität unterscheiden. Die Chloroplasten der Mesophyllzellen sind reich an Phosphoenolpyruvat-Carboxylase. Bei der durch dieses Enzym katalysierten Fixierung von HCO_3^- auf Phosphoenolpyruvat entsteht Oxalacetat und nach Reduktion Malat. Dieses Malat wird in die Chloroplasten der Bündelscheidenzellen eintransportiert und wieder decarboxyliert. Das CO_2 wird hinwiederum dort von der Rubisco refixiert. Es schließen sich die bekannten Reaktionen des Calvin-Zyklus an. Das CO_2 wird also bei den C_4-Pflanzen am Ort der endgültigen CO_2-Fixierung angereichert. Das hat zur Folge, daß diese Pflanzen eine hohe Nettophotosyntheserate besitzen. Die molekulare Zusammensetzung der beiden Chloroplastentypen unterscheidet sich notwendigerweise voneinander. So beträgt das Chlorophyll a/b-Verhältnis der Mesophyllzellen bei _Zea mays_ 2,7 und das der Bündelscheidenzellen 4,8. Die Rubisco ist fast nur in den Chloroplasten der Bündelscheidenzellen, die Phosphoenolpyruvat-Carboxylase fast nur in denen der Mesophyllzellen vorhanden. Außerdem sind die Chloroplasten der Bündelscheidenzellen reich an ATPase und dem CCI-Apoprotein. Dafür sind die CCII-Polypeptide vermindert und die drei OEC-Proteine sowie das Herbizid-bindende Protein D1 fehlen. Die Menge an Ferredoxin-NADP$^+$-Reduktase ist ebenfalls in den Chloroplasten der Bündelscheidenzellen geringer als in denen der Mesophyllzellen.

Die Ontogenese dieser zwei Chloroplastentypen ist noch umstritten. Die Chloroplasten der Bündelscheidenzellen sollen entweder aus Chloroplasten hervorgehen, die in ihrer inneren Struktur und Ausstattung denen der Mesophyllzellen ähneln (Miyake und Maeda 1976), oder sie sollen sich bei Belichtung direkt aus Etioplasten entwickeln (Farineau et al. 1978). Ohne entscheiden zu wollen, welche der beiden Entwicklungsabläufe für die Chloroplasten der Bündelscheidenzellen generell gilt, müssen aber in jedem Fall bei der Ausdifferenzierung dieser Chloroplasten eine differentielle Genexpression und/oder unterschiedliche, transkriptspe-

zifische Regelmechanismen wirken. Die mRNAs für die kern-codierte Phosphoenolpyruvat-Carboxylase, die SSU der Rubisco und das LHCII-Apoprotein ist in charakteristischer Weise in den Bündelscheidenzellen bzw.
den Mesophyllzellen vorhanden (Broglie et al. 1984). Nach in-vitro-
Translation isolierter poly(A$^+$)mRNA aus _Zea_ _mays_ zeigte sich an Hand
der Immunpräzipitate, daß die mRNA für die SSU nur in den Bündelscheidenzellen und die für die Phosphoenolpyruvat-Carboxylase nur in den Mesophyllzellen vorhanden ist. Es muß also für diese Chloroplastenproteine eine gewebespezifische Expression der entsprechenden Gene im Zellkern erfolgen. Die mRNA für das LHCII-Apoprotein war dagegen in beiden
Zelltypen vorhanden, obwohl in _Zea_ _mays_ nach den Untersuchungen von
Broglie et al. (1984) dieses Protein nur in den Mesophyllzellen translatiert und in den Chloroplasten zum LHCII assembliert wird. Dies läßt
auf eine gewebespezifische Regulation auf der Ebene der Translation
schließen. Allerdings haben Bassi und Simpson (1986) in einer detaillier-
teren Untersuchung nachgewiesen, daß auch in dem Thylakoidsystem der
Chloroplasten der Bündelscheidenzellen LHCII enthalten ist. Da aber die
Ultrastruktur und die Proteinzusammensetzung der LHCIIs von beiden Zelltypen unterschiedlich ist, wird angenommen, daß in den Bündelscheidenzellen und den Mesophyllzellen unterschiedliche Gene aus der Multigen-Familie für die LHCII-Apoproteine exprimiert werden. Da den Thylakoiden
der Chloroplasten aus den Bündelscheidenzellen aber die Reaktionszentren des PSII CCII fehlen (Bassi et al. 1985), sind die LHCIIs mit dem
PSI funktionell gekoppelt (Bassi und Simpson 1986). Diese differentielle Genexpression wurde von Sheen und Bogorad (1986) bestätigt, die für
sechs Gene aus der Multigen-Familie für die LHCII-Apoproteine in _Zea_
mays jeweils unterschiedliche mRNA-Pools in Mesophyll- und Bündelscheidenzellen nachgewiesen haben. In entsprechender Weise konnten Sheen und
Bogorad (1986) das Verhältnis zwischen den mRNA-Pools von drei SSU-Ge-
nen in den Bündelscheidenzellen von _Zea_ _mays_ während aller Phasen des
Ergünens mit 4:1:3 bestimmen, wohingegen es in den Mesophyllzellen etiolierter Maispflanzen stets 2:1:1 betrug. Während die Absolutmenge an
mRNA für die LSU und die SSU und die Menge an assemblierter Rubisco in
Bündelscheidenzellen beim Ergrünen über 96 Stunden ansteigt, sind nur
geringe Mengen an Rubisco in ergrünenden Mesophyllzellen nachweisbar.
Nach 96 Stunden im Licht enthalten diese Zellen keine Rubisco mehr. Zu
der differentiellen Genexpression verschiedener Kerngene einer Multigen-Familie muß also im ersten Fall eine Stimulierung durch Licht und
im zweiten Fall eine Unterdrückung durch Licht auf transkriptionaler
Ebene hinzukommen. Für die Regulation der Genexpression plastom-codier-
ter Proteine in den C$_4$-Pflanzen gelten andere, nicht weniger komplexe

Mechanismen (Bogorad et al. 1984). Die vier im Plastom lokalisierten
Gene atpB, atpE, rbcL und psbA werden bei Belichtung von etiolierten
Maispflanzen exprimiert. Die Transkriptmenge dieser Photogene erreicht
etwa zur 45. Stunde sein Maximum. Eine weitere Besonderheit dieser Photogene ist,. daß je nach den physiologischen Bedingungen verschieden
lange Transkripte von ihnen erzeugt werden können. So findet man von
dem rbcL-Gen in etiolierten Maispflanzen hauptsächlich ein 1,6 kb langes
Transkript und wenig von einem 1,8 kb langen Transkript. Nach 2 Stunden
Belichtung ist das 1,8-kb-Transkript deutlich vorhanden und nach 20 Stunden Belichtung macht es etwa ein Drittel der gesamten rbcL-Transkript-
menge aus. Es ist jedoch nach 65 Stunden Belichtung nicht mehr nachweisbar. Die beiden Transkripte unterscheiden sich am 5′-Ende in der Länge.
Es ist zu vermuten, daß innerhalb der DNA-Struktur des rbcL mehrere Ini-
tiationsstellen für den Transkriptionsstart vorliegen. Die tatsächliche
Bedeutung der mehrfachen Transkriptformen eines Gens für die Chloroplastendifferenzierung ist ungeklärt. Dieses Konzept des Photogens reicht
zur Erklärung der Entstehung des Chloroplastendimorphismus in den C_4-
Pflanzen nicht aus. So nimmt die Menge an rbcL-Transkripten in Bündelscheidenzellen zu und in Mesophyllzellen nimmt sie ab. Die Transkriptmenge von atpB und atpE nimmt in beiden Zelltypen zu und die von psbA
nur in den Mesophyllzellen. Am Einzelfall des rbcL-Gens verdeutlicht
zeigen diese Ergebnisse aber, daß nur in den Bündelscheidenzellen
bei dem rbcL-Gen von einem Photogen gesprochen werden kann, nicht aber
bei den Mesophyllzellen. Zur Erklärung dieser unterschiedlichen Genexpression des rbcL-Gens in den beiden Zelltypen postulieren Bogorad
et al. (1984) einen in seiner Synthese lichtabhängigen Repressor, der
speziell die rbcL-Transkription hemmt, oder den Abbau eines in seiner
Synthese lichtabhängigen Transkriptionsstimulators.

2.6.4.   Die Entwicklung von Chloroplasten innerhalb des Zellzyklus

Die Chloroplastenontogenese innerhalb des Zellzyklus ist grundsätzlich
von der bei Belichtung etiolierter Pflanzen abzugrenzen, da sich im
Zellzyklus 'junge' Chloroplasten, die bereits ein funktionsfähiges Thylakoidsystem und das zur Photosynthese notwendige Enzym-Ensemble besitzen, in 'alte' Chloroplasten differenzieren. Die dabei wirkenden Regulationsmechanismen sind anders als beim Ergrünungsprozeß. So wird zum
Beispiel die Transkriptionsrate des rbcS-Gens in grünen Pflanzen nicht
mehr vom Phytochromsystem gesteuert, sondern wird durch Weißlicht induziert, von dem der Blaulichtanteil die effektive Wirkung zeigt (Nagy et

al. 1986). Zur Untersuchung von Differenzierungsvorgängen im Laufe des Zellzyklus sind durch Licht-Dunkel-Wechsel synchronisierte Massenkulturen einzelliger Algen besonders geeignet. Bei einem periodischen Licht-Dunkel-Wechsel von 14 Stunden Licht und 10 Stunden Dunkel wird die Zellteilung in einer _Euglena_-Massenkultur auf die 2. bis 8. Stunde der Dunkelzeit beschränkt (Abb. 43)(Brandt und von Kessel 1983). Die mit nahezu linearer Zuwachsrate ablaufende Synthese des Chlorophylls und der Gesamtmenge an Proteinen ist auf die 14stündige Lichtzeit beschränkt (Edmunds 1965). Daher ist nur während dieser Zeit des Zellzyklus eine in bezug auf die Photosynthese effektive Thylakoiddifferenzierung möglich. Diese Thylakoiddifferenzierung in _Euglena gracilis_ wird auch nicht durch die Chloroplastenteilung gestört. Diese ist ebenfalls auf die Dunkelzeit des Zellzyklus beschränkt (Brandt und von Kessel 1983; Hashimoto und Murakami 1982). Es kann aber von der nahezu kontinuierlich verlaufenden Chlorophyll- und Proteinsynthese während der Lichtzeit nicht auf eine nur konstante Vergrößerung der Thylakoide bei gleichbleibendem qualitativem Aufbau geschlossen werden. Vielmehr findet die Synthese und die anschließende Insertion der verschiedenen Thylakoidkomponenten in unterschiedlichen, aber für die jeweilige Komponente definierten Abschnitten des Zellzyklus statt. Diese Syntheseabfolge läßt eine grundsätzliche Koordination für die Thylakoiddifferenzierung in _Euglena gracilis_ erkennen (Abb. 43). Die Synthese und Assemblierung des CCI findet in der 1. bis 2.Stunde der Lichtzeit statt und ist lichtabhängig. Die Synthese des Cytochrom f dagegen beginnt bereits in der Dunkelzeit kurz nach Ende der Chloroplastenteilung und ist zu Beginn der Lichtzeit abgeschlossen. Das Cytochrom b-563, das die zweite wichtige Komponente des Cytochrom b/f-Komplexes darstellt, wird erst in der zweiten Hälfte der Lichtzeit synthetisiert. Zu diesem Zeitpunkt erfolgt auch die Synthese und Assemblierung des CCII und des LHCII. (Das LHCI war bislang nicht als Komplex aus _Euglena_-Thylakoiden isolierbar (Brandt 1980; Cunningham und Schiff 1986), obwohl eine entsprechende Proteinbande immunologisch mit einem monospezifischen Antikörper gegen Gersten-LHCI reagiert (Hoyer-Hansen, persönl. Mitteilung).) Die Synthese der α- und der β-Untereinheit der plastidären ATPase setzt etwa zur 5. Stunde der Lichtzeit ein.

Diese stadienspezifische Thylakoiddifferenzierung in _Euglena gracilis_ bewirkt natürlich auch drastische Änderungen in der photosynthetischen Effizienz. So sind die photosynthetische Sauerstoffentwicklung wie auch die PSI- und die PSII-Aktivitäten zur 6. und 12. Stunde der Lichtzeit besonders niedrig.

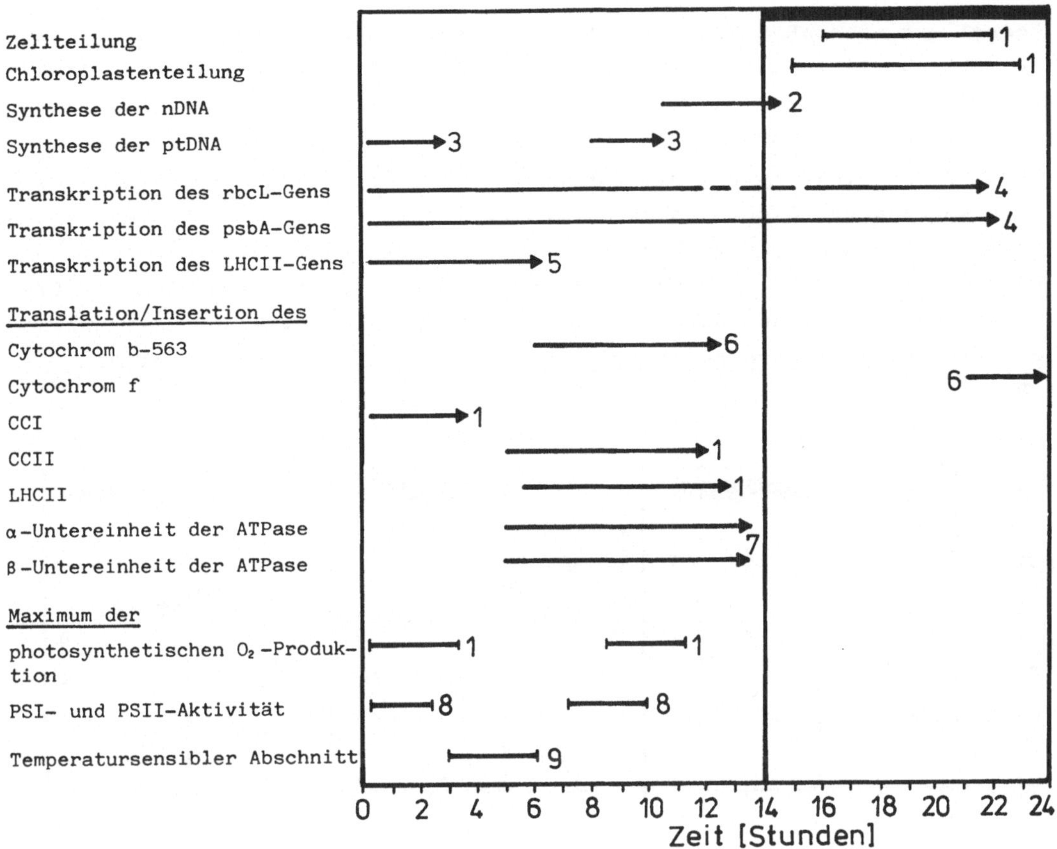

Abb. 43. Generelles Schema der stadienspezifischen Chloroplastendifferenzierung in _Euglena gracilis_ während des Zellzyklus. 1 = Brandt und von Kessel 1983; 2 = Edmunds 1964; 3 = Brandt 1975; 4 = Breidenbach unveröffentlicht; 5 = Brandt unveröffentlicht; 6 = Kohnke und Brandt 1984; 7 = Brandt und Ostermann 1988; 8 = Brandt 1981; 9 = Brandt und Wießner 1977. (Verändert und vervollständigt nach Brandt et al. 1987)

Von besonderem Interesse ist es, daß der Zeitabschnitt der Transkription eines Gens nicht mit dem Zeitabschnitt der Translation seines Transkripts im Zellzyklus zusammenfällt. Die Transkription der LHCII-mRNA geht zum Beispiel der Translation und Insertion des LHCII-Apoprotein im Zellzyklus von _Euglena gracilis_ um etwa 4 Stunden voraus (Abb. 43). Eine Quantifizierung der verfügbaren Transkripte und eine Bestimmung der dazugehörigen Transkriptionsraten für die Gene rbcL, psbA und psbD während des Zellzyklus von _Chlamydomonas reinhardii_ liegt bereits vor (Abb. 44)(Herrin et al. 1986). Die Synthese und der Anstieg der verfügbaren Transkriptmenge für das D1- und das D2-Protein erfolgt während der ersten Hälfte der Lichtzeit und ist mit der Translation dieser Proteine

korreliert. Die mRNA-Menge für beide Proteine bleibt während der gesamten übrigen Zeit im Zellzyklus auf einem relativ hohen Niveau erhalten,
obwohl weder die Transkription des psbA und psbD noch weitere Translation von D1- oder D2-Protein erfolgt. Es wird daraus gefolgert, daß
bei Chlamydomonas reinhardii die Regulation für das D1- und das D2-Pro-
tein während der Lichtzeit auf transkriptionalem und während der Dunkelzeit auf translationalem Niveau erfolgt. Im Gegensatz dazu nimmt die
mRNA-Menge für die LSU erst in der zweiten Hälfte der Lichtzeit zu. Die
LSU-mRNA-Synthese und die Zunahme der LSU-mRNA hält während der Dunkelzeit in Chlamydomonas reinhardii an. Daraus schließen Herrin et al.

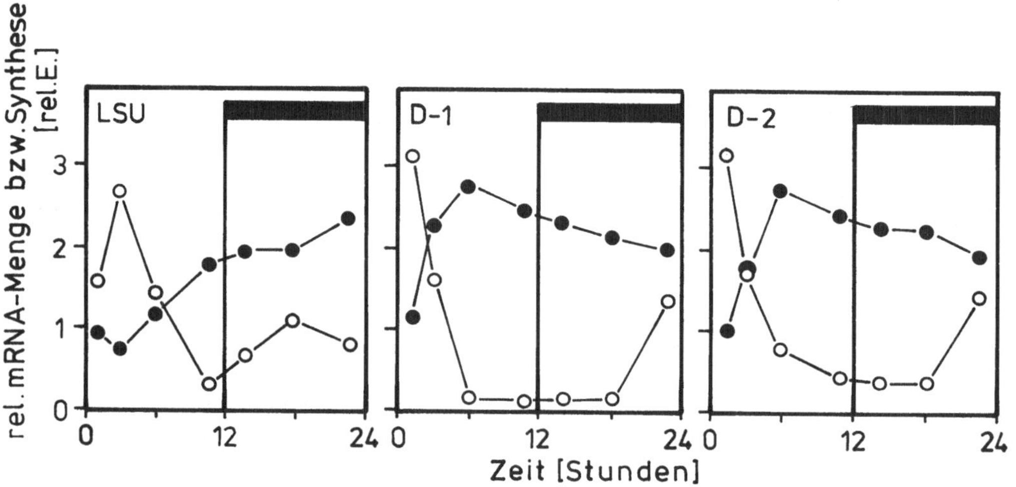

Abb. 44. Synthese (O) und Akkumulation (●) der mRNAs für die LSU, das
D1- und das D2-Protein während des Zellzyklus von Chlamydomonas reinhardii.(Verändert nach Herrin et al. 1986)

(1986), daß die LSU-Synthese während des gesamten Zellzyklus hauptsächlich auf translationaler Ebene reguliert wird. Der ähnliche Verlauf der
mRNA-Synthese für das D1- und das D2-Protein während des Zellzyklus sowie ihre mögliche funktionelle Zusammengehörigkeit im PSII-System (siehe 2.6.2.4.)(Trebst 1986) lassen eine koordinierte Genexpression von
psbA und psbD erwarten. Jedoch ist psbD auf dem Plastom nicht eng genug
mit psbA verknüpft, so daß eine gemeinsame Transkription beider Gene
auszuschließen ist. Daher ist anzunehmen, daß eine simultane Transkription von psbA und psbD durch den physiologischen Entwicklungszustand zu
Beginn der Lichtzeit bedingt ist. Zur Frage der translationalen Kontrolle, d.h. der ausbleibenden Translation der psbA- und psbD-Transkripte
in der Dunkelzeit des Zellzyklus, gibt es zur Zeit keine experimentel-

len Befunde. Die Mehrzahl der psbA- und psbD-Transkripte ist zwar auch in diesem Entwicklungsstadium von Chlamydomonas reinhardii den Thylakoiden angeheftet, es ist jedoch ungeklärt, ob diese Transkripte mit Ribosomen verknüpft und/oder in einem translatierbaren Zustand sind. Die translationale Kontrolle über die rbcL-Transkripte in Chlamydomonas reinhardii ist ebenfalls noch ungeklärt. Ihre Translation zur LSU findet nur im Zeitraum zwischen der 3. und der 9. Stunde der Lichtzeit statt (Herrin und Michaels 1984). In ähnlicher Weise wie in Chlamydomonas reinhardii ist die Synthese der plastom-codierten Proteine in Olisthodiscus luteus (Reith und Cattolico 1985) und in Euglena gracilis (Brandt et al. 1987) auf die Lichtzeit des Zellzyklus beschränkt. Eine ebensolche Übereinstimmung besteht in Chlamydomonas reinhardii (Shepherd et al. 1983) und in Euglena gracilis (Brandt und von Kessel 1983; Brandt unveröffentlicht) bei den Transkriptions- und Translationsvorgängen für das Kern-codierte LHCII-Apoprotein (Abb. 43). Bei beiden Organismen findet die Transkription der LHCII-Apoprotein-mRNA in der ersten Hälfte der Lichtzeit statt. Da nur das Einsetzen dieser Transkription lichtabhängig ist, nicht aber ihr Ende, müssen im Nucleocytoplasma noch zusätzliche Feedback-Mechanismen wirksam sein, die unter anderem spezifisch diese Transkription inhibieren.

Die stadienspezifische Translation des LHCII-Apoproteins und seine Assemblierung in den Thylakoide von unizellulären Algen muß notwendigerweise die Funktion des Photosyntheseapparates und mitunter auch die Struktur des Thylakoidsystems beeinflussen. Die hauptsächliche Funktion des LHCII ist die Lichtabsorption und daran anschließend die Übertragung von Anregungsenergie auf die zwei Photosysteme (Butler 1978). Die funktionelle Assoziierung des LHCII mit dem Photosystem II oder dem Photosystem I wird über die Dephosphorylierung bzw. Phosphorylierung des LHCII erreicht (Allen et al. 1981). Diese Phosphorylierung ist für die Chloroplasten Höherer Pflanzen (Bennett 1977) und für die Chloroplasten von Chlamydomonas (Owens und Ohad 1982, 1983) und von Euglena gracilis (Beliveau und Bellemare 1979) nachgewiesen. In den Chloroplasten der Höheren Pflanzen bewirkt die Phosphorylierung des LHCII eine Abnahme des sogenannten 'Stacking', d.h. eine Abnahme der in der Grana-Konfiguration befindlichen Thylakoide (Staehelin und Arntzen 1983). In den Chloroplasten von Euglena gracilis fehlen grundsätzlich Strukturen, die den Grana-Thylakoiden der Chloroplasten aus den Höheren Pflanzen entsprechen würden. Nur in den Endbereichen der Chloroplasten von Euglena gracilis sind vermehrt gestackte Thylakoide im elektronenmikroskopischen Bild zu sehen (Winter und Brandt 1986). Diese Grana-Homologe verschwin-

den in der ersten Hälfte der Lichtzeit, zu der auch die Synthese und
Insertion des neu-assemblierten CCI stattfindet (Abb. 43). Fluoreszenz-
untersuchungen bei Raumtemperatur unter Zugabe von DCMU sowie gleichzei-
tige Messungen der Fluoreszenzkinetik von PSI und PSII bei 77 K zeigten,
daß (1) die Photosysteme I und II in den Thylakoiden von _Euglena graci-
lis_ statistisch über die gestackten und ungestackten Bereiche verteilt
sind, (2) nur neusynthetisiertes LHCII phosphoryliert wird und dem PSI
funktionell assoziiert ist und (3) nach Insertion neusynthetisierter
CCII die phosphorylierten LHCIIs dephosphoryliert werden und dann per-
manent diesen neuinserierten CCIIs funktionell zugeordnet sind (Winter
Brandt 1986). Eine ähnliche Korrelation zwischen der Phosphorylierung
des LHCII und dem molekularen Aufbau des Photosyntheseapparates konnte
auch für den Zellzyklus von _Scenedesmus obliquus_ gezeigt werden (Heil
und Senger 1987). Zur 8. Stunde der Lichtzeit des Zellzyklus zeigt diese Alge maximale photosynthetische Aktivität, wobei gleichzeitig das
meiste LHCII phosphoryliert ist und in Oligomeren vorliegt. Zur 4. Stunde der Dunkelzeit (d.i. die 16. Stunde des Zellzyklus) wird das Minimum
der photosynthetischen Aktivität erreicht bei gleichzeitiger Dephosphorylierung des LHCII und vorwiegender Monomerbildung.

2.6.5.   Die Entwicklung von Chloroplasten zu Chromoplasten

Der Reifungsprozeß vieler Früchte wie zum Beispiel von _Lycopersicum es-
culentum_ und _Capsicum annuum_ ist begleitet von einem Chlorophyllabbau
und einem Anstieg des Carotinoidgehalts. In den sich ausdifferenzierenden Chromoplasten werden spezielle Carotinoide (Lycopin bzw. Capsanthin)
synthetisiert. In _Lycopersicum_ gehen die Chromoplasten aus Chloroplasten hervor, die einen Durchmesser von 3 bis 6 µm haben. Die Chromoplasten erreichen eine Länge von 15 bis 50 µm und einen Durchmesser von
etwa 1 bis 2 µm (Rosso 1968). Die Lycopinsynthese setzt erst ein, wenn
der Chlorophyllgehalt genügend abgesunken ist. Dieses Absinken des Chlo-
rophyllgehaltes wird begleitet von einer Verminderung des Thylakoidsystems und der Anhäufung von osmiophilen Globuli in den Plastiden. Trotz
dieser weitgehenden Veränderungen des inneren Aufbaus der Plastiden be-
halten die Chromoplasten die genetische Kompetenz der Chloroplasten.
Das Plastom von Chloroplasten und Chromoplasten ist in _Lycopersicum es-
culentum_ (Iwatsuki et al 1985) und _Narcissus_ (Thompson 1980) identisch.
Das bedeutet, daß während der Ausbildung der Chromoplasten eine Veränderung der Genexpression stattfinden muß. So werden etliche Chloroplastenproteine erstmalig unter diesen physiologischen Bedingungen in den

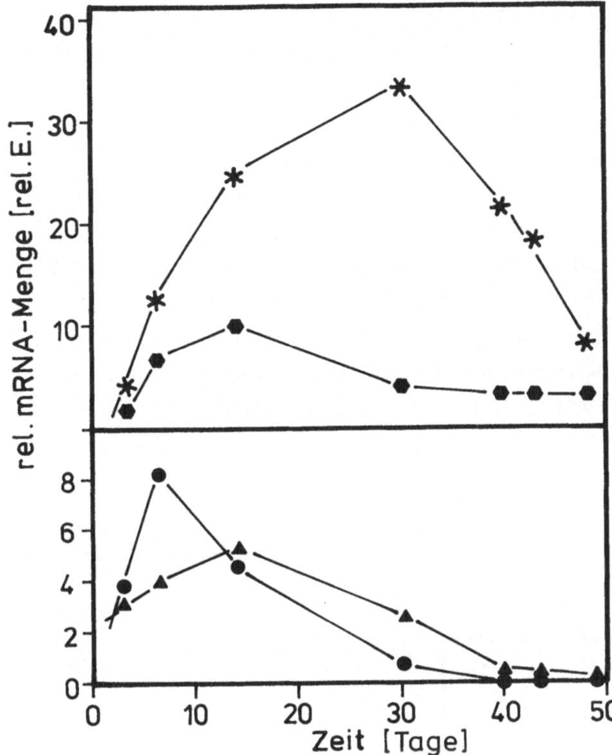

Abb. 45. Relative Transkriptmenge des psbA (✳), des rbcL (⬢), des cab
(●) und des rbcS (▲) während der Fruchtentwicklung und -reifung von Tomaten. Die Rotfärbung der Tomaten setzt etwa nach 40 Tagen ein. (Verändert nach Piechulla et al. 1986)

Plastiden synthetisiert oder in sie eintransportiert (Hausmann und Sitte 1984). Darunter sind etliche Enzyme des Carotenoidbiosyntheseweges
(Rick 1956), die kern-codiert sind. Im Vergleich dazu wird die Expression der Gene psaA, psbA, psbB, psbC und psbD für Thylakoidproteine ein-
gestellt (Piechulla et al. 1985). In der Folge ist eine Synthese von
CCI-Apoprotein oder von D2-Protein in Chromoplasten nicht mehr feststellbar. Ebenso geht die Expression des rbcL und die Synthese der LSU
beim Reifungsprozeß zurück. Damit korrespondiert eine Verminderung der
CO_2-Fixierung auf 0,8% der Rubisco-Aktivität in roten Tomaten. Eine ge-
nauere Untersuchung der Genexpression (Piechulla et al. 1986) zeigt,
daß die Menge an Plastom-codierten Transkripten (psbA und rbcL) in den
sich ausdifferenzierenden Chromoplasten um ein Vielfaches größer ist
als die der Kern-codierten Transkripte (rbcS und cab)(Abb. 45). Außerdem zeigen die untersuchten Gene eine unterschiedliche Expression wäh-

rend der Fruchtreifung. Die Transkriptmenge für die LSU und die SSU erreicht ihr Maximum etwa am 14. Tag der Fruchtentwicklung, die für das LHCII-Apoprotein, das CCI-Apoprotein bzw. das D1-Protein dagegen am 7., 14. bzw. 25. Tag. Insgesamt setzt die Inaktivierung der photosynthese-spezifischen Gene in dem ersten Abschnitt von 25 Tagen während der Fruchtentwicklung ein. Es ist nicht geklärt, ob das Absinken der Menge dieser mRNAs durch eine verminderte Transkriptionsrate oder durch eine erhöhte Turnover-Rate bewirkt wird. Es wird angenommen, daß die Inakti-vierung der Kern-Gene cab und rbcS durch den Entwicklungszustand der in Umwandlung zu Chromoplasten befindlichen Plastiden gesteuert wird. Die Hemmung der plastidären Genexpression soll dann sekundär durch die Ver-minderung der nukleären Genaktivität bewirkt werden (Piechulla et al. 1986).

Die Chromoplasten müssen ähnlich wie die Chloroplasten über alle Kompo-nenten zur Proteinsynthese verfügen. So zeigen zum Beispiel isolierte

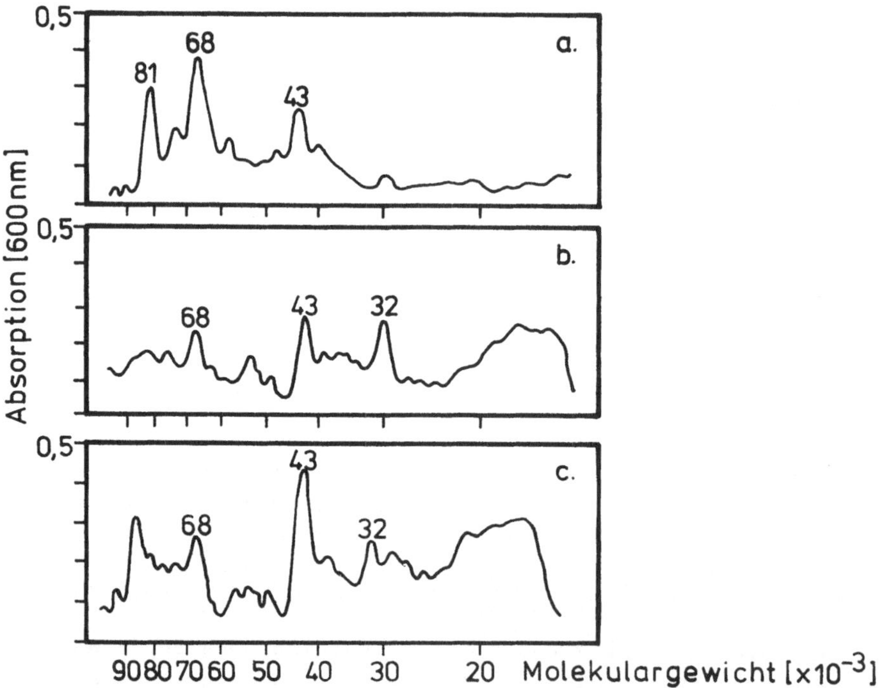

Abb. 46. In-organello-Proteinsynthese von Plastiden aus grünen (a), orangenen (b) oder roten (c) Früchten von _Capsicum_ _annuum_. (Verändert nach Powell und Pryke 1987)

Chromoplasten aus <u>Capsicum</u> <u>annuum</u> nach Inkubation mit radioaktiv markierten Aminosäuren ein Proteinspektrum, das unter anderem drei Proteine von 68, 43 bzw. 32 kda in größerer Menge aufweist. Es liegt nahe anzunehmen, daß der möglicherweise auch in <u>Capsicum</u>-Chromoplasten vorliegende, relativ große Anteil an psbA-Transkripten auch tatsächlich translatiert wird (Abb. 46)(Powell und Pryke 1987). Über die Funktion des herbizid-bindenden Proteins in den Chromoplasten von <u>Capsicum</u> oder <u>Lycopersicum</u> liegen keine Befunde vor. Der Vergleich des Proteinmusters der in-organello-Translation von grünen Plastiden, orangenen Chromoplasten und roten Chromoplasten spiegelt die Veränderungen auf der Ebene der Transkription deutlich wieder.

2.6.6.   Gewebespezifische Chloroplastenontogenese

Die Chloroplastenontogenese ist nicht nur von externen Faktoren wie Belichtung oder Kultivierung unter heterotrophen Bedingungen im Dunkeln abhängig, sondern in Höheren Pflanzen auch in erheblichem Maße von dem pflanzlichen Gewebe, in dessen Zellen sie stattfinden kann. Die Regulation setzt in diesem Fall bereits auf der Ebene der Genexpression ein (Tabelle 9). In bezug auf die in grünen Blättern von <u>Lycopersicum</u> nachweisbare Transkript-Menge ist die Menge an mRNA von psbA, rbcL, cab und rbcS in Früchten, Wurzeln, Sproß und auch in etiolierten Keimlingen stets niedriger (Piechulla et al. 1986). Die Ausdifferenzierung von Pro-

Tabelle 9. Relative Transkript-Menge (%) von photosynthesespezifischen Genen in verschiedenen Gewebespezies von <u>Lycopersicum</u> <u>esculentum</u>. (Verändert nach Piechulla et al. 1986)

Gen	Blatt	Frucht	Wurzel	Sproß	etiolierte Keimlinge
psbA	100	63,0	5,2	46,6	9,2
rbcL	100	24,3	0,8	23,9	24,0
cab	100	11,0	–	39,8	–
rbcS	100	2,0	–	3,0	13,3

plastiden ist nicht auf die Blätter beschränkt, sondern findet auch in den anderen Pflanzenteilen statt. Ein besonders augenfälliges Beispiel ist die Ausbildung von Chromoplasten im Wurzelbereich der Kulturform der Möhre. Die Funktion dieser Chromoplasten ist ungeklärt. Zwar könnten die produzierten Carotinoide grundsätzlich als Kohlenstoff- und Energiespeicher genutzt werden, jedoch fehlt bislang jeglicher Hinweis dafür, daß die Möhrenpflanze die Carotinoide zu diesem Zweck speichert. (Es ist sehr wahrscheinlich, daß es sich bei der Kulturform der Möhre um eine vom Menschen bevorzugte Mutante handelt, die sich in ihrer Carotinoidbiosynthese von der Wildform von Daucus carota unterscheidet.) Als weitere Beispiele für die verschiedenartige Ausdifferenzierung der Proplastiden zu spezialisierten Organellen seien die stärkespeichernden Leukoplasten in den Wurzeln vieler Pflanzen, die wenig strukturierten, zur Terpenoidsynthese befähigten Plastiden aus den Harzkanalzellen von Pinus pinea, die ölspeichernden Plastiden in Epidermiszellen von Liliaceae, Amaryllidaceae und Orchidaceae und die Glykogen produzierenden Plastiden in den Zellen der Beköstigungskörper von Cecropia peltata genannt (Wooding und Northcote 1965; Rickson 1973).

Nach den Untersuchungen von Kamalay und Goldberg (1984) werden etwa 10-40% der Kern-codierten mRNAs organspezifisch synthetisiert. Außerdem unterscheiden sich die vorhandenen mRNAs in den Blättern, den Wurzeln, dem Sproß und den Blütenteilen voneinander in etwa 6000 bis 11000 mRNA-Spezies (Kamalay und Goldberg 1980). Die Steuerung der von dieser differentiellen Genexpression abhängigen Entwicklung der unterschiedlichen Pflanzenteile erfolgt sowohl auf transkriptionaler als auch auf posttranskriptionaler Ebene. Zur näheren Untersuchung dieser organspezifischen Expression von Kerngenen haben Eckes et al. (1985) poly(A$^+$)mRNA aus Blättern von Solanum tuberosum isoliert und davon doppelsträngige cDNA synthetisiert. In einem Screening-Verfahren gegen radioaktiv markierte cDNA aus Blättern bzw. aus Wurzeln von Solanum wurden die drei Clone pcL600, pcL700 und pcL900 isoliert, die nur mit der cDNA aus Solanum-Blättern hybridisierten. Die zu diesen drei cDNAs homologe mRNAs sind im Sproß- und Blattgewebe von Solanum in großer, in dem von Wurzeln bzw. von Kartoffelknollen in nur geringer Menge vorhanden. Für pcL600 beträgt der Unterschied das 100fache, für pcL700 und pcL900 das 500fache. Das Translationsprodukt für pcL900 wurde als SSU identifiziert. Die in-vitro-Transkription in isolierten Kernen aus den verschiedenen Gewebearten von Solanum zeigte, daß die Steuerung auf transkriptionaler Ebene erfolgen muß. Es wird vermutet, daß diese gewebespezifische Genexpression über Nucleotidsequenzen erfolgt, die dem 5'- oder dem 3'-Ende des SSU-Gens benachbart sind. Die Expression von pcL900 wird durch Licht induziert (siehe 2.6.2.5.) und ist außerdem abhängig von dem Entwicklungszustand der Chloroplasten. In ergrünten Solanum-Wurzeln werden ähnliche Expressionsraten für pcL900 erreicht wie in <u>Solanum</u>-Blättern. Entsprechende Resultate wurden für pcL600 und pcL700 erzielt. Damit ist die gewebespezifische Expression von Kerngenen, die Chloroplastenproteine codieren, abhängig vom Licht und vom Differenzierungsgrad der Chloroplasten. Hinzu kommt nach den Untersuchungen von Eckes et al. (1985) ein nicht identifizierter Faktor, der nur in-vivo im Gewebeverband, aber nicht in entsprechenden Kalluskulturen eine steigernde Wirkung auf die Expression des SSU-Gens hat. Die gewebespezifische Chloroplastendifferenzierung basiert somit auf einem lichtgesteuerten Synergismus von Nucleocytoplasma und Chloroplasten.

2.7.   MITOCHONDRIENONTOGENESE

Mitochondrien sind der Sitz der Atmung in der eukaryotischen Zelle, wobei die Enzyme des Citratzyklus bis auf die Succinatdehydrogenase in der Matrix als lösliche Enzyme vorliegen, während die verschiedenen Komponenten von Elektronentransportkette und oxidativer Phosphorylierung als integrale und zum Teil auch periphere Membranproteine an die innere Mitochondrienmembran gebunden sind. Insgesamt sind mehr als 100 Enzymaktivitäten in den Mitochondrien nachgewiesen. Unter anderem sind außer den Atmungskomponenten die Enzyme für die ß-Oxidation von Fettsäuren und ein Enzym des Harnstoffzyklus in diesem Organell lokalisiert. Ebenso wie bei der Chloroplastenontogenese (siehe 2.6.) beinhaltet die Ausdifferenzierung der wenig strukturierten Promitochondrien zu leistungsfähigen Mitochondrien, die diese wichtigen Teilbereiche des eukaryotischen Stoffwechsels übernehmen, das koordinierte Zusammenwirken von Nucleocytoplasma und Promitochondrien auf der Ebene der Genexpression, der Translation und des Proteineintransportes in die Organellen.

2.7.1.   Genetisches Realisationssystem der Mitochondrien

2.7.1.1. Mitochondriale DNA und genetische Kompetenz der Mitochondrien

Erstmals 1963 haben Nass und Nass in Mitochondrien organelleigene DNA (mtDNA) nachgewiesen. Die mtDNA ist doppelsträngig und wahrscheinlich immer zirkulär. In nativer Form liegt die mtDNA in einer Überstruktur ('supercoiled') vor und kann sogenannte offene Ringe ('open circle') enthalten. Die mtDNA trägt die genetische Information für mitochondriale rRNAs und tRNAs, die zur Synthese einer begrenzten Anzahl von auf der mtDNA-codierten Mitochondrienproteinen im mitochondrialen Translationssystem notwendig sind. Der Anteil dieser Mitochondrienproteine an der Gesamtmenge aller Mitochondrienproteine liegt unter 10%. Die überwiegende Mehrheit der Mitochondrienproteine, zu denen auch viele Komponenten zur Replikation, Transkription und Translation der mtDNA gehören, sind somit im Kern codiert (Borst 1981; Borst und Grivell 1978; Neupert und Schatz 1981; Schatz und Mason 1974).

Produkte der mtDNA sind generell drei der sieben Untereinheiten der

Cytochrom-c-Oxidase, das Apoprotein des Cytochrom b aus dem Cytochrom-bc_1-Komplex, zwei Untereinheiten des durch Oligomycin hemmbaren ATP-Komplexes und (bei Hefe- und Neurospora-Mitochondrien) das Protein Var 1 der kleinen Untereinheit der mitochondrialen Ribosomen (Borst und Grivell 1978; Schatz und Mason 1974). Hinzu kommen noch weitere 8 Nucleotidsequenzen auf der mtDNA der Säugetiere (Anderson et al. 1981; Attardi 1981) bzw. 9 auf der mtDNA der Hefen (Borst und Grivell 1981), deren Translationsprodukte noch nicht identifiziert werden konnten.

Die Länge und Gestalt der mtDNA variiert speziesspezifisch. Die mtDNA der Vertebraten und Invertebraten hat ein Molekulargewicht von etwa 10^6. Dies entspricht etwa 16000 Basenpaaren. Diese Größe hat ebenfalls die mtDNA von Chlamydomonas reinhardii (Grant und Chiang 1980). Die mtDNA von Pisum sativum dagegen erreicht Größen von 6×10^6 da (entsprechend 90000 bp) und die mtDNA der Hefen Größen von 5×10^6 da (Borst 1972). Andererseits ist die mtDNA von Paramecium und von Tetrahymena nicht zirkulär, sondern linear und nur 2,7 bis $3,6 \times 10^6$ da groß (Borst 1981). Der Guanin-Cytosin-Gehalt der mtDNA ist erstaunlich vielfältig. Er liegt im Bereich von 20% bis 50% in Abhängigkeit von der jeweiligen Spezies. In den meisten tierischen und pflanzlichen Zellen beträgt der Anteil der mtDNA am zellulären Gesamt-DNA-Gehalt weniger als 1%. Er kann jedoch in Hefen auf mehr als 15% ansteigen (Borst 1981).

Die 'Schwimmdichte' der mtDNA der Höheren Pflanzen ist mit 1,705 bis 1,707 g cm^{-3} konstanter als die der ptDNA (siehe Tabelle 1)(Wells und Ingle 1970). Jedoch steht dieser konstanten 'Schwimmdichte' der mtDNA eine enorme Variabilität der mtDNA in Zusammensetzung und Struktur gegenüber. So werden für die mtDNA von Pisum sativum nur gleichgroße zirkuläre DNA-Moleküle von etwa 30 µm beschrieben (Kolodner und Tewari 1972), dagegen für die zirkuläre mtDNA von Zea mays (Pring et al. 1979; Levings et al. 1979) und Solanum tuberosum (Vedel und Quetier 1974) Konturlängen zwischen 0,5 bis 30 µm. Der Anteil an zirkulärer mtDNA in Nicotiana tabacum schwankt zwischen 25% und 45% (Sparks und Dale 1980). Unabhängig von der linearen oder zirkulären Struktur der Nicotiana-mtDNA erscheint es vielfach unmöglich, die mtDNA-Population in distinkte Größenklassen zu unterteilen. Es kann angenommen werden, daß diese Heterogenität der mtDNA zum Teil auf präparative Effekte zurückzuführen ist, insbesondere daß lineare mtDNA aus zirkulärer hervorgeht. Jedoch muß diese Vielgestaltigkeit der mtDNA auch in ihrer Struktur selbst begründet sein, da die heterogenen Strukturen der mtDNA auch unter den erprobten Standardbedingungen isoliert werden, bei denen die

ptDNA stets in der zirkulären Form vorliegt. Die größten mtDNA-Molekü-
le wurden bislang für Solanum tuberosum mit 60 bis 120 mda bestimmt
(Vedel und Quetier 1974).

Aus Renaturierungsuntersuchungen ist bekannt, daß die mtDNA der meisten
Höheren Pflanzen keine mehrfache Wiederholung bestimmter DNA-Sequenzen
enthält (Kolodner und Tewari 1972). Allerdings konnte im Rahmen solcher
Untersuchungen auch nachgewiesen werden, daß 5 bis 10% der mtDNA von Pisum sativum und von einigen Cucurbita-Spezies eine kurze DNA-Sequenz etwa 50 bis 100mal enthalten (Ward et al. 1981).

Wird die pflanzliche mtDNA mit Hilfe von Restriktionsendonucleasen zerlegt, so ergibt sich unerwarteterweise eine große Anzahl von Fragmen-
ten, für die sich keine konstante Stöchiometrie bestimmen läßt (Quetier
und Vedel 1977). Durch dieses Phänomen unterscheidet sich die pflanzliche mtDNA von derjenigen aus Tieren und Hefen. Je nach den verwendeten
Restriktionsenzymen und den Pflanzenspezies ergibt sich ein Fragmentmu-
ster von 40 bis 68 DNA-Stücken. Daraus kann ein minimales Molekulargewicht von etwa 150 bis 500 mda berechnet werden. Diese Werte liegen erheblich über denjenigen, welche aus elektronenmikroskopischen Untersuchungen bestimmt worden sind (Bonen und Gray 1980; Levings et al. 1979;
Quetier und Vedel 1980; Spruill et al. 1980; Ward et al. 1981).

Bislang sind keine experimentellen Belege vorhanden, die diese Absonder-
lichkeiten der pflanzlichen mtDNA befriedigend erklären könnten. Zur
Zeit werden zwei Hypothesen diskutiert, nach denen entweder die pflanzliche mtDNA aus mehreren Typen von DNA-Molekülen besteht, auf denen
dieselbe genetische Information verschieden angeordnet ist (Quetier
und Vedel 1980; Spruill et al. 1980) oder die pflanzliche mtDNA aus DNA-
Molekülen besteht, deren von den Endonukleasen bevorzugte Sequenzbereiche zum Teil modifiziert und zum Teil nicht modifiziert vorliegen. Nur
die letzteren können tatsächlich von den Restriktionsenzymen angegriffen werden (Bonen et al. 1980).

Trotz der großen Komplexität der pflanzlichen mtDNA ist das Fragment-
muster der mtDNA, die aus verschiedenen Geweben einer Höheren Pflanze
während der Entwicklung isoliert wurde, konstant (Quetier und Vedel
1980). Daraus kann geschlossen werden, daß es nur eine intra- und keine
intermitochondriale mtDNA-Heterogenität gibt. Bislang ist völlig ungeklärt, wie diese mtDNA-Heterogenität aufrecht erhalten und von einer
Generation zu anderen weitergegeben werden kann.

Die Nucleotidsequenz der menschlichen mtDNA ist vollkommen (Anderson
et al. 1981) und die der Hefe-mtDNA ist weitgehend aufgeklärt (Borst
und Grivell 1978, 1981; Tzagoloff et al. 1979)(Abb. 47). Zwar sind die
mitochondrial codierten Proteine ausgesprochen konservativ, jedoch lassen sich aufgrund der Verschiedenartigkeit der Struktur, Organisation
und Expression der mitochondrialen Gene verschiedene getrennte Evolu-
tionslinien für die mtDNA erkennen (Attardi 1981; Barrell et al. 1979;
Borst und Grivell 1978, 1981). Die Gene der menschlichen mtDNA sind
außerordentlich dicht aufeinanderfolgend angeordnet (Abb. 47). Diese

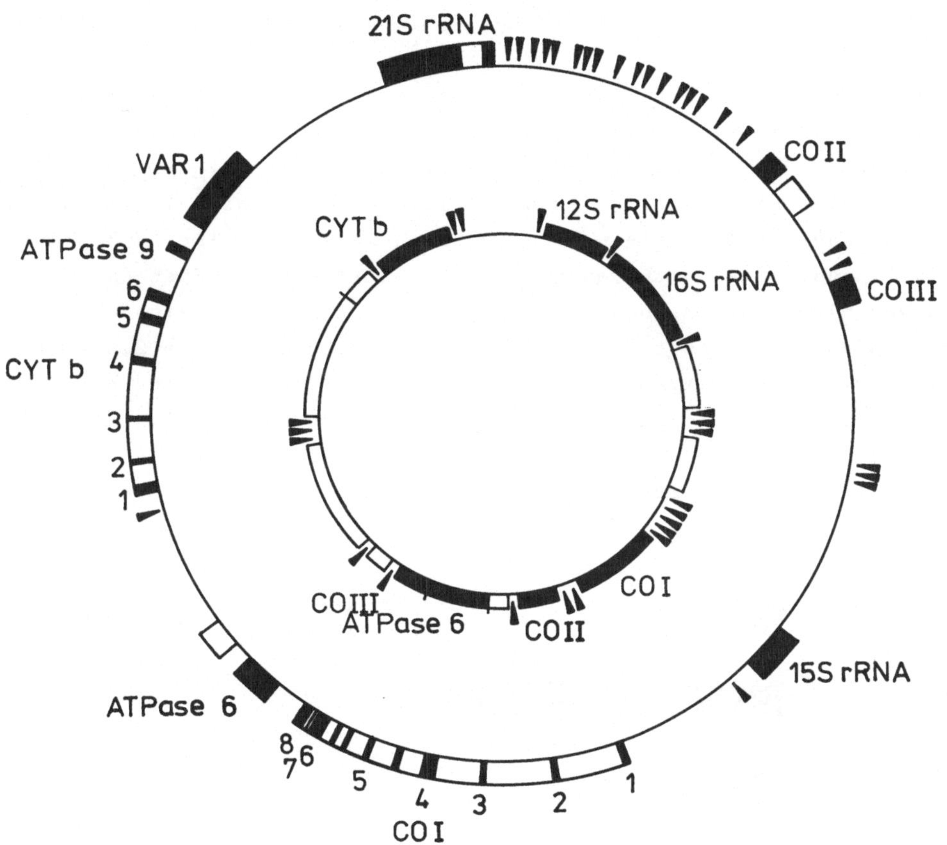

Abb. 47. Genkarten und Organisation der mtDNA der Hefe (äußerer Kreis)
und des Menschen (innerer Kreis). Die identifizierten Gene (COI, COII,
COIII = Untereinheiten I, II und III der Cytochrom-c-Oxidase; ATPase 6
und ATPase 9 = Untereinheiten 6 und 9 der ATPase; CYT b = Apoprotein des
Cytochrom b; VAR1 = ribosomales Protein) sind als schwarze DNA-Abschnitte, die nicht identifizierten Gene als weiße DNA-Abschnitte ausgeführt.
➤ = Gene für tRNAs.(Verändert nach Borst und Grivell 1978)

genetische Information umfaßt zwei ribosomale RNAs, 22 tRNAs und 12 verschiedene Proteine (Anderson et al. 1981; Attardi 1981). Interessanterweise fehlen zwischen den Genen längere Spacer-Regionen. Untersuchungen
der Transkriptionsprodukte der menschlichen mtDNA haben bestätigt, daß
diese mtDNA beginnend an einem einzigen Promoter als ein polycistroni-
sches Transkript abgelesen wird (Attardi 1981). Das Precursor-Molekül
wird anschließend endonucleolytisch aufgespalten, wobei die Nucleotid-
Sequenzen der tRNAs offensichtlich die Erkennungsregionen für das (die)
Processing-Enzym(e) sind. Die mRNAs und die rRNAs der Wirbeltier-mtDNA
sind poly- oder oligoadenylisiert. Eine post-transkriptionale Adenylie-
rung am 3´-Ende der mRNAs führt vielfach zur Bildung des Stop-Codons
UAA, welches nicht in der mtDNA codiert ist. (Siehe N7)

Die mtDNA der Hefe ist um das 5fache größer als die Wirbeltier-mtDNA
(Abb. 47). Über die Hälfte dieser mtDNA besteht aus nicht-codierenden
Sequenzen (Borst und Grivell 1978; Tzagoloff et al. 1979). Die Anzahl
der Gene für RNAs und Proteine ist zwar gleich der der Wirbeltier-mtDNA,
jedoch unterscheidet sich die Hefe-mtDNA grundlegend von ihr in der Anordnung der Gene sowie durch das verstärkte Auftreten von Spacern. Vor
allem in den mitochondrialen Genen der Hefe für das Apoprotein des Cytochrom b, die Untereinheit I der Cytochrom-c-Oxidase und die 21S rRNA
treten längere Introns vermehrt auf. Einige dieser Introns sind nur fa-
kultativ vorhanden in einigen der Hefe-Spezies (Abb. 48)(Waring et al.
1981). Die Genexpression erfolgt über mehrere Promoter-Sequenzen, die
jeweils dicht vor dem Startpunkt der Transkription zu finden sind (Le-

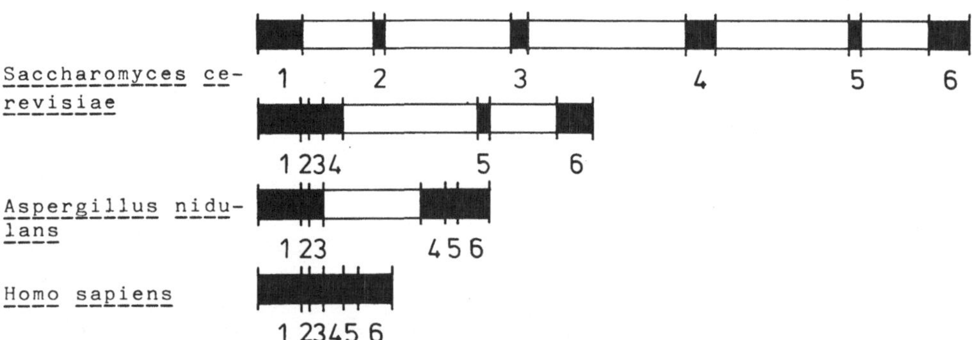

Abb. 48. Mitochondriale Gene des Apoproteins für das Cytochrom b verschiedener Spezies. Die Introns sind hell und die Exons dunkel dargestellt.(Verändert nach Waring et al. 1981)

vens et al. 1981; Osinga et al. 1982). Im Falle der drei genannten Proteine entstehen zunächst größere Precursor-mRNAs, die processiert werden müssen. Das dafür notwendige mitochondriale Spleiß-System unterscheidet sich in vielerlei Hinsicht von dem des Nucleocytoplasmas.

Die Introns in mitochondrialen Genen sind keine überflüssigen DNA-Sequenzen, die durch den Spleiß-Vorgang nur eliminiert werden, sondern sie haben in mehrerlei Hinsicht Bedeutung für die post-transkriptionalen und physiologischen Abläufe in den Mitochondrien. Von der Struktur und Funktion her unterscheidet man zwei Gruppen von Introns der mtDNA. Die 'class I'-Introns enthalten konservative DNA-Sequenzen, die eine spezifische Faltung und damit eine bestimmte Sekundärstruktur der Intron-RNA bewirken (Abb. 49b), und die genetische Information für ein Protein, das für das korrekte Spleißen der Precursor-RNA notwendig ist

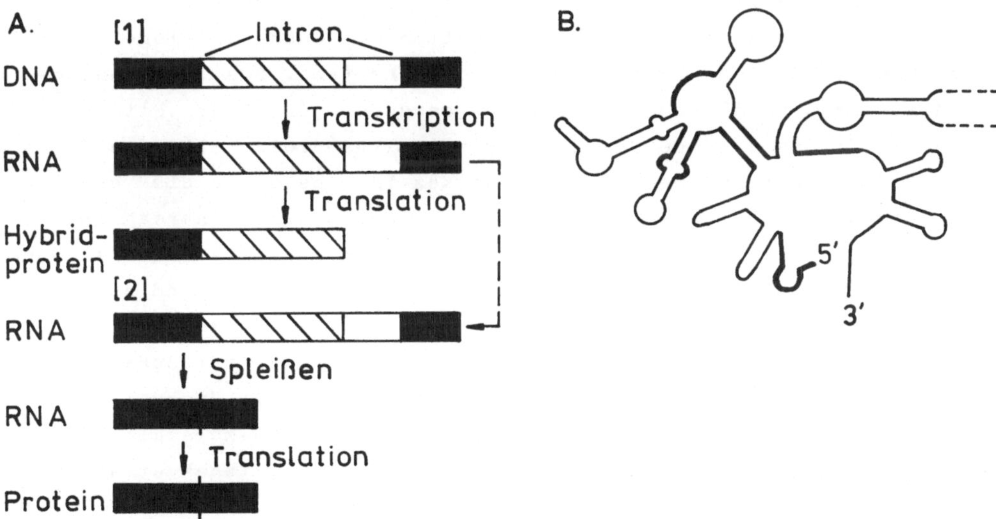

Abb. 49a. Schematische Darstellung (1) der Synthese von mRNA und Hybrid-Protein (= Maturase) an Hefe-mtDNA sowie (2) Spleißen der mRNA durch die Maturase und anschließende Translation des Exon-codierten Proteins.(Verändert nach Lazowska et al. 1980)

Abb. 49b. Sekundärstruktur des 'class I'-Introns des mitochondrialen Gens für die rRNA der Hefe. Konservative RNA-Sequenzen sind durch dikkeren Strich hervorgehoben.(Verändert nach Michel et al. 1982)

(Abb. 49a). Die genetische Information für die Synthese dieses Hybrid-

Proteins ist teils in einem Exon und teils im benachbarten Intron nie-
dergelegt. Zunächst erfolgt die Synthese eines polycistronischen Transkripts, von dem die sogenannte Maturase translatiert wird. Dabei muß
innerhalb des Introns ein zusätzliches Stop-Codon für die Translation
dieses Proteins existieren. Diese Maturase kann ihre eigene mRNA spleis-
sen. Wie dieser Vorgang abläuft,ist unbekannt. In den Mitochondrien sind
nur geringe Mengen an Maturasen nachweisbar. Dies erscheint plausibel,
da diese Proteine ihre eigene mRNA zerstören (Gusso et al. 1984).

Die Bereitstellung der mRNA für die nur exon-codierten Proteine ist aber
nicht nur diesen Maturasen überlassen, sondern Untersuchungen von Cech
(1983) an Tetrahymena rRNA , von Garriga und Lambowitz (1984) an dem
mt-Gen für das Apoprotein des Cytochrom b in Neurospora crassa und von
Tabak et al. (1984) und van der Horst und Tabak (1985) an mtDNA aus
Saccharomyces cerevisiae haben gezeigt, daß zum Spleißen der Exons die
mtRNA autokatalytisch befähigt ist. Die Mitwirkung von Proteinen ist
unnötig und auszuschließen. Im Falle der 'class I'-Introns wird der
Spleißvorgang durch eine nucleophile Reaktion mit Guanosin eingeleitet,
die zur Abspaltung eines Exons am 3´-Ende führt (Abb. 50a). Das Guanosin wird kovalent am 5´-Ende des Introns gebunden. In einer weiteren
Reaktion greift das 3´-Ende des Exons die zweite Spleißstelle des Introns an und bewirkt das Herausschneiden des Introns sowie die Verknüpfung der beiden Exons. In einer abschließenden Reaktion reagiert
das 3´-Ende des Introns mit einer Intron-internen Nucleotidsequenz. Dies
führt zur Abspaltung eines 5´-terminalen Teils des Introns und zum Ringschluß. Es ist bislang unklar, welche Bedeutung diese Umwandlung von
linearen Introns in zirkuläre Introns haben könnte. Es sei außerdem
erwähnt, daß nicht nur zirkuläre Introns aus diesem Spleißvorgang entstehen können, sondern auch ringförmig geschlossene RNA-Moleküle mit
verschiedenartigen Verästelungen (Arnberg et al. 1986; Tabak et al.
1986).

Der nur auf der autokatalytischen Eigenschaft der mtRNA beruhende Spleißvorgang bei der rRNA der Hefen schließt nicht aus, daß die Introns
nicht auch für Proteine codieren, deren Aminosäuresequenz der der Intron-codierten Maturasen anderer mt-Gene homolog ist (Dujon 1980; Hensgens et al. 1983). Statt der Eigenschaften einer Maturase zeigen solche
Proteine die Eigenschaften einer Transposase und bewirken das Einfü-
gen ihrer Introns in die rRNA-Gene der Mitochondrien von intron-
freien Hefestämmen (Jacquier und Dujon 1985; Macready et al. 1985). Es
sind aber auch autokatalytisch spleißende mtRNAs bekannt, deren Introns

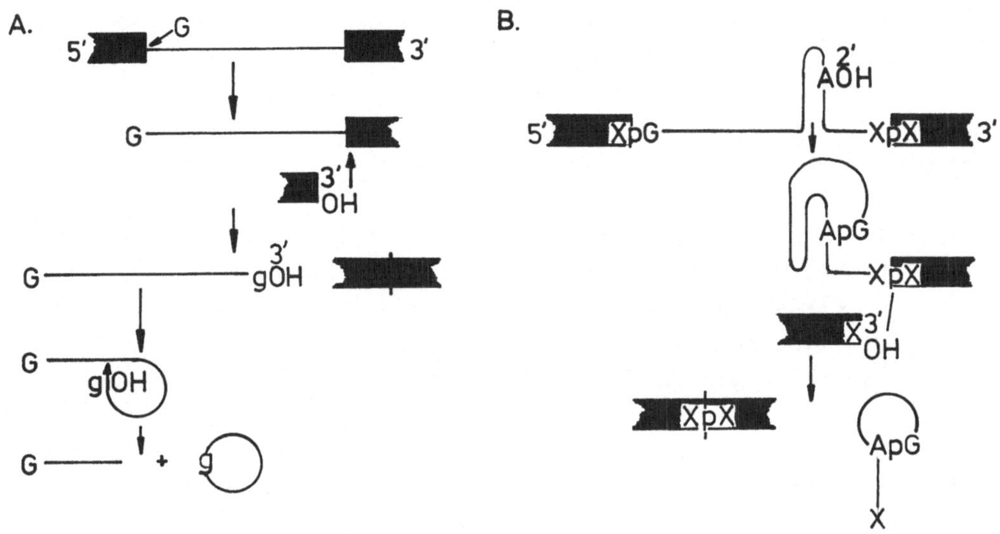

Abb. 50. A. Spleiß-Modell für 'class I'-Introns der mtDNA aus Hefe. B. Spleiß-Modell für 'class II'-Introns der mtDNA aus Hefe. Exons sind als schwarze Flächen dargestellt.(Verändert nach Tabak und Arnberg 1986)

Maturasen codieren (van der Horst und Tabak 1985). Die Aktivität der potentiell selbst-spleißenden Introns kann unter Umständen in vivo vom Vorhandensein bestimmter Proteine abhängen. So codiert das vierte Intron des Gens für die Untereinheit I der Cytochrom-c-Oxidase in Hefemitochondrien für eine Maturase. Obwohl dieses Intron aufgrund seiner Eigenschaften zur 'class I' gehört, ist der Nachweis des autokatalytischen Spleißens in vitro nicht möglich (Tabak et al. 1986). Unter in-vivo-Bedingungen ist die Maturase dieses Introns nachweislich inaktiv. Der Spleißvorgang an diesem vierten Intron ist abhängig von einer Maturase, die im vierten Intron des Gens für das Apoprotein des Cytochrom b codiert ist (Church et al. 1979; de la Salle et al. 1982). Eine Punktmutation im Intron hebt die Abhängigkeit des Spleißvorgangs vom Vorhandensein der 'Fremd'-Maturase auf (Dujardin et al. 1982). Die potentiell autokatalytisch spleißenden mt-Introns in Neurospora crassa (Collins und Lambowitz 1985) und in etlichen Hefen (Dieckmann et al. 1982) sind in vivo ebenso abhängig von bestimmten Proteinen. Bei diesen Organismen handelt es sich um cytoplasmatisch synthetisierte Proteine, die in die Mitochondrien eintransportiert werden müssen. Es wird angenommen, daß diese Proteine in vivo notwendig sind, damit die RNA-Sequenz der Introns die richtige Tertiärstruktur zum autokatalytischen Spleißen ausbilden kann. Damit variiert der Spleißvorgang der mitochondrialen 'class I'-

Introns zwischen zwei extremen Abläufen: Er kann vollkommen autokatalytisch ablaufen wie in <u>Tetrahymena</u>. Er kann in vitro autokatalytisch
sein und in vivo zusätzliche Proteine benötigen wie bei den meisten
Pilzen. Der Spleißvorgang kann in vitro nicht ablaufen und in vivo eine
größere Anzahl von spezifischen Proteinen benötigen.

Die 'class II'-Introns enthalten ebenso wie die 'class I'-Introns konservative DNA-Sequenzen. Die Struktur der 'class II'-Introns hat aber
grundsätzlich die sogenannte 'Lasso-Form', d.h. Ringstruktur mit einer
daranhängenden linearen Sequenz (Peebles et al. 1986; van der Veen et
al. 1986). Für den autokatalytischen Spleißvorgang ist auch bei den
'class II'-Introns ihre Tertiärstruktur und damit die Bildung eines katalytischen Zentrums ausschlaggebend. Der Spleißvorgang selbst ist bei
den 'class II'-Introns nicht abhängig von Guanosin-Nucleotiden, wie
sich in in-vitro-Untersuchungen gezeigt hat. Die herausgeschnittenen
'class II'-Introns sind nie nur zirkulär, sondern haben stets die 'Lasso-Form'. Diese Konfiguration ist grundsätzlich auch die in-vivo-Form
der 'class II'-Introns, wogegen dieselbe Konfiguration bei den 'class
I'-Introns auch ein in-vitro-Artefakt sein kann.

Wie bei den 'class I'-Introns ist für den autokatalytischen Spleißvorgang auch bei den 'class II'-Introns keinerlei Energiezufuhr notwendig.
Zunächst reagiert eine Position innerhalb einer Nucleotidsequenzschleife
in der Nähe des 3´-Endes des Introns mit der Spleißstelle am 5´-Ende
des Introns (Abb. 50b). Es kommt sowohl zum Ringschluß innerhalb der
Intronsequenz als auch zur intronvermittelten Bindung zwischen den beiden Exons. Auch für diese Intron-Kategorie kann die indirekte Hilfe von
Proteinen, die in der Intron-mtDNA oder aber auch im Kern codiert sind,
nicht ausgeschlossen werden (Carignani et al. 1983; Schmelzer et al.
1983).

Es wurde bereits auf das fakultative Auftreten von Introns in bestimmten Genen der Hefe-mtDNA hingewiesen (Abb. 48). Sowohl die Eingliederung von Introns in die mtDNA zuvor Intron-freier Hefestämme (Jacquier
und Dujon 1985; Macreadie et al. 1985) als auch der Verlust solcher Introns (Jacq et al. 1982; Labouesse und Slonimiski 1983) ist beobachtet
worden. Neuerdings ist eine mögliche Rolle von reversen Transkriptasen
zur Erklärung der mtDNA-Modifikationen in Erwägung gezogen worden, da
Michel und Lang (1985) Aminosäuresequenzhomologien zwischen 'class II'-
Intron-codierten Proteinen und reversen Transkriptasen der Retroviren
festgestellt haben. Dieser alleinige Befund reicht aber noch nicht aus,

um auf das Vorhandensein und die Funktion dieser Enzyme in den Mitochondrien zu schließen.

Die Intron-codierten Maturasen der mtDNA werden auch verantwortlich gemacht für das Entstehen der sogenannten SEN-DNA in _Podospora_ _anserina_
(Koll et al. 1984). Bei der SEN-DNA handelt es sich um zirkuläre DNA,
die der mtDNA entstammt, keine Introns besitzt und in den Mitochondrien
von _Podospora_ _anserina_ nachweisbar ist, wenn sein Mycel nicht mehr
wächst und der Alterungsprozeß einsetzt. Auf der Grundlage dieser Befunde wurde die Hypothese entwickelt (Picard-Bennoun 1985), daß es sich
bei den mitochondrialen Maturasen um relativ unspezifische Nukleasen
handelt, deren Wirkungsweise von dem Zusammenspiel von Mitochondrien
und Nucleocytoplasma abhängt. Unter Wachstumsbedingungen synthetisiert
das Cytoplasma funktionell akzessorische Proteine, die nach Eintransport in die Mitochondrien das Spleißen der RNA durch die Maturasen ermöglichen oder fördern. Damit kommt es in der oben beschriebenen Weise
zur Eliminierung der Maturasen-RNA und der mitochondriale Gehalt an Maturasen wird niedrig gehalten. Setzen die Synthese und der Eintransport der akzessorischen Proteine in der stationären Wachstumsphase aus,
kommt es zwangsläufig zur Anhäufung der Maturasen in den Mitochondrien,
die dann auch die mtDNA spleißen können. Es entsteht Intron-freie mtDNA.

Die pflanzliche mtDNA ist generell ungefähr genauso groß wie die Hefe-
mtDNA. Sie hat aber einen hohen Guanin-Cytosin-Gehalt von nahe 50% und
ihr fehlen die Spacer-Sequenzen der Hefe-mtDNA (Borst und Grivell 1978).
Wie in den Pilzmitochondrien, aber in Gegensatz zur mtDNA der Tiere
sind auf der mtDNA von _Triticum_ _aestivum_ die Gene für die 26S rRNA und
die 18S rRNA weit auseinanderliegend angeordnet (Bonen und Gray 1980).
Andererseits sind in _Triticum_ _aestivum_ (Bonen und Gray 1980) und in
Zea _mays_ (Dawson et al. 1986) die Gene für die 5S rRNA denen für die
18S rRNA eng assoziiert. Diese Gen-Gruppierung ist sonst weder in der
Kern-DNA noch in plastidärer oder prokaryotischer DNA zu finden. Die
Ergebnisse von Southern-Hybridisierungen und die detaillierte Untersuchung von Restriktionsfragmenten haben auf eine große Heterogenität
der pflanzlichen mtDNA schließen lassen, die durch Einschübe oder Fehlen von kurzen DNA-Sequenzen hervorgerufen wird. Die genaue Anzahl von
Genen auf der pflanzlichen mtDNA ist noch unbekannt. Aufgrund von in-
organello-Translationen (Leaver und Gray 1982; Hack und Leaver 1983)
kann die Anzahl der mtDNA-codierten Proteine auf 20 bis 50 verschiedene Spezies geschätzt werden. Diese Protein-Gene können in Mehr- oder
Einzahl auf der mtDNA vorkommen wie z.B. ATPA für α-Untereinheit der

ATPase bzw. COXI sowie COXII für die Untereinheiten I und II der Cytochrom-c-Oxidase oder COB für das Apoprotein des Cytochrom b in Zea mays
(Dawson et al. 1986). Für COXII von Zea mays wurde bereits eine Intronsequenz nachgewiesen (Fox und Leaver 1981), die in Hefe-mtDNA (Fox 1979)
und in der mtDNA vom Rind und vom Menschen (Anderson et al. 1981) dagegen fehlt.

Im Vergleich zur mtDNA der Höheren Pflanzen mit 220 bis 1200 kbp gleicht
die mtDNA von Chlamydomonas reinhardii mit 15,8 kbp in ihrer Größe eher
der tierischen mtDNA von durchschnittlich 16,5 kbp (Boer et al. 1985).
Die mtDNA von Chlamydomonas reinhardii ist linear und enthält zumindest
COX1, COB sowie die Gene für die 26S rRNA und 18S rRNA. Die beiden
letztgenannten Gene sind im Gegensatz zur tierischen mtDNA auf der mtDNA
von Chlamydomonas reinhardii durch eine Sequenz von 0,9 kbp voneinander
getrennt. Die mtDNA von Chlamydomonas moewusii und Chlamydomonas eugametos hybridisiert mit der von Chlamydomonas reinhardii, ist jedoch
größer und (wahrscheinlich) zirkulär. Dieser Befund ist im Hinblick auf
die engere evolutionäre Verwandschaft von Chlamydomonas moewusii und
Chlamydomonas eugametos von Interesse.

Die begrenzte Codierungskapazität der mtDNA von Pflanzen, Pilzen und
Tieren ist evident. Trotzdem darf nicht der Eindruck entstehen, daß die
mtDNA nur wenig Bedeutung über die Entwicklung und Funktion der Mitochondrien hinaus habe. Vielmehr wird zum Beispiel die Pollensterilität
in Zea mays über die mtDNA bewirkt (Edwardson 1970). Dieses mit CMS
(= cytoplasmic male sterility) bezeichnete Phänomen wird vom mütterli-
chen Elter vererbt. Für Zea mays werden die drei CMS-Gruppen cms-S,
cms-C und cms-T unterschieden. Zusätzlich zum mitochondrialen Chromosom enthalten die Mitochondrien der cms-S-Pflanzen plasmidartige DNA
von 6,4 kb (S1) bzw. von 5,4 kb (S2), mit 'n' bezeichnete DNA von 2,35
kb und (in einigen Fällen) zirkuläre Plasmide von 1,94 kb (Paillard
et al. 1985; Kemble und Bedbrook 1980; Kemble et al. 1980). Die Mitochondrien von cms-T-Pflanzen besitzen zusätzlich die 1,94 kb-Plasmide
und lineare plasmidartige DNA von 2,1 kb (t)(Kemble und Bedbrook 1980;
Kemble et al. 1980). In den Mitochondrien der cms-C-Pflanzen sind die
plasmidartige DNA n, die 1,94 kb-Plasmids und zwei zirkuläre Plasmide
von 1,57 bzw. 1,42 kb nachgewiesen (Kemble und Bedbrook 1980; Kemble
et al. 1980). Die Mitochondrien der Zea mays-Pflanzen ohne cms-Eigen-
schaften enthalten die 1,94 kb-Plasmide und die lineare plasmidartige
DNA n oder t (Kemble und Bedbrook 1980; Kemble et al. 1980). Es ist
wenig bekannt über Unterschiede zwischen den vier Gruppen von Zea mays

Der Einbau von ^{32}P-dCTP in die mtDNA isolierter cms-S- bzw. N-Mitochondrien ist über die ersten 45 Minuten etwa gleich. Danach läßt die Einbaurate der N-Mitochondrien nach (Abb. 51)(Carlson et al. 1986). Diese

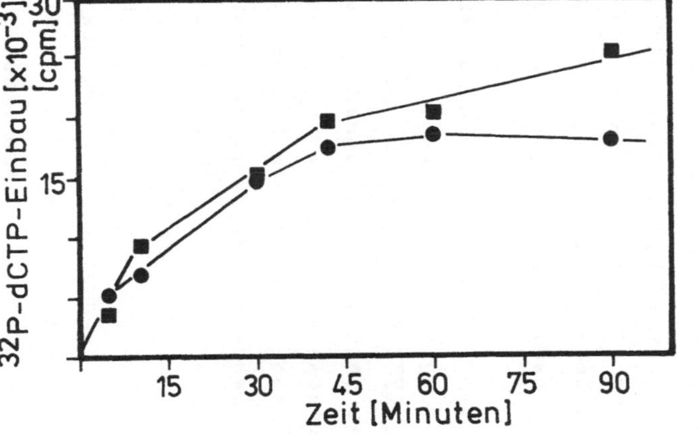

Abb. 51. Zeitlicher Verlauf des ^{32}P-dCTP-Einbaus in isolierte Mitochondrien aus Zea mays vom cms-S- (■) bzw. N-Typ (●).(Verändert nach Carlson et al. 1986)

in-organello-markierte mtDNA zeigt für beide Mitochondrientypen zu jedem Zeitpunkt des Einbauversuchs dasselbe Muster an Restriktionsfragmenten. Jedoch bauen die plasmidartigen DNAs S1 und S2 sowie die n -
DNA bei weitem mehr ^{32}P-dCTP ein als das mitochondriale Chromosom. So
ist die Einbaurate in S1 um 30mal höher, obwohl die Menge an S1 die

des mitochondrialen Chromosoms höchstens um das 5fache übersteigt (Thompson et al. 1980). Offensichtlich haben die plasmidartigen mtDNAs die größere Affinität für die DNA-Polymerase. Ebenso überwiegt die Transkriptmenge von S1 und S2 in organello in den cms-S-Mitochondrien. Demgegenüber sind in cms-T-Mitochondrien nur Spuren von S1- und S2-Transkripten und in cms-C-Mitochondrien keine dieser Transkripte zu finden. In den N-Mitochondrien sind S1 und S2 in das mitochondriale Chromosom integriert (Thompson et al. 1980). Sie werden ebenfalls in organello transkribiert. Es werden aber nie die hohen Transkriptionsraten wie in den cms-S-Mitochondrien erreicht. Die Hybridisierung der in organello gewonnenen mtRNA mit mtDNA hat Carlson et al. (1980) darauf schließen lassen, daß die gesamte mtDNA von Zea mays transkribiert wird. Der Anteil der Transkripte einzelner DNA-Sequenzen an der Transkriptgesamtmenge variiert zwischen den N-, cms-S-, cms-T- und cms-C-Mitochondrien.

Die Abhängigkeit der Expression der mtDNA von der Kern-DNA läßt sich am Muster der tatsächlich synthetisierten Mitochondrienproteine ablesen. Zusätzlich zu den 18 bis 20 Proteinen, die von den Mitochondrien der "normalen" (N) Maispflanzen synthetisiert werden, translatieren die Mitochondrien der cms-S-Pflanzen ein zusätzliches Protein von 13000 da. Dagegen fehlt das mitochondrial synthetisierte 21 kda-Protein der N-, cms-S- und cms-C-Pflanzen (Forde und Leaver 1980). In cms-C-Pflanzen wird das mitochondrial synthetisierte Membranprotein von 15,5 kda der cms-T-, cms-S- und N-Pflanzen ersetzt durch ein lösliches Protein von 15,5 kda. In cms-S-Pflanzen dagegen werden acht Polypeptide im Molekulargewichtsbereich von 42 bis 85 kda synthetisiert, die den Mitochondrien der cms-C-, cms-T- und N-Pflanzen fehlen.

Werden Maispflanzen vom RF-Typ mit cms-T-Pflanzen gekreuzt, so wird in den isolierten Mitochondrien spezifisch die Synthese des 13 kda-Proteins inhibiert. Allerdings wird die Synthese des 21 kda-Proteins auch nicht wieder aufgenommen (Forde und Leaver 1980). Dieser Effekt von nukleären RF-Genen auf die Synthese mitochondrialer Proteine ist bei den cms-C- und cms-S-Pflanzen nicht nachweisbar. Die cms-T-Mitochondrien zeichnen sich nicht nur durch die spezifische Synthese des 13 kda-Proteins aus, sondern sind im Unterschied zu den anderen Mitochondrien-Typen sensibel für das Toxin von H. maydis (Miller und Koeppe 1971). Durch Einführung der RF-Gene geht auch diese Toxin-Sensibilität verloren. Diese Korrelation von Synthese des 13 kda-Proteins und Toxin-Sensibilität in den cms-T-Mitochondrien hat zu der Hypothese geführt, daß das 13 kda-Protein eine Komponente der inneren Mitochondrienmembran ist und in funktioneller Weise für die Mißbildung der Pollen und für die Sensibilität auf das Toxin von H. maydis verantwortlich ist. Es ist denkbar, daß das 13 kda-Protein als Rezeptor für das Toxin oder auch für eine antherenspezifische Substanz fungiert und damit zu einer Veränderung der Permeabilität der inneren Membran führt. Dies kann dann zu einem Verlust der mitochondrialen Funktionen wie z.B. der oxidativen Phosphorylierung beitragen. In der Tat sind degenerierte Mitochondrien im Tapetum der Antheren von Zea mays zu beobachten (Warmke und Lee 1977).

2.7.1.3. Mitochondriale Translation

Das mitochondriale Translationssystem ist wie das der Prokaryoten hemmbar durch Antibiotika wie zum Beispiel Chloramphenicol und benutzt zum Start der Proteinsynthese Formylmethionin. Dagegen unterscheiden sich mitochondriale Ribosomen erheblich von den prokaryotischen Ribosomen. Außerdem ist die mt-rRNA der verschiedenen Spezies äußerst unterschiedlich. Das mitochondriale Translationssystem kommt generell mit einer geringeren Anzahl von tRNAs aus. Der genetische Code der Mitochondrien ist anders als der der anderen genetischen Realisationssysteme.

Die mitochondriale rRNA der verschiedenen Spezies zeigt eine verwirrende Vielfalt in bezug auf ihre Eigenschaften (Borst 1972). Die Sedimentationskonstante liegt für die tierische mt-Ribosomen bei 55S und für die mt-Ribosomen aus Pilzen bei 73S. Das Molekulargewicht der mt-rRNA der großen ribosomalen Untereinheit liegt im Bereich von 0,5 bis 1,3 mda und das der kleinen ribosomalen Untereinheit im Bereich von 0,3 bis 0,7 mda. In Abhängigkeit von der Spezies zeigen pflanzliche mt-Ribosomen eine Sedimentationskonstante von 77S bis 78S und haben ein Molekulargewicht von 1,12 bis 1,3 mda für die große bzw. von 0,69 bis 0,78 mda für die kleine ribosomale Untereinheit (Leaver und Harmey 1973). Im Unterschied zu den anderen Mitochondrien-Typen enthalten die pflanzlichen Mitochondrien eine 5S rRNA, die auch in den Prokaryoten sowie in den plastidären und cytoplasmatischen Ribosomen vorkommt. Wie den Prokaryoten und den Chloroplasten fehlt den pflanzlichen Ribosomen die für cytoplasmatische Ribosomen typische 5,8S rRNA (Leaver und Harmey 1973).

Die Universalität des genetischen Code ist für das mitochondriale Translationssystem nicht gültig. Die Gültigkeit der Codons ist sogar nicht einmal in den verschiedenen mitochondrialen Translationssystemen gewahrt. So codiert UGA in den Mitochondrien von Säugetieren und Pilzen

für Tryptophan anstatt für die Termination der Translation und AUA codiert für Methionin anstatt für Isoleucin. Die mitochondrialen tRNAs
der Säugetiere und Pilze haben im Vergleich zu den cytoplasmatischen
tRNAs keine solche stringente Festlegung auf bestimmte Codons. Daher
kann die Anzahl von 32 tRNAs, die normalerweise für die korrekte Translation des genetischen Code notwendig ist, unterschritten werden.

Die tierische mtDNA wird als eine polycistronische RNA transkribiert
und anschließend endonucleolytisch processiert. In HeLa-Mitochondrien
konnte nachgewiesen werden (Attardi 1981), daß post-transkriptional
eine Polyadenylierung am 3´-Ende der processierten mRNA einsetzt. Die
poly(A$^+$)-Sequenzen umfassen etwa 55 Nucleotide. Ein Capping am 5´-Ende
der mitochondrialen mRNA findet nicht statt. Die Transkription setzt
direkt am oder nahe beim Initiationscodon ein. Dieses fungiert daher
auch gleichzeitig als Bindungsstelle für die Ribosomen (Attardi 1981).
Im Gegensatz zu der mt-mRNA aus Pflanzen ist diejenige aus Pilzen nicht
polyadenyliert und hat sowohl am 5´- wie auch am 3´-Ende zusätzliche
Nucleotidsequenzen. So zeigt zum Beispiel die mRNA für das Apoprotein
des mitochondrialen Cytochrom b der Hefe eine 1000 Nucleotide umfassende Vorsequenz am 5´-Ende und eine 50 Nucleotide umfassende, nicht-pro-
tein-codierende Sequenz am 3´-Ende (Borst und Grivell 1981). Die mRNA
aus pflanzlichen Mitochondrien ist ebenfalls nicht polyadenyliert. Meist
wird zunächst ein höhermolekularer Precursor transkribiert, der noch
processiert werden muß (Fox und Leaver 1981; Dawson et al. 1986)(siehe
2.7.1.1.).

Das generelle Muster der Translationsprodukte (siehe 2.7.1.1.) zeigt
Unterschiede beim Vergleich mit den Proteinsynthese-Produkten der Mitochondrien aus Tieren, Pflanzen oder Pilzen. In der mtDNA der Pilze sind
sieben hydrophobe Polypeptide codiert, die mit kern-codierten Proteinen zusammen die Multiproteinkomplexe der Atmungskette bzw. des ATPase-
Komplexes der inneren Mitochondrienmembran bilden (Schatz und Mason
1974; Tzagaloff et al. 1979). Außerdem codiert die Pilz-mtDNA ein Protein für die kleine Ribosomenuntereinheit (Groot et al. 1979; Lambowitz et al. 1976). Die Anzahl der mt-codierten Proteine ist bei Tieren
größer. Attardi (1981) wies für die mitochondriale Translation von HeLa-
Zellen 26 Proteine im Molekulargewichtsbereich von 3,5 bis 51 kda nach.
Zu ihm gehören die Untereinheiten I, II und III der Cytochrom-c-Oxidase,
das Apoprotein des Cytochrom b und die Untereinheit 6 der ATPase. Aus
Pflanzen isolierte Mitochondrien synthetisieren wenigstens 18 bis 20
Proteine im Molekulargewichtsbereich von 8 bis 54 kda (Forde und Leaver

1980), von denen mit Ausnahme der beiden hochmolekularen Proteine alle membrangebunden sind (Leaver und Forde 1980). Zu den in der pflanzlichen mtDNA codierten Proteinen gehören unter anderem die Untereinheiten I und II der Cytochrom-c-Oxidase (Forde und Leaver 1979) und das Proteolipid des ATPase-Komplexes. Letzteres ist zwar in Hefen auch mtDNA-codiert, in Neurospora crassa und Tieren dagegen kern-codiert (Tzagaloff et al. 1979).

2.7.2. Die Entwicklung vom Promitochondrion zum Mitochondrion

Die Hauptfunktion der Mitochondrien in heterotroph wachsenden, eukaryotischen Zellen ist die Bereitstellung von verfügbarer Energie in Form von ATP. Die für diese Reaktionsabläufe notwendigen Multiproteinkomplexe der Atmungskette (NADH-Ubichinon-Oxidoreduktase, Succinat-Ubichinon-Oxidoreduktase, Ubichinon-Cytochrom-c-Oxidoreduktase und Cytochrom-c-Sauerstoff-Oxidoreduktase) sowie der ATPase-Komplex sind in der inneren Mitochondrienmembran lokalisiert. Wie bei den Chloroplasten (siehe Tabelle 3) ist der eine Teil der für die Assemblierung dieser Komplexe notwendigen Proteine in der mtDNA und der andere Teil in der Kern-DNA codiert. Wenn auch der mengenmäßige Anteil der mtDNA-Codierung geringer ausfällt als bei der ptDNA (Tabelle 10), so haben dennoch die mtDNA-codierten Mitochondrienproteine existentielle Bedeutung für die Ontogenese der Mitochondrien. Damit stellen sich auch bei der Mitochondrienontoge-

Tabelle 10. Verteilung der Gene für Mitochondrienproteine von Saccharomyces auf die mtDNA und auf die Kern-DNA.(Verändert nach Borst 1977)

Enzymkomplex	Anzahl der Untereinheiten	davon kerncodiert	davon mtDNAcodiert
Cytochrom-c-Oxidase	7	4	3
Cytochrom-bc$_1$-Komplex	7	6	1
ATPase-Komplex	9	5	4
Große rib. Untereinheit	30	30	0
Kleine rib. Untereinheit	22	21	1

nese die Fragen nach den speziellen Eigenschaften der Komplexproteine, ihre Lokalisierung in der Membran, der Regulation ihrer Assemblierung

zum Holokomplex und dem Eintransport der cytoplasmatisch synthetisierten Mitochondrienproteine.

Die Befunde zur Morphogenese und internen Entwicklung der Mitochondrien sind gering (Öpik 1974). Zur Untersuchung der Mitochondriendif-
ferenzierung bieten sich fast nur die Phasen der Samenreifung und -kei-
mung unter autotrophen Kulturbedingungen an. In beiden Stadien der Entwicklung Höherer Pflanzen verändern sich die Mitochondrien morphologisch in auffallender Weise. Zum Ende der Samenreifung setzt mit einer
drastischen Verminderung des Wassergehaltes des Embryogewebes auch eine
Rückbildung der inneren Mitochondrienstrukturen und eine Verringerung
der enzymatischen Aktivitäten im Mitochondrium ein   (Kollöffel 1970).
Dies kann als Rückbildung der Mitochondrien zu Promitochondrien inter-
pretiert werden in Analogie zu der Chloroplastenrückbildung zu Proplastiden beim Etiolieren grüner Pflanzen. Dieser Mitochondrienregression
in Höheren Pflanzen entspricht die in Hefezellen nach dem Transfer von
aerobe in anaerobe Bedingungen (Schatz 1970). Die entsprechende umge-
kehrte Entwicklung von Promitochondrien zu Mitochondrien ist bei der
Samenkeimung zu beobachten, bei der die Zunahme der Atmungsaktivität
der Mitochondrien mit ihrer inneren Ausdifferenzierung korreliert ist.
So zeigen die Samen von _Vicia faba_ keine meßbare Atmungsaktivität. Bei
Benetzung mit Wasser quellen die _Vicia_-Samen, und die Atmungsaktivität
der Mitochondrien in den Kotyledonen steigt innerhalb der ersten 18
Stunden der Samenquellung stark an (Leaver und Forde 1980). Nach 40
Stunden nimmt die Atmungsaktivität der Mitochondrien erneut stark zu.
Bereits innerhalb der ersten 24 Stunden setzt die oxydative Phosphory-
lierung ein.

Die mitochondriale Translationsaktivität von trockenen wie auch von
quellenden _Vicia_-Samen ist gering und kann durch Zusatz ATP-liefernder
Systeme nur wenig gesteigert werden. Nach 24 Stunden setzt allerdings
eine Steigerung der Translationsaktivität der Mitochondrien um das
10fache ein. Während also die Hauptbestandteile der Atmungskette konstitutiv in geringen Mengen in den Promitochondrien vorhanden sein müssen, muß die Translationsmaschinerie der Promitochondrien erst vervollständigt werden, bevor die mitochondriale Proteinsynthese einsetzen
kann.

Nach 12 Stunden Samenquellung können die Mitochondrien von _Vicia faba_
6 Proteine synthetisieren. Die Anzahl an mitochondrial codierten Proteinen steigt nach 96 Stunden Samenkeimung auf 12 an, wobei die Syn-

these der zusätzlichen sechs Proteine zwischen der 12. und 48. Stunde
der Samenkeimung einsetzt.

Die Promitochondrien in dem Kotyledonenparenchym zeigen eine merkliche
innere Ausdifferenzierung während der 12. bis 48. Stunde der Samenkeimung von _Vicia_ _faba_. Die Fläche der inneren Mitochondrienmembran nimmt
zu und diese faltet sich zusehends stärker ein. Mit der Zunahme der
Cristae geht die Zunahme an Ribosomen in der Matrix einher. Bereits zur
48. Stunde zeigen die Organellen die typische innere Struktur von Mitochondrien, obwohl die Ausdifferenzierung des inneren Membransystems bis
zur 90. Stunde anhält.

Grundsätzlich kann die lag-Phase der mitochondrialen Translation in den
Kotyledonen von _Vicia_ _faba_ während der Samenkeimung auf das Fehlen genügend vieler mitochondrialer Transkripte, auf das Fehlen bestimmter
Komponenten des genetischen Realisationssystems im Mitochondrium oder
auf das Fehlen von im Cytoplasma synthetisierten Mitochondrienproteinen abhängen. Es wird im weiteren noch auf die Erörterung dieser Frage eingegangen werden.

Als ein weiterer experimenteller Ansatz zur Untersuchung der Mitochon-
driendifferenzierung kann die von Sakano und Asahi (1971) beschriebene
Steigerung der mitochondrialen Proteinsynthese genutzt werden, die bei
Verletzung des Knollengewebes von _Solanum_ _tuberosum_ einsetzt. In diesem Fall werden die Mitochondrien selbst nicht zu einer höheren Trans-
lationsleistung stimuliert, sondern sie werden zu einer gesteigerten
Proteinsynthese befähigt, da die Synthese der kern-codierten und im
Cytoplasma synthetisierten Mitochondrienproteine durch die Alterungs-
prozesse im Knollengewebe erhöht worden ist. Die in-vivo-Steigerung
der mitochondrialen Translation in _Solanum_ _tuberosum_ ist also indirekt
induziert. Demgegenüber führten aber die Untersuchungen von Forde et
al. (1979) an Gewebeteilen aus Knollen von _Helianthus_ _tuberosus_ zu anderen Ergebnissen. Während des Alterungsprozesses der ausgestanzten
Gewebeteile wurde die in-organello-Translation der _Helianthus_-Mito-
chondrien untersucht. Der Alterungsprozeß hatte zwar keinen Einfluß auf
die Anzahl der mitochondrialen Translationsprodukte, aber das relative
Verhältnis der Proteinmenge einiger Spezies verändert sich (Abb. 52).
So steigt der Anteil eines 34,5 kda- und eines 17 kda-Proteins an und
der Anteil eines 19 kda-Proteins sinkt merklich ab. Damit ist für die
Mitochondrien von _Helianthus_ _tuberosus_ ein direkter Zusammenhang zwischen mitochondrialer Translation und externen Faktoren nachgewiesen.

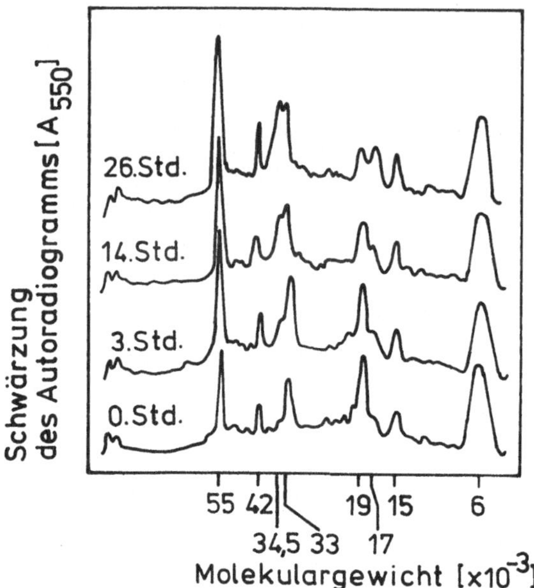

Abb. 52. Proteinsynthese von isolierten Mitochondrien während der Alterung von Gewebestücken aus den Knollen von <u>Helianthus tuberosus</u>.(Verändert nach Leaver und Forde 1980).

2.7.2.1. <u>Die Etablierung des respiratorischen Apparates</u>

Die Ausdifferenzierung der Promitochondrien zu funktionsfähigen Mitochondrien hängt in entscheidender Weise von der Kooperation dieser Organellen mit dem Nucleocytoplasma ab. Dies synthetisiert im Cytoplasma die Mehrzahl der Mitochondrienproteine, welche post-translational in die Mitochondrien eintransportiert werden (siehe 2.5.3.). Dort übernehmen sie nach Processing und korrekter Lokalisierung im Mitochondrium (z.T. nach Assemblierung in Multiproteinkomplexen) ihre Funktion z.B. als Enzym oder als Strukturprotein. Im Folgenden soll zunächst auf einige Teilaspekte dieses generellen Protein-Eintransportes eingegangen werden, für die bei Mitochondrien divergierende oder auch widersprüchliche Befunde vorliegen.

In früheren Untersuchungen wiesen Ades und Butow (1980) nach, daß im Gegensatz zu der cytoplasmatischen Synthese von Mitochondrienproteinen an freien Polysomen im Lebergewebe von Ratten (Raymond und Share 1979) und Hühnern (Sonderegger et al. 1982) sowie in <u>Neurospora crassa</u> (Zimmermann et al. 1979) diese Proteinsynthese in <u>Saccharomyces cerevisiae</u> an Polysomen stattfindet, die an die äußere Mitochondrienmembran gebunden sind. Daraus wird für <u>Saccharomyces cerevisiae</u> ein co-translationa-

Tabelle 11. Verteilung der translatierbaren mRNA für in die Mitochondrien einzutransportierende Proteine auf mitochondrien-gebundene und auf freie Polysomen in <u>Saccaromyces cerevisiae</u>.(Verändert nach Suissa und Schatz 1982)

Lokalisierung des Proteins in der Hefezelle	Protein	Prozentualer Anteil der translatierbaren mRNA	
		in mitochondrial-gebundenen Polysomen	in freien Polysomen
Matrix des Mitochondriums	Citratsynthase	36	64
	Isopropylmalatsynthase	41	59
Innere Membran des Mitochondriums	α-Untereinheit von F_1	30	70
	β-Untereinheit von F_1	59	41
	γ-Untereinheit von F_1	58	42
	Untereinheit V der Cytochrom-c-Oxidase	1	99
	Untereinheit VI der Cytochrom-c-Oxidase	1	99
	Untereinheit I der Cytochrom-c-Oxidase	43	57
	Cytochrom c_1	22	78
Intermembranraum des Mitochondriums	Cytochrom b_2	26	74
	Cytochrom-c-Peroxidase	61	39
Äußere Membran des Mitochondriums	29 kda-Protein	3	97
Cytoplasma	Hexokinase	3	97
	Myokinase	4	96

ler Eintransport von Mitochondrienproteinen postuliert. Suissa und Schatz (1982) haben jedoch nachgewiesen, daß nur 12 bis 18% der cytoplasmatischen Polysomen an Mitochondrien gebunden und von den untersuchten spezifischen mRNAs für Mitochondrienproteine acht in diesen mitochondrien-gebundenen und drei in den freien Polysomen angereichert sind (Tabelle 11). Aus diesen Mengenverhältnissen ist ersichtlich, daß der post-translationale Eintransport der vorrangigen Weg für Proteine in die Mitochondrien von <u>Saccharomyces cerevisiae</u> ist. Für die Rolle der mitochondrien-gebundenen Polysomen beim Protein-Eintransport liegen dagegen keine Beweise vor.

Ein weiterer Beleg für den post-translationalen Eintransport von Mitochondrienproteinen ist der Nachweis von cytoplasmatischen Precursor-Pools, deren Größe vom physiologischen Zustand der <u>Saccharomyces</u>-Zellen abhängt. So sinkt die Menge an Precursor-Proteinen bei Hemmung der cytoplasmatischen Translation durch Cycloheximid (Reid und Schatz 1982a) und steigt an, wenn die oxidative Phosphorylierung durch CCCP (= Carbonyl-Cyanid-m-Chlorphenylhydrazon) entkoppelt wird (Reid und Schatz 1982b). Die Precursor-Proteine für die Mitochondrien werden in vivo im Cytoplasma nicht angereichert, sondern relativ schnell wieder proteolytisch abgebaut, wenn der Eintransport in die Mitochondrien nicht erfolgt. So hat die überwiegende Mehrzahl der Precursor-Proteine im Cytoplasma des Lebergewebes der Ratte eine Halbwertszeit von etwa 30 Minuten (Felipo und Grisolia 1986).

Für den Eintransport von Precursor-Proteinen in die Mitochondrien ist die Anwesenheit von ATP notwendig und die Verfügbarkeit von bestimmten cytoplasmatischen Komponenten fördernd. In einem in-vitro-System, das auf Extrakten aus Rattenleber-Cytoplasma basiert, konnte Felipo (1986) nachweisen, daß durch wiederholte Zugabe von cytoplasmatischen Komponenten die Eintransportaktivität wieder angeregt werden konnte. Den Untersuchungen von Firgaira et al. (1984) zufolge kann es sich dabei um spezielle RNAs handeln, die "eng" mit Proteinen komplexiert sind. Die hohen Konzentrationen an Ribonuclease, die benötigt werden, um den von diesen Ribonucleinproteinen geförderten Protein-Eintransport in die Mitochondrien zu unterbrechen, beweisen eindeutig, daß diese speziellen RNAs von Proteinen schützend umhüllt sein müssen.

Ähnlich wie beim Eintransport von Proteinen in die Chloroplasten kann auch beim Eintransport von Mitochondrienproteinen die Translokation von dem Processing experimentell getrennt werden. Bei Zugabe von o-Phenanthrolin zu isolierten Mitochondrien von <u>Neurospora</u> <u>crassa</u> ist die Endoprotease inaktiviert und das Processing der eintransportierten Precursor-Proteine unterbleibt (Zwizinski und Neupert 1983). In entsprechender Weise wird das Processing in isolierten Mitochondrien aus Rattenleber durch Zugabe von Rhodamin 6G unterbunden (Kuzela et al. 1986). Bei dem Processing-Enzym handelt es sich in den Mitochondrien von <u>Saccharomyces</u> <u>cerevisiae</u> um eine lösliche Protease, die Kern-codiert ist, ein pH-Optimum von 7,5 hat und zwar von Chelatbildnern wie o-Phenanthrolin oder EDTA gehemmt wird, nicht aber von Serin-Protease-Inhibitoren (Böhni et al. 1983). Es erkennt auch an eintransportierten Chimären aus der Transit-Sequenz der Untereinheit IV der mitochondrialen Cytochrom-c-Oxidase und der eigentlich im Cytoplasma lokalisierten Dihydrofolat-Reduktase die Processing-Stelle (Hurt et al. 1984). Für den Eintransport dieser Chimäre ist sowohl die Transit-Sequenz für den Erkennungsprozeß an der Mitochondrienmembran als auch das 'Auffalten' der

Dihydrofolat-Reduktase beim Passieren der Mitochondrienmembran notwendig (Eilers und Schatz 1986). Miura et al. (1986) folgern aus ihren Untersuchungen an einer mitochondrialen Protease aus der Rattenleber, daß für das erfolgreiche Processing nicht nur die Aminosäuresequenz im Bereich der Schnittstelle, sondern auch die Tertiärstruktur der Transit-Sequenz und dem späteren 'reifen' Protein maßgeblich ist. Demnach muß die eintransportierte Dihydrofolat-Reduktase eine nochmalige Konformationsänderung vor dem Processing durchlaufen.

Da mehr als 90% der mitochondrialen Proteine Kern-codiert sind und die Mitochondrien aus endocytierten, symbiontischen Prokaryoten hervorgegangen sein sollen (siehe 2.5.2.), die durch Gen-Transfer fast ihre gesamte genetische Kompetenz in die Kern-DNA des eukaryotischen Wirtes verlagert haben sollen, war die Frage nach der evolutionären Herkunft der Codierung für die Transit-Sequenz der Mitochondrienproteine bislang ungeklärt. Kürzlich konnten Baker und Schatz (1987) nachweisen, daß von clonierten Sequenzen aus der DNA von _Escherichia coli_ und aus dem Gen für die Dihydrofolat-Reduktase mehr als 2,7% bzw. 5% in ihrer Aminosäuresequenz und ihrer Hydrophobität der der mitochondrialen Transit-Sequenzen entsprechen. Damit kann angenommen werden, daß im Laufe der Evolution ein DNA-Rearrangement stattgefunden hat, bei dem die transferierten mitochondrialen Genbereiche am aminoterminalen Ende mit entsprechenden DNA-Sequenzen komplettiert worden sind. Für diese Hypothese spricht auch die Entdeckung von Vassarotti et al. (1987), daß durch eine Punktmutation im aminoterminalen Bereich der ß-Untereinheit des F_1 der ATPase in diesem bereits processierten Protein eine funktionsfähige mitochondriale Transit-Sequenz entstehen kann.

Bei der Etablierung von drei Multiproteinkomplexen des respiratorischen Apparates sind die genetischen Realisationssysteme des Nucleocytoplasmas und der Mitochondrien beteiligt. Nur durch eine sinnvolle Koordination beider Systeme können der ATPase-Komplex der Cytochrom-bc_1-Komplex sowie die Cytochrom-c-Oxidase assembliert werden. Bereits 1975 konnten Weiss et al. zeigen, daß die Assemblierung der Cytochrom-c-Oxidase in _Neurospora crassa_ zusätzlich noch anderen Regulationsmechanismen unterliegen muß als die Synthese der Mehrzahl der cytoplasmatischen Proteine. Zunächst wurden den _Neurospora_-Zellen für 200 Minuten ^{14}C-Leucin angeboten. Diese Inkubationszeit reichte aus, um sämtliche Proteine zu markieren. Zu Beginn des eigentlichen Versuches wurde ^{3}H-Leucin zugesetzt und der zeitliche Verlauf des ^{3}H-Leucin-Einbaus in bezug auf die ^{14}C-Leucin-Markierung verfolgt. Es zeigte sich, daß die

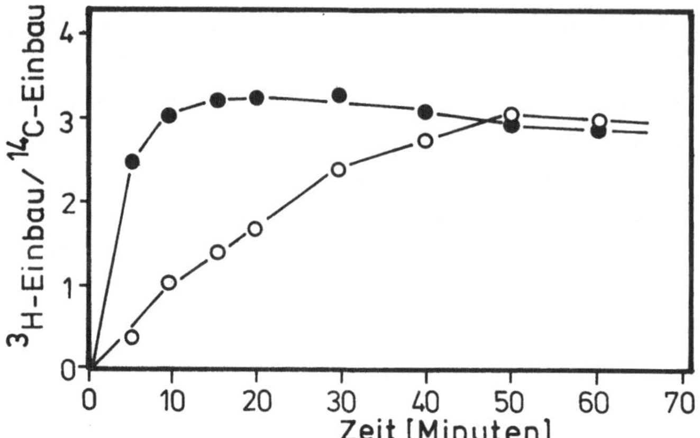

Abb. 53. Zeitlicher Verlauf des radioaktiven Einbaus in die gesamten Zellproteine (–●–) und in die Cytochrom-c-Oxidase (–O–) von <u>Neurospora crassa</u>. ^{14}C-Leucin wurde 200 Minuten von ^{3}H-Leucin zugegeben. (Verändert nach Weiss et al. 1975)

Markierung der Cytochrom-c-Oxidase der der Gesamtproteine nachfolgt (Abb. 53). Weiss et al. (1975) gehen bei der Interpretation dieses Phänomens davon aus, daß in optimal wachsenden Zellen in etwa gleich hohe

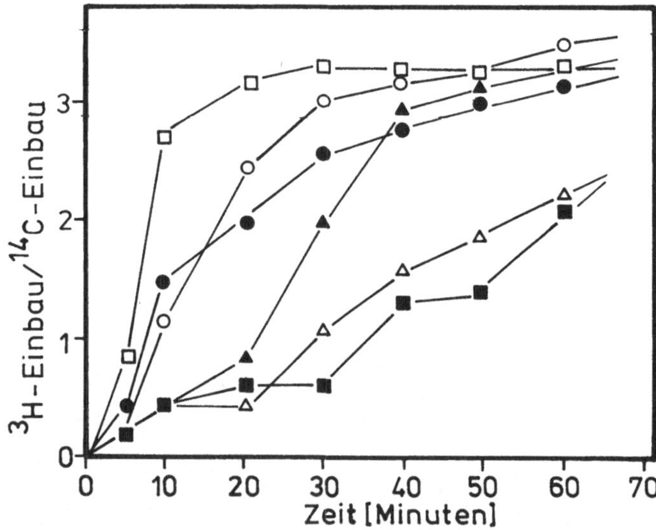

Abb. 54. Zeitlicher Verlauf des radioaktiven Einbaus in die Untereinheiten der Cytochrom-c-Oxidase von <u>Neurospora crassa</u>. ^{14}C-Leucin wurde 200 Minuten vor ^{3}H-Leucin zugesetzt. ■ = 11 kda, △ = 13 kda, ▲ = 36 kda, ● = 8 kda, O = 28 kda, □ = 20 kda. (verändert nach Weiss et al. 1975)

Translationsraten für alle Proteine vorliegen. Auf dieser Grundlage erklären sie die Verzögerung des radioaktiven Einbaus in die Cytochrom-c-Oxidase mit dem Vorhandensein verschiedener Precursor-Proteine, die zunächst in unterschiedlicher Menge angereichert werden. In der Tat nimmt der radioaktive Einbau in die Untereinheiten der Cytochrom-c-Oxidase einen unterschiedlichen zeitlichen Verlauf (Abb. 54). Da es in den exponentiell wachsenden Neurospora-Zellen keinen Proteinabbau und keinen Turnover der Cytochrom-c-Oxidase in nennenswertem Maße geben soll, ist die Turnover-Rate der einzelnen Precursor-Proteine gleich der Einbaurate in die einzelnen Untereinheiten der Cytochrom-c-Oxidase. Mit Hilfe der Verdopplungszeit der Neurospora-Zellen wurde von Weiss et al. (1975) auf diese Weise die Halbwertszeit der Precursor-Proteine sowie ihre Pool-Größe errechnet (Tabelle 12). Die geringste Pool-Größe zeigt

Tabelle 12. Halbwertszeit und Pool-Größe der Precursor-Proteine der Cytochrom-c-Oxidase von Neurospora crassa.(Verändert nach Weiss et al. 1975)

Molekulargewicht (kda)	Halbwertszeit (Min)	Pool-Größe (Angaben in % der im Holoenzym vorhandenen Menge an Untereinheit)
8	7	4
11	47	25
13	37	20
20	3,5	2
28	10	5
36	23	10

das 20 kda-Protein. Es konnte gezeigt werden, daß seine Synthese bei Zugabe von Chloramphenicol sofort aussetzt und daß mit Ausfall dieser Untereinheit auch keine Cytochrom-c-Oxidase mehr assembliert werden kann. Im umgekehrten Fall konnte bei Hemmung der cytoplasmatischen Proteinsynthese durch Cycloheximid gezeigt werden, daß die Synthese des 36 und des 28 kda-Proteins sistiert, die Assemblierung von neuem Holoenzym aber noch eine gewisse Zeit und in niedrigerer Rate anhält. Dies erscheint aufgrund der längeren Halbwertszeit und des größeren Pools beider Proteine plausibel.

Bereits diese Untersuchungen zur Assemblierung der Cytochrom-c-Oxidase aus <u>Neurospora</u> <u>crassa</u> zeigen die gegenseitige Abhängigkeit von cytoplasmatischer und mitochondrialer Translation. Die Etablierung der Cytochrom-c-Oxidase in <u>Saccharomyces</u> <u>cerevisiae</u> wurde von Schatz und Mitarbeitern mehr im Detail untersucht (Saltzgraber et al. 1977). Zwar behielten die Grundaussagen von Weiss et al. (1975) ihre Gültigkeit, im einzelnen wurden ihre Ergebnisse jedoch modifiziert. Über die Zusammensetzung der Cytochrom-c-Oxidase aus <u>Saccharomyces</u> <u>cerevisiae</u> (Moorman und Grivell 1976; Ebner et al. 1973) liegen Ergebnisse vor, die denen über die Zusammensetzung dieses Multiproteinkomplexes von <u>Neurospora</u> <u>crassa</u> (Sebald et al. 1973) oder vom Rinderherzen (Briggs et al. 1975) entsprechen. In <u>Saccharomyces</u>-Mitochondrien besteht die Cytochrom-c-Oxidase aus sieben Untereinheiten, von denen drei große Proteine (I mit einem Molekulargewicht von 40000, II mit einem Molekulargewicht von 34000, III mit einem Molekulargewicht von 23000) in der mtDNA codiert sind und vier kleinere Proteine im Kern codiert sind und im Cytoplasma als größere Precursor-Proteine synthetisiert werden (IV mit einem Molekulargewicht von 17000 für den Precursor und 14000 für das processierte Protein, V mit einem Molekulargewicht von 15000 bzw. 12500, VI mit einem Molekulargewicht von 17 bis 20000 bzw. 12500, VII mit einem Molekulargewicht von 5 bis 7500 bzw. 4500).

Der gesamte Cytochrom-c-Oxidase-Komplex ist in der inneren Mitochondrienmembran lokalisiert und durchdringt diese Membran vollständig. Durch Einsatz verschiedener Reagentien (Eytan und Schatz 1975; Eytan et al. 1975) ergab sich, daß die Untereinheiten II, III, VI und VII nur von der Außenseite der Membran her zugänglich sind und die Untereinheit IV nur von der Innenseite der Membran her. Die Untereinheiten I und V sind von keiner der beiden Membranseiten zugänglich. Die Untereinheit III ist das dem Cytochrom C nächstgelegene Protein auf der Membranaussenseite.

Der Einfluß der Kern-codierten bzw. der mtDNA-codierten Komplexkomponenten auf die Assemblierung des Holoenzyms ist durch Einsatz von Translationshemmern nur begrenzt aufklärbar, da nie Nebenwirkungen ausgeschlossen werden können. Besser geeignet dafür ist der Einsatz verschiedener Defektmutanten von <u>Saccharomyces</u> <u>cerevisiae</u>. In diesen Mutanten können sowohl assemblierte Cytochrom-c-Oxidase als auch unassemblierte Untereinheiten nachgewiesen werden. Den beiden Kern-Mutanten fehlt jeweils mindestens eine mitochondrial codierte Untereinheit, sie besitzen aber alle vier Kern-codierten Untereinheiten (Tabelle 13). Allerdings werden diese vier kleineren, Kern-codierten Untereinheiten nicht mit den restlichen mtDNA-codierten Untereinheiten assembliert, sondern sind nur lose an die innere Mitochondrienmembran gebunden. Daraus werden

Tabelle 13. Untereinheiten der Cytochrom-c-Oxidase in Mitochondrien von Saccharomyces-Mutanten, denen der Holokomplex fehlt.(Verändert nach Saltzgaber et al. 1977)

Untereinheit	Mutanten			
	pet 494-1	pet E11-1	ρ^-	Haem$^-$-Mutante
I	+	−	−	−
II	+	−	−	+
III	−	+	−	+
IV	+	+	+	+
V	+	+	+	−
VI	+	+	+	+
VII	+	+	+	+ (?)

zwei Schlußfolgerungen gezogen: (1) Kernmutationen können die Anhäufung mtDNA-codierter Untereinheiten beeinflussen. (2) mtDNA-codierte Unter-einheiten sorgen für die feste Bindung der kern-codierten Untereinhei-ten in/an der inneren Mitochondrienmembran. In den sogenannten petite-Mutanten von Saccharomyces cerevisiae liegen große Deletionen vor, die mehr als 90% der gesamten mtDNA betreffen können. (Erstaunlicherweise ist die Länge der mtDNA solcher Mutanten nicht geringer als im Wildtyp, da die restliche DNA-Sequenz mehrfach repetiert wird.) Die drei mtDNA-codierten Untereinheiten fehlen (Ebner et al. 1973) und der Holokom-plex wird nicht assembliert. Die vier kern-codierten Untereinheiten sind zwar vorhanden, aber nur lose der inneren Mitochondrienmembran as-soziiert (Tabelle 13).

Die Proteinkomponenten sind nicht die alleinige Voraussetzung für die Assemblierung der Cytochrom-c-Oxidase. In der Haem$^-$-Mutante von Saccha-romyces cerevisiae, die ohne Zugabe von δ-Aminolävulinsäure nicht zur Haem-Synthese befähigt ist (Gollub et al. 1974), unterbleibt die Assem-blierung des Holokomplexes bei Ausfall der Haem-Synthese. Die Mutanten zeigen dann weder eine Atmungsaktivität noch das Absorptionsspektrum des Wildtyps (Abb. 55). Bei Zugabe von δ-Aminolävulinsäure ist kein Un-terschied zum Wildtyp mehr feststellbar. Bei Ausfall der Haem-Synthese sind in den Mitochondrien der Haem$^-$-Mutanten die Untereinheiten I und

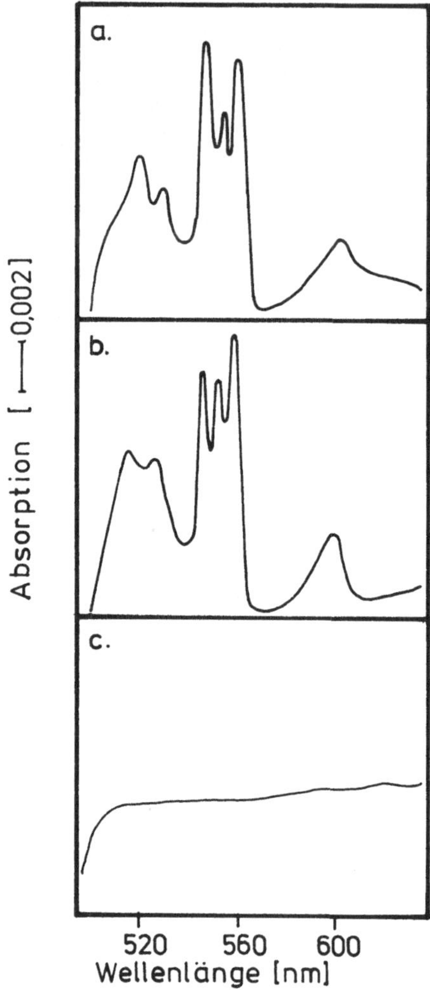

Abb. 55. Differenzspektren bei Tieftemperatur von Mitochondrien aus dem Wildstamm von _Saccharomyces cerevisiae_ (Stamm X-2180) (a) und aus einer Haem⁻-Mutante (GL1-38) mit (b) bzw. ohne (c) Zugabe von δ-Aminolävulinsäure.(Verändert nach Saltzgaber et al. 1977)

V nicht nachweisbar, die Untereinheiten II, III, IV und VI jedoch vorhanden. Auch unter diesen Bedingungen sind die vorhandenen Untereinheiten unassembliert und lose an die innere Mitochondrienmembran gebunden. Für die Assemblierung der Cytochrom-c-Oxidase ist also die Verfügbarkeit des Cytochrom c genauso entscheidend wie die der Proteinkomponenten.

Der Eintransport der Kern-codierten Untereinheiten IV - VII für die Cytochrom-c-Oxidase erfolgt nach dem in Abbildung 15 vorgestellten Schema. Anschließend werden die Precursor-Proteine processiert und von innen in die innere Mitochondrienmembran integriert. Das Processing des Precursors der Untereinheit V kann in vitro interessanterweise sowohl durch die in der Matrix lokalisierten Endoprotease als auch durch die in dem

Intermembranraum lokalisierten Endoprotease erfolgen (Cerletti et al. 1983).

Die Kopplung von nucleocytoplasmatischem und mitochondrialem genetischen Realisationssystem ist bei der Etablierung des Cytochrom bc_1-Komplexes enger und umfassender aufgeklärt als bei der Cytochrom-c-Oxidase (Mc Graw und Tzagoloff 1983; Diekmann et al. 1984a, 1984b). Das Gen für das Apoprotein des Cytochrom b (apoCytb) der mtDNA von Saccharomyces cere- visiae (Stamm D273-10B) besteht aus drei Exons und zwei Introns (Nobre- ga und Tzagaloff 1980). Eine Reihe Mutanten von diesem Wildstamm wur- den isoliert, bei denen das Herausschneiden des zweiten Intronbereichs aus der pre-mRNA gestört und auf diese Weise die Bereitstellung der 'reifen' mRNA für die Translation des apoCytb unterbunden ist. Dieser Defekt kann durch Übertragen einer DNA-Sequenz von 1890 bp aus der nDNA des Wildtyps in die Mutanten wieder aufgehoben werden. Dieses Gen CBP1 (= Cytochrom b Processing) codiert für ein 76,1 kda-Protein, das zum Spleißen der mitochondrialen pre-mRNA für das apoCytb notwendig ist. Das kern-codierte Protein zeigt in seiner Aminosäuresequenz zahlreiche positive und negative Ladungen, wie es für lösliche globuläre Proteine typisch ist. Seine NH_2- und COOH-terminalen Bereiche sind reich an Ar- ginin und Lysin. Dies kann möglicherweise Bedeutung für die Interaktion des Proteins mit der mRNA für das apoCytb haben. Damit ist ein Teil der Spleißmaschinerie des Mitochondriums von Saccharomyces cerevisiae kern- codiert. Fehlt dieses kern-codierte Protein, so werden in den Mitochon- drien der Mutanten Transkripte synthetisiert, die nicht translatiert werden, instabil sind und einem schnellen nucleolytischen Abbau unter- liegen. Die Notwendigkeit des CBP1-Produktes kann aber umgangen werden, wenn die Vorsequenz der in der mtDNA codierten Untereinheit 9 des ATP- ase-Komplexes (oli1) dem Cytochrom b-Gen vorgeschaltet wird (Dieckmann et al. 1984a). Diese Vorsequenz am 5´-Ende des Transkriptes wird nicht translatiert, stabilisiert aber die pre-mRNA für das apoCytb und ermög- licht so das korrekte Processing. Es bleibt aber festzuhalten, daß in vivo die Etablierung des Cytochrom bc_1-Komplexes fast vollständig unter der Regie des Kerns abläuft, wenn auch das Apoprotein des Cytochrom b in der mitochondrialen DNA codiert ist.

Das zweite, mit einer Haem-Gruppe assoziierte Protein des Cytochrom bc_1- Komplexes ist das $apoCytc_1$. Es ist Kern-codiert und hat ein Molekular- gewicht von 31000 in den Mitochondrien von Saccharomyces cerevisiae. Der Precursor für das $apocytc_1$ hat ein Molekulargewicht von 37000 und wird im Laufe des Eintransportes und der endgültigen Integrierung in

das innere Membransystem zweimal processiert (Ohashi et al. 1982). Der
direkte Eintransport des Precursors in das Mitochondrium erfolgt zunächst nach dem generellen Schema (Abb. 15). Danach befindet sich der
Precursor in der inneren Mitochondrienmembran. Eine exponierte Transit-
Sequenz wird durch die lösliche, o-Phenanthrolin-sensible Endoprotease
von der Matrixseite her abgespalten. Das entstandene Intermediat bindet kovalent eine Haem-Gruppe. Nur dieser Intermediat-Cytochrom c_1-
Komplex wird von einer anderen, membrangebundenen Endoprotease ein zweites Mal processiert. Diese Protease ist nicht identisch mit der in der

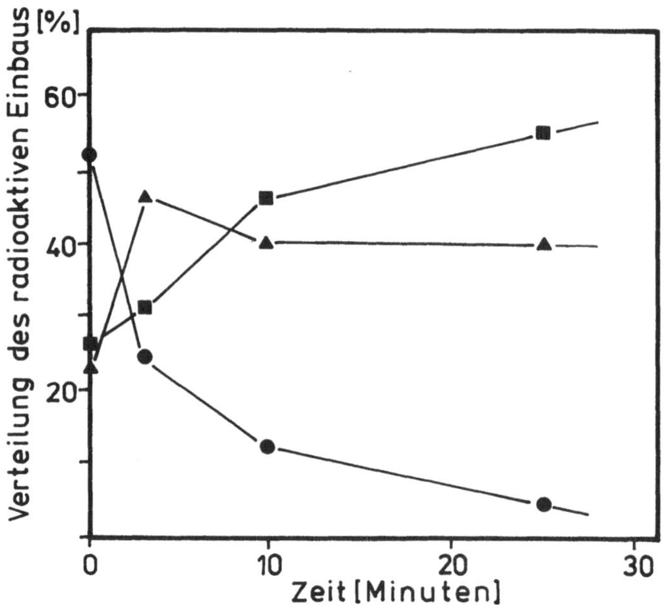

Abb. 56. Zeitlicher Verlauf des 2-Stufen-Processing des Precursors (●)
des Apoproteins des Cytochrom c_1 in Sphaeroplasten von Saccharomyces
cerevisiae. ▲ = Intermediat, ■ = 'reifes' Protein. (Verändert nach Oha-
hashi et al. 1982)

Matrix lokalisierten, wie auch durch die Hemmbarkeit dieses zweiten Processing-Schrittes in Neurospora crassa durch m-CCCP nachgewiesen werden
konnte (Teintze et al. 1982). Am fertig processierten Cytochrom bc_1-
Komplex ist das Cytochrom c_1 zum Intermembranraum hin exponiert. Den
zeitlichen Verlauf des 2-Stufen-Processing des Precursors für das Apoprotein des Cytochrom c_1 ist in Sphaeroplasten von Saccharomyces cerevisiae nachvollziehbar (Abb. 56).

Dieser 2-Stufen-Eintransport gilt nicht generell in dieser Form für die
zum Intermembranraum hin orientierten Mitochondrienproteine. Das Cytochrom b_2 und die Cytochrom-c-Peroxidase befinden sich beide in diesem
Intermembranraum und sind nicht an die innere Mitochondrienmembran gebunden (Daum et al. 1982a). Cytochrom b_2 ist ein Flavoprotein, das Elektronen vom Lactat auf Cytochrom c überträgt (= Flavo-Cytochrom-b_2-Lac-
tatdehydrogenase)(Hagihara et al. 1975); Cytochrom-c-Peroxidase transferiert Elektronen vom Cytochrom c auf Peroxide wie zum Beispiel H_2O_2
(Yonetani 1976). Beide Proteine werden als größere Precursor-Proteine
im Cytocplasma synthetisiert. In _Saccharomyces cerevisiae_ hat der Precursor des Cytochrom-b_2-Apoproteins ein Molekulargewicht von 68000,
sein Intermediat eines von 63000 und seine 'reife' Form eines von 58000.
Die entsprechenden Molekulargewichte für die Cyt.-c-Peroxidase sind im
Falle des Precursors 39500 und im Falle der 'reifen' Form 33500. Zunächst erfolgt für beide Precursor-Proteine der Eintransport, wie es
die Abb. 15 zeigt. Zum Eintransport ist eine energetisierte Membran notwendig, die eine teilweise Translokation des Precursors durch diese innere Membran bewirkt. Die in der Matrix lokalisierte, Chelator-sensible
Endoprotease processiert den Precursor des apoCytb$_2$ nun zu einem Intermediat und nicht bereits zur 'reifen' Form, wie es für viele in der Matrix lokalisierte Enzyme bekannt ist. Dieses Intermediat ist an die in-

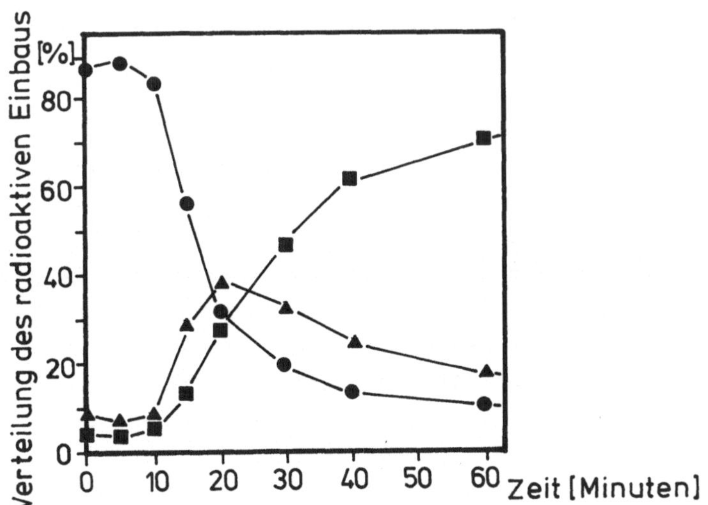

Abb. 57. Zeitlicher Verlauf des 2-Stufen-Processing des Precursors (●)und
des Apoproteins des Cytochrom b$_2$ von _Saccharomyces cerevisiae_. ▲ = Intermediat, ■ = 'reifes' Protein. (Verändert nach Reid et al. 1982).

nere Mitochondrienmembran gebunden (Reid et al. 1982) und zum Intermembranraum hin exponiert (Daum et al. 1982). Dort wird das Intermediat erneut processiert von einer (wahrscheinlich) membran-gebundenen Endoprotease und das entstehende 'reife' Apoprotein in den Intermembranraum als lösliches Protein entlassen. Dort erfolgt die Komplexierung mit der Haem-Gruppe zum funktionsfähigen Cytochrom b_2. Bei diesem Protein ist also die Haem-Bindung nicht wie bei der Bildung des Cytochrom c_1 Voraussetzung für den zweiten Processing-Schritt. Der zeitliche Verlauf des 2-Stufen-Processing des Cytochrom b_2 entspricht etwa dem des Cytochrom c_1 (Abb. 56 und 57), jedoch ist beim Cytochrom b_2 die Eintransportrate des Precursors größer als die Rate der Processingschritte.

Demgegenüber verläuft der Eintransport des Precursors für die Cytochrom-c-Peroxidase offensichtlich nach denselben Kriterien wie der des Cytochrom b_2, da sein Eintransport in vivo durch Zugabe von CCCP blockiert wird, das Processing in vivo in Anwesenheit von 1,10-Phenanthrolin unterbleibt und die Chelator-sensible Endoprotease in vitro den Precursor zum Intermediat processiert (Reid et al. 1982). Jedoch kann dieses Intermediat in vivo nicht nachgewiesen werden. Daraus kann geschlossen werden, daß bei der Etablierung der Cytochrom-c-Peroxidase entweder der Eintransportvorgang der zeitlich limitierende Schritt ist (das Processing also relativ schnell abläuft) oder aber das Processing durch die in der Matrix lokalisierte Endoprotease keinen obligatorischen Schritt in vivo darstellt.

Als dritte Variante des Eintransportes eines im Intermembranraum lokalisierten Proteins soll der des Cytochrom c erläutert werden. Dieses Protein ist an die Außenseite der inneren Mitochondrienmembran gebunden und vermittelt den Elektronentransport zwischen den Multiproteinkomplexen Ubichinon-Cytochrom-c-Oxidoreduktase und Cytochrom-c-Sauerstoff-Oxidoreduktase. Sein Eintransport erfolgt nicht über die in Abb. 15 dargestellten 'Kontaktstellen' zwischen den beiden Mitochondrienmembranen, sondern nur durch die äußere Mitchondrienmembran in den Intermembranraum. Für die Etablierung des Cytochrom c sind weder eine energetisierte Membran noch ein Processing-Enzym notwendig (Zimmermann et al. 1981). Die schließliche Assoziation des Cytochrom c an die Membranoberfläche setzt nur einen Rezeptor und die Bindung einer Haem-Gruppe an das Apoprotein voraus.

Vom ATPase-Komplex der <u>Saccharomyces</u>-Mitochondrien sind im F_1-Teil keine Untereinheit und im F_0-Teil die Untereinheiten 6 und 9 (= DCCD-bindendes Protein) in der mtDNA codiert. (In tierischen Mitochondrien und in Mitochondrien von <u>Neurospora</u> <u>crassa</u> ist die Untereinheit 9 kern-codiert.) Im F_1-Teil werden die katalytischen Zentren zur ATP-Synthese von den Untereinheiten α, β und γ gebildet, die im stöchiometrischen Verhältnis von 3:3:1 assemblieren (Todd et al. 1980). In einer Kern-Mutanten von <u>Saccharomyces</u> <u>cerevisiae</u> (N9-84MATαpetC258) ist keine ATP-ase-Aktivität festzustellen. Dieser Defekt ist auf die Expression einer fehlerhaften F_1-α-Untereinheit zurückzuführen (Tzagoloff et al. 1975). Durch Einführen des Gens ATP1, das die korrekte DNA-Sequenz für die α-Untereinheit enthält, wird die ATPase-Aktivität wieder hergestellt (Takedo et al. 1986). Das Translationsprodukt von ATP1 ist ein Precursor mit ähnlichen Eigenschaften wie andere cytoplasmatisch synthetisierten Proteine, die in die Mitochondrien eintransportiert werden müssen. Er ist hydrophil und kann eine amphipathische Konfiguration einnehmen, bei der alle positiven Ladungen des Proteins nach einer Seite hin ausgerichtet sind. Sein Beitrag zur Bildung eines funktionsfähigen katalytischen Zentrums nach dem Eintransport in die Mitochondrien hängt von einer konservativen Aminosäuresequenz ab, die homolog ist bei <u>Escherichia</u> <u>coli</u>, den Mitochondrien von <u>Saccharomyces</u> <u>cerevisiae</u> und den Chloroplasten von <u>Nicotiana</u> <u>tabacum</u> (Abb. 58). Zur ATPase-Aktivität beson-

Katalytischer Bereich

```
Saccharomyces cerevisiae     G I R P A I N V G L [S] V S R V G S A A Q
E.coli                       G I R P A V N P G I [S] V S R V G G A A Q
Nicotiana tabacum (Chl.)     G I R P A I N V G I [S] V S R V G S A A Q
```

Abb. 58. Aminosäuresequenz des katalytischen Bereiches der α-Untereinheit von F_1 aus <u>Saccharomyces</u> <u>cerevisiae</u>, <u>E. coli</u> und den Chloroplaplasten von <u>Nicotiana</u> <u>tabacum</u>.(Verändert nach Takeda et al. 1986)

ders notwendig ist das Serin innerhalb dieser Aminosäuresequenz in einer bestimmten Position. Es kann angenommen werden, daß die α-Untereinheit der Kern-Mutante N9-84 nicht über eine derartige Aminosäuresequenz verfügt.

Für die cytoplasmatisch synthetisierte ß-Untereinheit der F_1-ATPase codiert das ATP2-Gen in <u>Saccharomyces</u> <u>cerevisiae</u>. In Eintransportexperimenten mit Chimären, die aus verschiedenen Sequenzabschnitten des ß-Untereinheit-Precursors aus <u>Saccharomyces</u> <u>cerevisiae</u> und der ß-Galactosidase aus <u>E.coli</u> konstruiert worden waren, konnten Emr et al. (1986)

die Notwendigkeit der Transit-Sequenz nachweisen (Abb. 18). Von diesem Sequenzabschnitt am aminoterminalen Ende des Precursors werden seine Lokalisierung im Mitochondrium, sein Processing und seine Assemblierung in unterschiedlicher Weise beeinflußt (Vassarotti et al. 1987). Deletionen im Bereich der 10. bis 36. Position des ATP2 haben in vivo keinen Einfluß auf den Eintransport und die Assemblierung in den funktionsfähigen ATPase-F_1-Komplex. Jedoch werden die Precursor-Proteine der ß-Untereinheit nicht eintransportiert, wenn sie im Bereich der ersten 10 Aminosäuren Fehlstellen im Vergleich zum Wildtyp besitzen. Das bedeutet, daß für den Eintransport des ß-Untereinheit-Precursors die erste Hälfte seiner Transit-Sequenz von Bedeutung ist. Für den Eintransport des ß-Untereinheit-Precursors in vivo ist dieser Bereich der Transit-Sequenz zwar notwendig, aber nicht hinreichend. Ohta und Schatz (1984) konnten zeigen, daß hochgereinigter Precursor dieser Untereinheit in isolierte Mitochondrien von Saccharomyces cerevisiae nur dann eintransportiert wird, wenn ein cytoplasmatischer Extrakt aus Saccharomyces cerevisiae oder Retikulozyten zugesetzt wird. Als essentiell wurde aus diesem Extrakt ein (Protein-)Faktor mit einem Molekulargewicht von etwa 40000 identifiziert, der nicht dialysiert werden kann und sensibel gegenüber Trypsin ist. Bei diesem Faktor kann es sich aber auch um eine niedermolekulare Komponente handeln, die mit Proteinen assoziiert ist, die selbst in bezug auf den Eintransport keine Funktion haben. Es sei hier auf die zuvor behandelten RNA-Protein-Komplexe verwiesen (Firgaira et al. 1984). Hierzu rechnen wohl auch die proteingebundenen Guanin-Nucleotide, die den Eintransport von Mitochondrienproteinen stimulieren sollen (Ohashi und Schatz 1980).

Das Processing des ß-Untereinheit-Precursors erfolgt nach dem Eintransport in die Mitochondrien (Abb. 15) durch die in der Matrix lokalisierten Endoprotease zwischen den Aminosäuren Lysin und Glycin in der Position 19 bzw. 20 (Vasarotti et al. 1987). Damit die Endoprotease diese Schnittstelle erkennt, darf der Abschnitt der Aminosäuresequenz des ß-Untereinheit-Precursors, der distal etwa 17 Aminosäuren von der Schnittstelle entfernt ist, keine Deletionen aufweisen. Anderenfalls werden solche veränderten Precursor-Proteine in die Mitochondrien eintransportiert und in den Holokomplex assembliert, ohne daß ihre Transit-Sequenz abgespalten wird. Es kann davon ausgegangen werden, daß der Sequenzbereich um die 37. Position zur Ausbildung einer Sekundärstruktur des Precursors beiträgt, die erst die richtige Assoziation mit der Endoprotease und damit das Processing ermöglicht. Die solchermaßen veränderte ß-Untereinheiten enthaltenden F_1-Komplexe der ATPase zeigen eine

geringere ATPase-Aktivität als der Wild-Typ von <u>Saccharomyces</u> <u>cerevi-</u>
<u>siae</u>.

Vom F_o-Teil der ATPase der Mitochondrien wurde bislang vor allem Synthese, Eintransport und Assemblierung der Untereinheit 9 (= Proteolipid) untersucht (Schmidt et al. 1983, 1984; Gay und Walker 1985). Der
Precursor der kern-codierten Untereinheit 9 (preSu9) der ATPase von
<u>Neurospora</u> <u>crassa</u> durchläuft nach seinem Eintransport in die Mitochon-
drien ein 2-Stufen-Processing (Abb. 59). Das processierende Enzym ist
in beiden Fällen die in der Matrix lokalisierte Endoprotease. Das be-

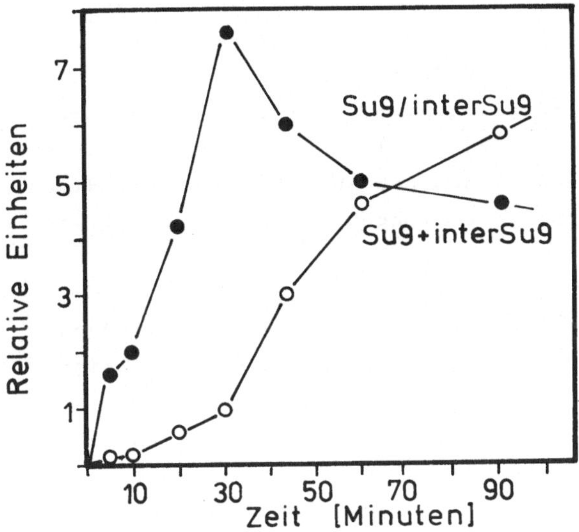

Abb. 59. Zeitlicher Verlauf des 2-Stufen-Processing des Precursors für
die Untereinheit 9 der ATPase aus <u>Neurospora</u> <u>crassa</u>. Auswertung der au-
toradiographischen Schwärzung.(Verändert nach Schmidt et al. 1984)

deutet, daß der preSu9 nacheinander die abzuspaltenden Sequenzbereiche
matrixseitig exponieren muß. Lageveränderungen des preSu9, des interSu9
und der Untereinheit 9 innerhalb der inneren Mitochondrienmembran sind
daher notwendig, da bekannt ist, daß der aminoterminale Bereich der Untereinheit 9 zum Intermembranraum hin ausgerichtet ist (Schneider und
Altendorf 1984). Die Struktur der beiden Processing-Stellen ist gleich
und entspricht außerdem der des Precursors der Cytochrom-c-Peroxidase.
Die Mechanismen für den Eintransport und das Processing des preSu9 können offensichtlich generalisiert werden, da der preSu9 auch von iso-

lierten Mitochondrien aus <u>Saccharomyces</u> <u>cerevisiae</u> eintransportiert, processiert und assembliert wird (Schmidt et al. 1983), obwohl bei diesem Organismus die Untereinheit 9 in der mtDNA codiert ist und er also des Eintransportes des preSu9 in vivo nicht bedarf.

Ähnlich wie bei den Chloroplastenproteinen im Kern eine Multigen-Familie für das LHCII-Apoprotein vorhanden ist, so kann im Fall der Mitochondrienproteine die Kern-DNA mehrere Gene für die Untereinheit 9 des F_o-Teils der ATPase enthalten. Gay und Walker (1985) konnten in tierischer Kern-DNA zwei Gene für zwei verschiedene preSu9 nachweisen, deren Sequenz translatiert insgesamt 144 (P2) bzw. 137 (P1) Aminosäuren umfaßt. Die Sequenzen beider Precursor-Proteine sind im Bereich des 'reifen' Proteins vollkommen identisch. Sie zeigen nur Unterschiede bzw. eine Fehlstelle von 7 Aminosäuren in der Transit-Sequenz. Die Expression von P1 und P2 erfolgt gewebespezifisch.Und zwar ist in Rinderleber das Verhältnis der Transkripte von P1 zu P2 1:3 und im Gewebe vom Rinderherz 1:1. Über die physiologische Bedeutung und die Steuerung dieser differentiellen Genexpression kann zur Zeit noch nichts ausgesagt werden.

Obwohl nicht zum respiratorischen Apparat gehörend soll abschließend noch der Eintransportmodus der Porine in die äußere Mitochondrienmembran als weitere Variante der Proteintranslokation erwähnt werden. Für die Insertion dieser Porine von 31 kda bei <u>Neurospora</u> <u>crassa</u> und 29 kda bei <u>Saccharomyces</u> <u>cerevisiae</u> in die äußere Mitochondrienmembran ist ebenso wie für die des Cytochrom c keine energetisierte Membran nötig und es findet kein Processing statt (Freitag et al. 1982; Hennig und Neupert 1981).

2.7.2.2. <u>Eintransport und Processing mitochondrialer Matrixproteine</u>

Die in der Matrix lokalisierten Mitochondrienproteine sind nach dem heutigen Kenntnisstand alle Kern-codiert. Ihr Eintransport erfolgt nach dem generellen Schema (Abb. 15) mit einem Processing-Schritt durch die Matrix-Endoprotease. Die im Folgenden als Beispiel für diese Proteingruppe behandelten Enzyme (Tabelle 14) umfassen auch solche, die lose mit der inneren Mitochondrienmembran verbunden sind. So soll auch das P-450(SCC) hier mit aufgeführt werden. Mitochondrien aus dem Cortexgewebe der Nebenniere von Rindern nehmen diesen Precursor des Cytochrom P-450 unabhängig vom nachfolgenden Processing auf. Der Precursor oder das processierte Protein wird mit seinem aminoterminalen Ende der inneren Mitochondrienmembran assoziiert und mit einer Haem-Gruppe assembliert (Ou et al. 1986). In dieser Position katalysiert das Cytochrom P-450 im Zuge der Steroidsynthese die Abspaltung der Seitenketten vom Cholesterol.

Tabelle 14. Molekulargewicht des Precursors und des processierten Proteins einiger mitochondrialer Matrixproteine

Protein	Molekulargewicht (kda)		Organismus
	Precursor	processiertes Protein	
Acyl-CoA-Dehydrogenase			
short chain	45	41	Ratte
medium chain	49	45	Ratte
long chain	48	45	Ratte
Isovaleryl-Typ	45	43	Ratte
Acetylglutamat-Kinase	89	51	Neurospora
Acetylglutamyl-Phosphat-Reduktase		40	Neurospora
Aspartat-Aminotransferase	47	44,5	Huhn
Carbamyl-Phosphatsynthetase	165	160	Ratte
Cytochrom P-450		55	Rind
Fumarase	50	45	Ratte
Ornithin-Aminotransferase	49	43	Ratte
Ornithin-Transcarbamylase	39-43	36-38	Ratte
	39,5	37	Maus

Die Ornithin-Transcarbamylase (OTC) ist ein mitochondriales Matrixenzym, das am Harnstoff-Stoffwechsel beteiligt ist und dessen Fehlen oder verminderte Aktivität einer der hauptsächlichsten Ursachen für eine vererbbare Unfähigkeit des Organismus ist, Ammonium umzusetzen. Kodama et al. (1986) konnten nachweisen, daß die OTC-Aktivität und die OTC-Menge in den Mitochondrien von zwei Patienten mit OTC-Defekt auf 5% des Normalwertes abgesunken war. Dieses Defizit war einerseits auf eine stark verminderte Transkription des OTC-Gens zurückzuführen (dessen Ursache noch nicht aufgeklärt ist) und wurde andererseits durch die Translation eines kürzeren OTC-Precursors hervorgerufen, der in vitro nicht von isolierten Mitochondrien aus der Ratte eintransportiert werden konnte und sehr schnell abgebaut wurde.

Der menschliche OTC-Precursor von 40 kda wird im Cytoplasma synthetisiert und besitzt eine 32 Aminosäuren umfassende Transit-Sequenz (Horwich et al. 1986; Horwich et al. 1987). Nach dem Eintransport und dem
Processing assembliert das entstandene 36 kda-Protein zu einem Trimer,
der funktionsfähigen OTC (Kalousek et al. 1984). Im Gegensatz dazu ist
in Saccharomyces cerevisiae die OTC ein cytosolisches Enzym, das nie
eine Transit-Sequenz enthält. Trotzdem können Saccharomyces-Mitochon-
drien den menschlichen OTC-Precursor eintransportieren und processieren
(Cheng et al. 1987). Dies weist auf die evolutionäre Bewahrung von generellen Eintransportmechanismen in den Mitochondrien unterschiedlicher
Spezies hin. Für den homologen wie auch für den heterologen Eintransport des OTC-Precursors muß in den Positionen -18, -10 und -7 in der
Transit-Sequenz jeweils die Aminosäure Arginin vorhanden sein (Horwich
et al. 1985). Ein Austausch gegen Glycin verhindert sowohl in vitro
den Eintransport in die Mitochondrien von Saccharomyces cerevisiae
und in menschliche Mitochondrien als auch in vitro das Processing des
OTC-Precursors mit isolierter chelat-sensibler Endoprotease.

Der Eintransport des OTC-Precursors hängt zusätzlich vom Vorhandensein
eines cytoplasmatischen Faktors ab (Argan et al. 1983; Argan und Shore
1985; Sheffield et al. 1986) und gleicht darin dem Eintransport der
ß-Untereinheit der ATPase. Dieser Import-Faktor soll den OTC-Precursor
binden, so daß ein 5S Komplex (von etwa 90 kda) entsteht, der in dieser Form den Eintransport des Precursors in die Mitochondrien ermöglicht. Dieser Komplex kann nicht durch RNAse angegriffen werden. Die
der Bindung an die Mitochondrienmembran nachfolgende Translokation des
Precursors in das Organell hinein ist unabhängig von der Anwesenheit
des Import-Faktors (Argan und Shore 1985). Wird der OTC-Precursor in
vitro in einem gekoppelten Transkription-Translation-Ansatz mit Hilfe
von cDNA, einem geeigneten Plasmid und einem E.coli-S30-Extrakt synthetisiert, so wird dieser im bakteriellen System erzeugte Precursor
ohne Zusatz von cytoplasmatischen Faktoren aus eukaryotischen Zellen
in isolierte Mitochondrien aus der Rattenleber eintransportiert und
processiert (Sheffield et al. 1986). Das bedeutet, daß der sogenannte
Import-Faktor (oder ihm äquivalente Komponenten) in Bakterien und in
eukaryotischen Zellen vorhanden sein muß.

Über den Eintransport kann zusätzlich eine offensichtlich gewebespezifische Ausbildung der Eintransporteigenschaften der Mitochondrien entscheiden. Zum Beispiel können Mitochondrien aus Tumorzellen und aus
Zellen aller Gewebearten der Maus mit Ausnahme der Leberzellen den

Precursor der Carbamyl-Phosphat-Synthase I (CPS) nicht eintransportieren (Bhat und Avadhani 1985). Es wird angenommen, daß die notwendigen
Bindungsstellen der Mitochondrienmembran in den Lebermitochondrien nicht
vorhanden oder nicht zugänglich sind.

Eine Assemblierung der processierten Precursor-Proteine zum Holoenzym
in Form von Polymer-Komplexen zeigt sich für etliche mitochondriale Ma-
trixenzyme. So ist der Precursor der CPS nicht enzymatisch aktiv. Dies
wird erst nach Processierung und Dimer-Assemblierung erreicht. Ebenso
besteht die funktionsfähige Aspartat-Aminotransferase in der Matrix der
Mitochondrien aus einem Dimer mit einem Molekulargewicht von 2 x 45000
(Behra und Christen 1986) und die Ornithin-Transcarbamylase aus einem
Trimer. Unter geeigneten physiologischen Bedingungen kommt es aber auch
zur Polymer-Komplexierung der Precursor-Proteine im Cytoplasma. Diese
Polymer-Komplexe erreichen Molekulargewichte von 300000 bis 500000 und
wurden für die Precursor-Proteine der Aspartat-Aminotransferase aus Hüh-
nerherzen (Behra und Christen 1986), der ß-Untereinheit der ATPase von
Saccharomyces cerevisiae (Hay et al. 1984), der Ornithin-Transcarbamylase aus Rattenleber (Miura et al. 1981), des ATP/ADP-Carriers aus Neurospora (Maccecchini et al. 1979) und des Adeninnucleotid-Carriers aus
Rattenleber (Chien und Freeman 1983) beschrieben.

Treten Isoenzyme im Cytoplasma und in den Mitochondrien auf, so können
diese eine mehr oder weniger identische Struktur und ihre Untereinheiten große Homologien in der Aminosäuresequenz besitzen. In dieser Weise sind die cytoplasmatische und die mitochondriale Fumarase aus dem
Gewebe der Rattenleber aufgrund ihrer Aminosäurezusammensetzung sowie
der immunologischen und katalytischen Eigenschaften weitgehend identisch. Für beide Isoenzyme konnten Ono et al. (1985) dennoch eigene
Transkripte nachweisen. Ähnliches gilt für die Isoenzyme der Aspartat-
Aminotransferase (Behra und Christen 1986).

Eine gänzlich andere Situation liegt bei vier mitochondrialen Acyl-CoA-
Dehydrogenasen aus der Rattenleber vor (Ikeda et al. 1987). Diese vier
Flavoproteine, die unter anderem in der mitochondrialen Matrix von
ihrem jeweiligen spezifischen Substrat ein Elektronenpaar auf EFT übertragen, das wiederum diese Elektronen über die EFT-Dehydrogenase an der
inneren Mitochondrienmembran in die Elektronentransportkette der Atmungskette einschleust (Crane und Beinert 1956; Ruzicka und Beinert
1977), weisen zwar ausgeprägte Homologien in ihrer Aminosäuresequenz,
ihrer Funktion und ihren physikalischen Eigenschaften auf, sind aber

nicht immonulogisch identisch und haben alle vier verschiedene
Transit-Sequenzen für den Eintransport in die Mitochondrien. Allen
vier Enzymen gemeinsam ist wiederum die tetramere Form des Holokomplexes, wie er zuvor schon für andere Enzyme beschrieben worden ist.
Interessanterweise wird für den Processing-Schritt der vier Precursor-
Proteine nur eine Zeit von 3 bis 5 Minuten angegeben, während der pro-
teolytische Abbau der Precursor-Proteine in Anwesenheit von Dinitro-
phenol für die long-chain-Form eine Halbwertszeit von mehr als 4 Stunden und für die drei anderen Formen von 1 bis 2 Stunden hat.

Zum Abschluß dieses Kapitels soll auf die Besonderheit der Etablierung
der Acetylglutamat-Kinase und der Acetylglutamyl-Phosphat-Reduktase in
Mitochondrien von Neurospora crassa eingegangen werden. Diese beiden
Enzyme sind im arg-6-Gen von Neurospora codiert. Die Beobachtungen, daß
einerseits Mutationen innerhalb dieses Gens zum Verlust beider Enzyme
führen (Davis und Weiss 1983) und daß andererseits die beiden Enzyme
tatsächlich als zwei verschiedene Proteine aus den Neurospora-Mitochondrien isoliert werden können (Wandinger-Ness et al. 1985), haben
vermuten lassen, daß die Acetylglutamat-Kinase (AGK) und die Acetylglutamyl-Phosphat-Reduktase (AGPK) zunächst als ein einziger Precursor
synthetisiert werden. Wandinger-Ness und Weiss (1987) konnten in vitro
und in vivo solch einen Precursor isolieren, der die Aminosäuresequenzen der AGK am proximalen und der AGPK am distalen Ende enthält. In den
Eintransportcharakteristika (schnelle Translokation und schnelles Processing in vivo in Abhängigkeit von einer energetisierten inneren Mitochondrienmembran und ATP) gleicht dieser ungewöhnliche bifunktionale
Precursor den bekannten Vorstufen mitochondrialer Proteine.

2.8.   REGULATION DER CHLOROPLASTEN- UND DER MITOCHONDRIENONTOGENESE
DURCH EXTERNE FAKTOREN UND INTERNE ADAPTATION

Die molekulare Grundlage der Differenzierung von bestimmten Chloropla-
sten- oder Mitochondrienstrukturen ist im Einzelfall bereits gut untersucht und weitgehend aufgeklärt. Der Wirkungsmechanismus, der diese Dif-
ferenzierungsabläufe veranlaßt und steuert, ist aber nur teilweise bekannt. Dies ist nicht verwunderlich, wenn man bedenkt, von wie vielen
externen Faktoren das zelluläre Geschehen stimuliert werden kann und
wie sich die zelluläre Ausstattung an diese Umwelteinflüsse optimal
adaptiert. Die Aufklärung des Einflusses einzelner externer Faktoren
auf die Differenzierungsvorgänge der eukaryotischen Zelle wird dadurch
erschwert, daß gleichzeitig syn- und antagonistisch wirkende, externe
Faktoren verschiedener Art zum Einsatz kommen können, der Differenzie-
rungszustand des Organismus aber gleichsam nur seine Antwort auf die
'Summe' dieser Faktoren repräsentiert. Diese Komplexität der externen
Einflußnahme auf die Ontogenese von Mitochondrien und Chloroplasten,
das dadurch bedingte Wechselspiel zwischen Nucleocytoplasma und diesen
Organellen und ihre Adaptation soll an einigen Beispielen gezeigt werden.

Die Induktion der nucleären Genexpression für verschiedene Chloroplastenproteine oder die Steigerung ihrer Expressionsrate über das Phytochromsystem ist hinlänglich beschrieben worden (siehe 2.6.2.). Weniger
bekannt ist, daß auch die Mitochondrienontogenese im bezug auf ihre
Kern-codierten Proteine zum Teil über das Phytochromsystem gesteuert
wird. In den Keimblättern von ergrünenden Sinapis alba-Keimlingen ist
eine Phytochrom-gesteuerte Entwicklungsperiode mit hoher respiratori-
scher Aktivität nachgewiesen (Hock und Mohr 1964; Weischet 1971). Insbesondere die Aktivität der Cytochrom-c-Oxidase, der Succinat-Dehydro-
genase und der Fumarase wird durch eine vermehrte cytoplasmatische Translation dieser Enzymproteine gesteigert. Diese gesteigerte cytoplasmatische Proteinsynthese wird über das Phytochromsystem in differentieller
Weise gesteuert (Bajracharya et al. 1976). Damit korreliert die Zunahme der Schwebedichte der Mitochondrien und die vermehrte Ausbildung von
Tubuli durch die innere Mitochondrienmembran. Auch diese strukturellen
Veränderungen in den Mitochondrien laufen nur in Abhängigkeit von einem

aktiven Phytochromsystem ab. Während Licht beim Ergrünen von etiolierten Pflanzen über das Phytochromsystem großen Einfluß auf die Steuerung
der nucleären Genxpression hat, ist seine Wirkung auf die plastidäre
Transkription von untergeordneter Bedeutung. Die Transkriptionsaktivität des Plastoms nimmt bei Belichtung generell zu und vermindert sich
wieder während der Blattentwicklung. Diese Modulation der Transkriptionsaktivität betrifft die meisten plastidären Gene simultan in gleicher Weise (Tabelle 15)(Deng und Gruissem 1987). Allerdings verändert
sich die Menge an verfügbarer mRNA der einzelnen plastidären Gene in
Abhängigkeit von den physiologischen Bedingungen in dramatischer Weise.

Tabelle 15. Relative Transkriptionsaktivität verschiedener plastidärer
Gene während der Entwicklung von Keimlingen von Spinacia oleracea. Als
Bezug wurde die Transkriptionsrate von rbcL gewählt.(verändert nach
Deng und Gruissem 1987)

Entwicklungs-stadium	Plastidäre Gene								
	rrn	rpl2	psbA	rbcL	atpB	psaA	psbB	petB	petD
Kotyledonen									
etioliert	5,00		1,60	1,00	0,40	0,74	0,20	0,20	0,30
ergrünt (24Std.)	3,19	0,59	1,50	1,00	0,20	0,50	0,18	0,18	0,20
Blätter									
jung	4,56	0,55	1,51	1,00	0,19	0,56	0,27	0,31	0,33
ausdifferenziert	3,67	0,73	1,32	1,00	0,19	1,00	0,36	0,30	0,31

Die Chloroplastendifferenzierung wird somit im Organell selbst vor allem
auf der post-transkriptionalen Ebene reguliert. (Siehe N8)

Unter bestimmten physiologischen Bedingungen sind die Chloroplasten zum
Beispiel als Organellen der CO_2-Fixierung und Energiegewinnung oder die
Mitochondrien zum Beispiel als Organellen der Energiegewinnung für das
Überleben der eukaryotischen Zelle in seiner Gesamtheit lebensnotwendig.
Eine Veränderung der verfügbaren Kohlenstoffquelle kann jedoch die Funk-
tion dieser Organellen nahezu überflüssig machen. In der Tat ist bei
Zusatz von organischen Kohlenstoffquellen vielfach eine Umschaltung in
der Ontogenese der Chloroplasten und der Mitochondrien festzustellen.
Lustig et al. (1982a, 1982b) haben in diesem Sinne die Auswirkungen der
katabolischen Repression und Derepression auf die Menge an verfügbarer
mRNA für die cytoplasmatisch synthetisierten Untereinheiten der Cyto-

chrom-c-Oxidase und für eine cytoplasmatisch synthetisierte Untereinheit der mitochondrialen RNA-Polymerase von <u>Saccharomyces cerevisiae</u> untersucht. In Gegenwart von hohen intrazellulären Glucose-Konzentrationen ist die Menge an Transkripten für die genannten Untereinheiten gering. Sie steigt jedoch sehr schnell an, wenn die Glucose den Hefezellen wieder entzogen wird und damit die Notwendigkeit einer effizienten Atmungsaktivität wieder besteht. Interessanterweise zeigt die Synthese der Untereinheiten der Cytochrom-c-Oxidase dieselbe Kinetik wie die Synthese der RNA-Polymerase-Untereinheit. Dies läßt auf Mechanismen in der Hefezelle schließen, die im Bedarfsfall sicherstellen, daß die mitochondriale Transkription in koordinierter Weise mit der cytoplasmatischen Transkription in ihrer Syntheserate gesteigert wird.

In Chloroplasten kann eine zugesetzte organische Kohlenstoffquelle auf verschiedenen Ebenen in die Ontogenese dieser Organellen eingreifen. Beim Ergrünen von etiolierter <u>Euglena gracilis</u> ist die Bildung der Ribulose-1,5-bisphosphatcarboxylase abhängig von der Degradation des Paramylon (Freyssinet et al. 1984). Wird während des Ergrünungsvorgangs Äthanol zugesetzt, so unterbleibt weitgehend sowohl der Paramylonabbau als auch die Ribulose-1,5-bisphosphatcarboxylase-Neusynthese. Daraus wird geschlossen, daß das Äthanol die Rubisco-Synthese dadurch verhindert, daß in seiner Anwesenheit der Paramylonabbau sistiert und damit der Pool an daraus herrührenden Metaboliten für die Rubisco-Synthese auf unzureichende Reste zurückgeht.

Ähnlich wie in dem oben geschilderten Fall der durch organische Kohlenstoffquellen veränderten Mitochondrienontogenese in <u>Saccharomyces cerevisiae</u> wirkt Acetat in verschiedenen Organismen auf die Chloroplastenontogenese auf transkriptionaler Ebene ein. Goldschmidt-Clermont und Rahire (1986) konnten zeigen, daß in <u>Chlamydomonas reinhardii</u> die kerncodierte kleine Untereinheit der Rubisco in einer Multigen-Familie vorliegt. Insbesondere zwei SSU-Gene wurden charakterisiert, deren Translationsprodukte sich in nur vier Aminosäuren unterscheiden. Das Verhältnis der Transkriptmengen der beiden SSU-Gene rbcS1 und rbcS2 hängt von den Kulturbedingungen dieser <u>Chlorophyceae</u> ab. In einem Acetat-Medium wird in <u>Chlamydomonas reinhardii</u> im Licht in stärkerem Maße rbcS1 transkribiert. Bei Entzug des Acetat sind die Transkript-Mengen von rbcS1 dagegen nur äußerst gering im Vergleich mit denen von rbcS2. Die physiologische Bedeutung dieser durch Acetat bedingten differentiellen Genexpression von kern-codierten Chloroplastenproteinen ist noch ungeklärt. Im Falle von <u>Chlamydobotrys stellata</u> jedoch ist die Wirkungsweise des Acetat auf transkriptionaler Ebene aufgeklärt und die physiologische Bedeutung dieser acetatgesteuerten Chloroplastenmodifikation für die einzellige Alge ersichtlich (Brandt et al. 1982, 1983; Brandt und Wießner 1984; Kohnke et al. 1987). Unter photoautotrophen Kulturbedingungen mit CO_2 als Kohlenstoffquelle hat Chlamydobotrys stellata ein 'normales' Photosynthesesystem mit einem Photosystem I und einem Photosystem II, die durch den nicht-zyklischen Elektronentransport miteinander verbunden sind. Beim Wechsel von photoautotrophen auf photoheterotrophe Kulturbedingungen mit Acetat als alleiniger Kohlenstoffquelle wird innerhalb von 6 Stunden in Chlamydobotrys stellata das PSI vom PSII abgekoppelt und findet nur noch zyklischer Elektronentransport statt. Diese Wandlung des Funktionsablaufes in den Chlamydobotrys-Chloroplasten zeigt sich strukturell an einer Abnahme der gestackten Bereiche im Thylakoidsystem. Auf molekularer Ebene sinkt der zelluläre Gehalt an LHCII. Statt dessen wird ein neuer 'Light-harvesting' Chlorophyll-Protein-Komplex LHCPa synthetisiert, der im Gegensatz zum LHCII nur Chlorophyll a enthält und funktionell ausschließlich dem PSI zugeordnet ist. Das LHCPa wird beim Wechsel von CO_2 auf Acetat als Kohlenstoffquelle de novo synthetisiert und ist kein Umbauprodukt aus dem LHCII. Dies wird auch dadurch gezeigt, daß bei Zugabe von Acetat zum Kulturmedium die Synthese einer LHCPa-spezifischen mRNA im Kern induziert wird. Die Synthese der LHCII-spezifischen mRNA wird zwar unter diesen Umständen aufrecht erhalten, die Menge des Translationsproduktes sinkt jedoch ab. Das bedeutet, daß die Bildung des LHCII post-transkriptional und die des LHCPa transkriptional gesteuert wird. Die physiologische Bedeutung des LHCPa besteht in der Vergrößerung des Antennensystems des PSI, das in dieser Alge unter photoheterotrophen Bedingungen zur Bereitstellung von ATP via zyklischen Elektronentransport notwendig ist. Zur Zeit ist noch nicht geklärt, ob das Gen für das LHCII und das Gen für das LHCPa ebenfalls zu einer Multigen-Familie von LHC-Apoproteinen im Kern gehört, deren differentielle Expression in Analogie zu der SSU-Multigen-Familie in Chlamydomonas reinhardii (Goldschmidt und Rahire 1986) vom Acetat direkt oder indirekt gesteuert wird.

Diese regulatorischen Eingriffe durch organische Kohlenstoffquellen in den Differenzierungsablauf der Chloroplasten sind auch für andere Organismen beschrieben worden. So vermindert Acetat in Chlorogonium elongatum die Bildung von Rubisco dadurch, daß die verfügbare Menge an Transkripten für die LSU und SSU abgesenkt wird (Boege et al. 1981; Westhoff et al. 1981). In Euglena gracilis bewirkt Glucose-Zugabe ein

Absinken des Gehaltes an Chlorophyll-Protein-Komplexen, insbesondere
des LHCII (Koll et al. 1980; Schuler et al. 1981).

Die schnelle Anpassung der Organellen-Ausstattung und -Funktion an veränderte physiologische Bedingungen vor allem durch veränderte Genexpression ist eine Gemeinsamkeit bei den Differenzierungsvorgängen in Chloroplasten bzw. Mitochondrien und in Prokaryoten. So bewirkt zum Beispiel Sauerstoff beim Wechsel von anaeroben zu aeroben Bedingungen in
Rhodobacter capsulatus ein Absinken der Transkriptmenge für die 'Light-
harvesting' Chlorophyll-Protein-Komplexe und die Reaktionszentren (Zhu
et al. 1986). Diese Adaptierungsvorgänge können bei Chloroplasten im
Einzelfall dazu führen, daß der koordinierte Zusammenhalt zwischen diesen Organellen und dem eukaryotischen 'Wirt' von zusätzlichen externen
Faktoren gestört werden kann, wenn die Chloroplasten in Größe und innerer Struktur stark zurückgebildet und in der augenblicklichen physiologischen Lage für das Überleben der eukaryotischen Zelle von minderer
Bedeutung sind. So bewirkt die Kombination von Glucose-Zusatz, Dauerbe-
lichtung und Erhöhung der Kultivierungstemperatur von 27°C auf 35°C die
irreversible Eliminierung der Chloroplasten aus Euglena gracilis (Brandt
und Wießner 1977). Allerdings müssen sich die Euglena-Zellen in einem
kompetenten physiologischen Zustand für dieses Hitze-Bleaching befinden. Dieser liegt bei autotroph synchronisierten Euglena-Zellen zur 6.
Stunde des Zellzyklus vor (Brandt 1976). (Die Bedeutung der Kompetenz
für die Wirkungsweise externer Faktoren wird später in anderem Zusammenhang noch eräutert werden.) In den meisten anderen Organismen ist
jedoch die Wirkungsweise der höheren Temperatur nicht so drastisch wie
in Euglena gracilis. So sinkt bei höheren, sublethalen Temperaturen von
33° bis 40°C die Syntheserate der LSU und der SSU der Rubisco in Glycine max ab (Vierling und Key 1985). Während die verminderte Translationsrate der SSU im Cytoplasma mit der geringen Transkriptionsrate
der SSU-mRNA im Kern korreliert, bleibt die plastidäre Transkriptionsrate für die LSU von der höheren Temperatur offensichtlich unbeein-
flußt. Höhere, sublethale Temperaturen verhindern aber nicht nur die
Chloroplastenontogenese, sondern können ihren Verlauf auch entscheidend modifizieren. In Glycine max, Pisum sativum, Nicotiana tabacum und
Zea mays wird bei höherer Temperatur zusätzlich die Synthese einer Anzahl von kern-codierten Chloroplastenproteinen auf der Ebene der Genexpression induziert (Meyer und Kloppstech 1986; Restivo et al. 1986;
Vierling et al. 1986). Das Molekulargewicht dieser sogenannten 'Heat-
Shock'-Proteine (HSP) liegt im Bereich von 21 bis 27 kda. In Chloroplasten von Chlamydomonas reinhardii und von Pisum sativum konnten

Kloppstech et al. (1985) ein Kern-codiertes HSP von 22 kda nachweisen, das in die Thylakoide integriert ist. Es wird vermutet, daß diese HSPs, wenn sie einmal induziert worden sind, das Überleben der Pflanzen am natürlichen Standort unter Hitze-Streß-Bedingungen sicherstellen. Ebenso sind niedrige Kultivierungstemperaturen nicht ohne Einfluß auf die Zusammensetzung des Thylakoidsystems. In den Chloroplasten von Secale cereale nimmt die Menge an Trans-16:1-Säuren im Phosphatidyldiacylglycerin und das Verhältnis des LHCII-Monomers zu seinen Oligomeren ($LHCII_1:LHCII_3$) bei Temperaturen von etwa 5°C merklich ab (Huner et al. 1987). Die Autoren konnten auch zeigen, daß keine Veränderung im Verhältnis vom Proteingehalt zum Lipidgehalt in den Chloroplastenmembranen durch niedrige Temperaturen herbeigeführt wird. Dies steht im Gegensatz zu der vielfach vermuteten Erhöhung des Lipidgehalts bei niedrigen Temperaturen, die zum Erhalt der Fluidität der Thylakoidmembran notwendig sein soll.

Die Phosphorylierung von Chloroplasten- und Mitochondrienproteinen ist eine der hauptsächlichen post-translationalen Regulationsmechanismen. Zum Teil wird für die Aktivität der Rezeptoren am Envelope der beiden Organell-Typen eine Phosphorylierung durch cytoplasmatische Proteinkinasen vermutet. Tatsächlich nachgewiesen ist die Phosphorylierung von Proteinen in den Chloroplasten von Funaria hygrometrica (Kaul et al. 1986), von Spinacia oleracea (Soll und Buchanan 1983; Lucero et al. 1982; Kaul et al. 1986), von Pisum sativum (Bennett 1977) und von Zea mays (Ashton und Hatch 1983; Foyer 1984). Durch Phosphorylierung von Chloroplastenproteinen wird eine Vielzahl an Adaptationsvorgängen in den Chloroplasten an Lichtintensitäten und/oder Lichtqualitäten erreicht. Zum Beispiel wird die Assemblierung des Rubisco-Holoenzyms durch Phosphorylierung seiner kleinen Untereinheiten erreicht und damit das Holoenzym aktiviert (Kaul et al. 1986). Damit ist die lichtabhängige Phosphorylierung mit der CO_2-Fixierung indirekt gekoppelt. Ebenso wird die Phosphorylierung des LHCII und damit seine funktionelle Zugehörigkeit zum PSI lichtabhängig über den Redoxzustand des Plastochinonpools gesteuert (Staehelin und Arntzen 1983; Deng und Melis 1986). Im Zellzyklus von Euglena gracilis wird mit diesem Mechanismus der Phosphorylierung und Dephosphorylierung des LHCII ein kompensatorischer Ausgleich in der Lichtabsorption von PSI und PSII geschaffen (Brandt et al. 1987).

Für diese Phosphorylierung/Dephosphorylierung des LHCII in Euglena gracilis ist nicht nur die eingestrahlte Lichtintensität/qualität maßgebend,

sondern auch in besonderem Maße der physiologische Entwicklungszustand
der Algenzellen. Die Kompetenz zur LHCII-Phosphorylierung haben sie nämlich nur von der 6. bis zur 10. Stunde des Zellzyklus (Winter und Brandt
1986). Dies ist der Zeitraum, wo neues LHCII in den Euglena-Chloropla-
sten assembliert wird (Brandt und von Kessel 1983). Diese Frage nach
der Kompetenz des Organismus für bestimmte externe Faktoren ist nicht
in allen Fällen eindeutig zu klären. Es kann zum Beispiel die Synthese
der NADP-abhängigen Glycerinaldehydphosphat-Dehydrogenase selbst zeit-

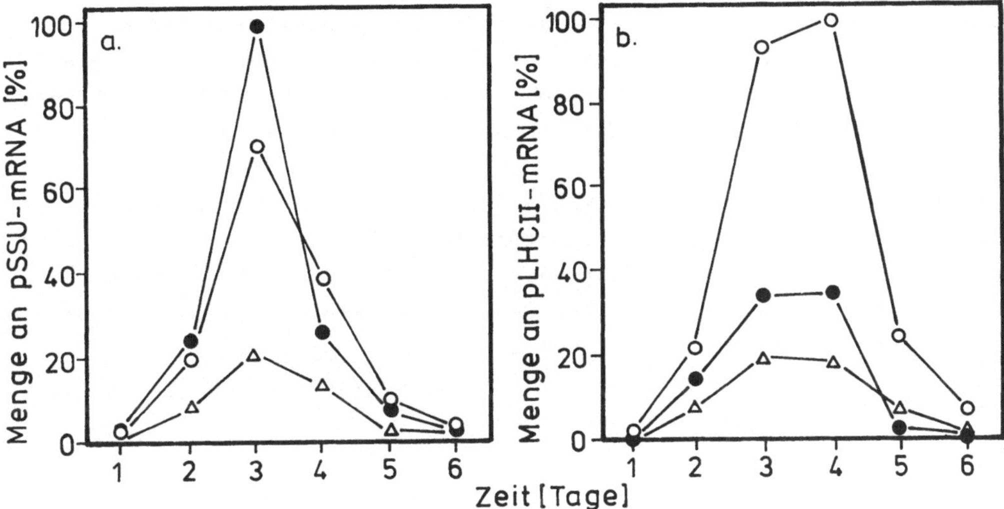

Abb. 60. Zeitliche Änderung der Menge an translatierbarer mRNA für den
Precursor der SSU der Rubisco (a) und für den Precursor des LHCII-Apoproteins (b) in Sinapis alba nach der Aussaat. Δ = im Dunkeln, O = im
Rotlicht, ● = im langwelligen Rotlicht. (Verändert nach Schmidt et al.
1987)

lich nicht von der möglichen Stimulation dieser Proteinsynthese über
das Phytochromsystem getrennt werden (Oelmüller und Mohr 1984). Anders
sieht es mit der Synthese der mRNA für die SSU der Rubisco und für das
LHCII-Apoprotein aus (Abb. 60)(Schmidt et al. 1987). Die Kompetenz zur
Stimulation der Expression der beiden entsprechenden Gene durch Licht
über das Phytochromsystem ist deutlich abhängig vom Entwicklungsstand
von Sinapis alba, wobei die maximale Kompetenz für das SSU-Gen 24 Stunden eher erreicht ist als für das LHCII-Apoprotein-Gen. Der intrazelluläre Mechanismus zum Erreichen dieser Phytochrom-sensiblen Kompetenz
ist unbekannt. Es wird teils eine Methylierung der DNA in Erwägung gezogen (Kolata 1985), die die Gene in eine ablesbare Konformation brin-

gen soll, und teils wird ein 'plastidärer Faktor' postuliert (Oelmüller und Mohr 1986; Oelmüller et al. 1986), der die unentbehrliche Voraussetzung für die Expression der SSU- und der LHCII-Apoprotein-Gene im Kern sein soll. Weder die Wirkungsweise dieses Faktors noch seine chemischen Eigenschaften sind bislang geklärt (Batschauer et al. 1986; Oelmüller et al. 1986). Sollte eine direkte Interaktion zwischen nucleärem Gen und plastidärem Faktor zur Genexpression notwendig sein, so kommt dafür beim LHCII-Apoprotein-Gen aus Pisum sativum eine 0,4 kb umfassende Nucleotidsequenz am 5´-Ende in Frage (Simpson et al. 1985). Sowohl für die gewebespezifische als auch für die lichtregulierte Expression dieses Gens hat diese Sequenz steuernde Funktion. Auf die Transkriptionsrate haben außerdem vom 5´-Ende weiter entfernte Nucleotidsequenzen Einfluß. Der Wirkungsmechanismus zwischen plastidärem Faktor, steuerndem Phytochromsystem und nukleären Genen wird noch komplexer, wenn in Betracht gezogen wird, daß die 12 bis 14 pSSU-Gene der nukleären Mutigen-Familie in Lemna gibba durch das Phytochromsystem unterschiedlich in ihrer Expression stimuliert werden (Tobin et al. 1987). Die über das Phytochromsystem stimulierte Transkriptionsrate kann indirekt durch Mitwirkung von Cytokininen zu einer Erhöhung der Translationsrate beitragen (Flores und Tobin 1987). In Lemna gibba vermindert Benzyladenin den Turnover der gebildeten mRNA, wodurch mehr Transkripte zur Translation zur Verfügung stehen.

Die verschiedene Steuerung der Expression der Kern- und der Organellen-DNA sowie die Koordination im Bereitstellen und Assemblieren von Proteinen und anderen Komponenten unterschiedlicher Herkunft hat eine zusätzliche interne Adaptierung beider genetischer Realisationssysteme zur Folge. Zum Beispiel wird in zwei Mutanten von Saccharomyces cerevisiae, deren Haem-Synthese defekt ist, weniger von zwei Untereinheiten der Cytochrom-c-Oxidase translatiert als deren noch verfügbare Transkriptmenge eigentlich erwarten läßt. In ähnlicher Weise adaptiert sich das plastidäre System an den mangelhaften Eintransport kern-codierter Chloroplastenproteine. In Kernmutanten von Zea mays, die eine geringere Menge an Cytochrom b/f-Komplexen und Photosystemen I in den Thylakoiden aufweisen, sind auch die plastom-codierten Proteinuntereinheiten dieser Komplexe in stöchiometrisch richtiger Weise in geringerer Menge vorhanden (Barkan et al. 1986). Da sich die Transkriptmengen dieser Plastom-codierten Proteine nicht von der des Wildtyps unterscheiden, müssen die Kernmutationen indirekt auch das Absinken der plastidären Translationsrate bewirken, d.h. das genetische Realisationssystem adaptiert sich auf translationaler Ebene an die gesunkene Effizienz des genetischen Realisationssystems im Nucleocytoplasma. Allerdings sind auch <u>Zea</u> <u>mays</u>-Mutanten bekannt (z.B. hcf-38), in denen ein Kern-codiertes Protein direkt in die plastidäre Transkription oder das plastidäre RNA-Processing eingreift, wie an der verfügbaren Transkriptmenge und der ungewöhnlichen Länge der plastidären Transkripte unschwer zu erkennen ist. Für die Koordination zwischen dem Nucleocytoplasma und den Chloroplasten schlagen Jensen et al. (1986) am Beispiel einer PSII-Mutante von <u>Chlamydomonas</u> <u>reinhardii</u> einen Mechanismus vor, der in Analogie zum Eintransportmechanismus am endoplasmatischen Reticulum auch in den Chloroplasten die Steuerung der Translation durch 'Signal-Recognition´-Partikel postuliert. Diese Autoren gehen davon aus, daß die Translation von plastidären Membranproteinen zunächst an Stroma-Ribosomen beginnt, aber durch einen Stop-Faktor unterbrochen wird. Die Translation wird fortgesetzt, wenn der Komplex aus Ribosom, mRNA, Anfangssequenz des zu translatierenden Proteins und dem Stop-Faktor am für ihn spezifischen Rezeptor-Protein in der Thylakoidmembran binden kann. Der Stop-Faktor wird freigesetzt, die Translation wieder aufgenommen und das entstehende Protein in der Membran dem Rezeptor-Protein assoziiert. Aus dieser Assoziation kommt das Protein erst frei, wenn es in der Membran mit den entsprechenden anderen Proteinuntereinheiten zum Holokomplex assemblieren kann. Werden diese aufgrund einer Mutation nicht mehr synthetisiert, so bleibt das Rezeptor-Protein durch das neusynthetisierte Protein besetzt und verhindert damit die erneute Bindung von Ribosom-Stop-Faktor-Komplexen und die weitere Synthese dieser Protein-Spezies.

Diese Hypothese zur Koordination des genetischen Realisationssystem des Chloroplasten mit dem des Nucleocytoplasma bei der Chloroplastenontogenese postuliert also einen recht komplizierten Adaptierungsmechanismus auf translationaler Ebene, wobei die Chloroplasten auf die Eintransportprodukte des Nucleocytoplasma reagieren. Es deuten aber etliche Untersuchungen darauf hin, daß auch die Chloroplasten einen direkten Einfluß auf die Transkription/Translation von Kern-codierten Chloroplastenproteinen haben müssen. So sind unter anderem in <u>Hordeum</u>-Pflanzen mit degenerierten Chloroplasten die SSU der Rubisco, das LHCII-Apoprotein, die NADPH-abhängige Glycerinaldehydphosphat-Dehydrogenase und die Isoenzyme der Phosphoglyceratkinase und der Phosphoribulokinase nicht oder nur in Spuren nachweisbar, während die Menge anderer kern-codierter Chloroplastenproteine unverändert im Vergleich mit dem Wildtyp ist (Börner 1986). Für die SSU und das LHCII-Apoprotein kann als Grund für die geringe Menge ein schneller Turnover in Betracht kommen, für die plastidären Stroma-Enzyme jedoch nicht, da diese in 'normaler' Quantität auch in hitzebehandelten, ribosomen-freien Pflanzen von <u>Secale</u> <u>cereale</u> und <u>Hordeum</u> <u>vulgare</u> vorhanden sind (Feierabend et al. 1980). In ähnlicher Weise scheint ein solcher differentiell steuernder Einfluß der Chloroplasten auf die cytoplasmatische Translation von Chloroplastenproteinen in hitzebehandelter <u>Euglena</u> <u>gracilis</u> (Brandt 1976), in <u>Euglena</u>-Mutanten mit rudimentären Chloroplasten (Monroy und Schwartzbach 1983; Monroy und Schwartzbach 1985) und in Herbizid-behandelten <u>Sinapis</u> <u>alba</u>-Keimlingen (Oelmüller und Mohr 1986) zu existieren. Die plastidäre Einflußnahme auf die Genexpression im Kern und/oder die cytoplasmatische Transkription ist vielschichtiger. Wie zum Teil bereits im Detail behandelt, ist diese Genexpression unter anderem gewebespezifisch und entwicklungsspezifisch, d.h. auch abhängig vom Differenzierungsgrad der Chloroplasten.

Zum Abschluß soll noch auf die Frage eingegangen werden, welche Gründe dafür sprechen, daß die eukaryotische Zelle zusätzlich zum genetischen Realisationssystem des Nucleocytoplasmas zwei weitere mehr oder weniger unselbständige in den Chloroplasten und den Mitochondrien unterhält und dazu noch komplizierte Regulations- und gegenseitige Adaptationsmechanismen ausgebildet hat. Soweit solch eine utilitaristische Frage überhaupt in der Biologie zulässig ist, sollen hier einige Befunde zu ihrer Klärung erläutert werden. Ausgehend von dem evolutionären Ursprung der Mitochondrien und Chloroplasten aus von einem Eukaryoten endocytierten Prokaryoten und dem anschließenden Gen-Transfer aus den Endosymbionten in den Zellkern (siehe 2.5.2) ist eigentlich danach zu fragen, warum nicht alle Gene transferiert worden sind. Von Heijne (1986) hat dazu auf der Grundlage der Aminosäuresequenzen der kern-codierten und der mtDNA-codierten Mitochondrienproteine die Hypothese entwickelt, daß nur die genetische Information der Mitochondrienproteine in die Kern-DNA transferiert werden konnte, deren Aminosäuresequenz keine langen, hydrophoben und Membran-spannende Bereiche aufweist. Dies war Voraussetzung dafür, daß die Mitochondrienproteine nicht bei ihrer cytoplasmatischen Synthese co-translational einem Fehl-Eintransport zum Opfer fallen. In der Tat zeigen die in der mtDNA von <u>Xenopus</u> und von <u>Saccharomyces</u> codierten, wenigen Mitochondrienproteine diese hydrophoben Bereiche, die in der Kern-DNA-codierten dagegen nicht. Zur Erklärung der erstaunlich hohen Kopienzahl der organell-eigenen DNA im Vergleich zu den zwei Kopien der Kern-DNA einer diploiden Pflanze wird von Bendich (1987) der verschiedene Steuerungsmodus der Genexpression im Kern und in den Organellen angeführt. Um den großen Bedarf an Ribosomen zu decken, werden in den Chloroplasten nicht die rRNA-Gene vermehrt transkribiert, sondern es werden mehr rRNA-Gene zur Transkription zur Verfügung gestellt. Dieser Weg wird eingeschlagen, weil wahrscheinlich in den Chloroplasten die Mechanismen zur selektiven Genexpression, wie Derepression, Aktivierung oder selektive Amplifikation, nicht ausgebildet sind. Daraus ergibt sich für die Chloroplasten die Notwendigkeit, ihr gesamtes genetisches Material unter entsprechenden physiologischen Bedingungen zu vervielfachen. So steigt der ptDNA-Gehalt in _Pisum_-Chloroplasten bei der Entwicklung vom Embryo zur Pflanze mit vollentwickelten Blättern um das 8fache (Lamppa und Bendich 1979) und um das 25fache vom basalen Teil des Blattes von _Spinacia oleracea_ zu seinen oberen ausdifferenzierten Bereichen (Lawrence und Possingham 1985). Auf diese Weise kann von den Chloroplasten das normalerweise vorliegende Defizit an eigenen rRNA-Genen gegenüber der in bezug auf die Chloroplastenontogenese im Überschuß vorhandenen nukleären rRNA-Gene (Rogers und Bendich 1987) ausgeglichen werden. In Analogie wird in Mitochondrien ebenso die gesamte mtDNA vervielfacht, wenn es die physiologischen Anforderungen an diese Organellen erfordern. In Oocyten einer Froschart und Eizellen der Maus ist die meiste bzw. ein Drittel der gesamten DNA mitochondrialer Herkunft (Clayton 1982). In den Zellen des Herzmuskels des Kaninchens ist der mitochondriale DNA-Gehalt um das 5fache größer als in der glatten Skelettmuskulatur (Williams 1986). In _Saccharomyces cerevisiae_ steigt der mitochondriale DNA-Gehalt um das 3fache, wenn die Kultivierung mit der nicht-verwertbaren Kohlenstoffquelle Glycerin an Stelle von Glucose erfolgt (Goldthwaite et al. 1974; Stevens 1977). Aber auch unter Bedingungen, bei denen die Aktivität der Chloroplasten oder der Mitochondrien von untergeordneter Bedeutung für das gesamte Zellgeschehen ist, bleibt ein Vielfaches der genetischen Information der Organellen erhalten. Zum Beispiel besitzen Wurzelzellen von _Pisum sativum_ noch 300 Kopien der ptDNA und 100 Kopien der mtDNA (Lamppa und Bendich 1984). Bei der Cystenbildung von _Acanthamoeba castellanii_ sinkt die Kopienzahl der mtDNA von 3300 auf 300 pro Zelle (Byers 1986). Auch dieses scheinbare Luxurieren in der Kopienzahl der Organell-DNA wird von Bendich (1987) als fortwährende Kompetenz der Organellen zu sofortiger erhöhter Proteinsynthese gewertet. Darüberhinaus nimmt Bendich (1987) an, daß zwar die Transkriptionsrate der einzelnen mitochondrialen oder plastidären Gene konstitutiv ist, aber bezogen auf die gesamte Kopie der Organell-DNA nicht abhängt von entwicklungs- oder ernährungsbedingten Änderungen. Damit wäre die Transkription in den Organellen konstitutiv und nur über die Vermehrung oder Verminderung der Organell-DNA zu regulieren. Dies muß durch künftige Untersuchungen überprüft werden.

3.   NACHTRAG

(N1) Aus Untersuchungen etlicher Arbeitsgruppen ergibt sich eine Hypothese für den Gentransfer von den Organellen in den Kern (Lewin 1983),
nach der es zum Beispiel durch intramolekulare 'Schleifenbildung' der
mtDNA und anschließender Rekombination der Gene zum Verlust großer Bereiche der mtDNA kommen kann. Für die so entstandenen kleineren mtDNA-
Moleküle wird ein Transfer in den Kern für möglich gehalten.

(N2) Nucleosidtriphosphate (NTPs) sind notwendig sowohl für die Interaktion zwischen Precursor und Membran-Rezeptor als auch für die Translokation von der Mitochondrienoberfläche in das Mitochondrion (Pfanner
et al. 1987). Die benötigte NTP-Konzentration ist für die Translokation
geringer als für die Bindungsreaktion und ist unterschiedlich für verschiedene Precursor-Proteine. Dabei hat sowohl die Transit-Sequenz als
auch die Sequenz des 'reifen' Proteins Einfluß auf die zum Eintransport
notwendige NTP-Konzentration.

(N3) Diese generelle Anordnung der rRNA-Gene ist auch noch in der ptDNA
von <u>Chlorella ellipsoidea</u> erkennbar (Yamada und Shimaji 1987), wenn
auch durch Umorganisation in dieser Alge das rRNA-Operon in zwei Operons
aufgespalten worden ist, von denen das eine die 16S rRNA und die
tRNA$_{GAU}^{Ile}$ und das andere die tRNA$_{UGC}^{Ala}$, die 23S rRNA und die 5S rRNA enthält.

(N4) Das Trans-Spleißen ist ebenso in <u>Chlamydomonas reinhardii</u> zur Bereitstellung des translatierbaren Transkriptes für eines der beiden
PSI P700-Apoproteine notwendig (Kück et al. 1987). Im Gegensatz zur
ptDNA von <u>Zea mays</u>, in der die Gene psaA und psaB direkt aufeinander
folgen und wahrscheinlich co-transkribiert werden, sind diese beiden
Gene auf der ptDNA von <u>Chlamydomonas reinhardii</u> räumlich voneinander
getrennt und ist das psaA gesplittet in drei Exons, zwischen denen zwei
Introns von 50 bzw. 90 kb liegen.

(N5) Nach dem Konzept der zwei Arten von PSII-Typen befindet sich bis
zu 20% des gesamten PSII in dem Stroma-Bereich der Thylakoide. Die mit
diesem PSII assoziierten 32-kda-Proteine sind durch hohe Lichtintensi-

täten weniger zu schädigen als die, welche im Grana-Bereich mit dem anderen PSII-Typ funktionell verbunden sind (Mäenpää et al. 1987).

(N6) Neueren Untersuchungen zufolge (Trebst 1987) ist das Modell zur Faltung des 32-kda-Proteins zu modifizieren. Danach besteht es aus den bereits bekannten, fünf membranspannenden Helices und zwei zusätzlichen Helices zwischen der Helix III und IV sowie zwischen der Helix IV und V. Diese beiden zusätzlichen Helices verlaufen parallel zur Membranoberfläche. Die Herbizidtoleranz der Pflanzen ist abhängig von Mutationen in den Positionen 219 (Valin), 251 (Alanin), 255 (Phenylalanin), 264 (Serin) und 275 (Leucin) der Aminosäuresequenz.

(N7) Manam und Tuyle (1987) beschreiben die Isolierung von Nucleasen aus Mitochondrien der Rattenleber. Diese Nucleasen processieren die tRNA am 5′= und am 3′-Ende. Für ihre optimale Aktivität benötigen diese mitochondrialen Nucleasen geringere Mg^{2+}-Konzentrationen als die des Cytoplasmas.

(N8) Mullet und Klein (1987) konnten außerdem zeigen, daß mit der Alterung des Blattgewebes von _Hordeum_ _vulgare_ die Transkriptionsrate von rbcL, psaA und psaB zusammen mit der Poolgröße ihrer Transkripte absinkt. Die 16S rRNA sowie das Transkript des psbA dagegen zeigen einen unveränderten Turnover, sodaß ihre Poolgröße auch bei absinkender Transkriptionsaktivität ihrer Gene zunächst noch erhalten bleibt. Damit wird die Menge an verfügbaren Transkripten einiger plastidärer Gene auf transkriptionaler und anderer plastidärer Gene auf post-transkriptionaler Ebene reguliert.

(N9) Die Transit-Sequenz des Cytochrom-c_1-Precursors von insgesamt 61 Aminosäuren enthält zwei Domänen (Loon et al. 1987): Die "Matrix"-Domäne umfaßt etwa 16 Aminosäuren am N-terminalen Ende und die "Sorting"-Domäne etwa 13 Aminosäuren am C-terminalen Ende der Transit-Sequenz. Die "Matrix"-Domäne allein bewirkt den Eintransport in die mitochondriale Matrix. Im Zusammenspiel mit der "Sorting"-Domäne jedoch bewirkt sie den Entransport des Proteins in den Intermembranraum.

(N10) Kürzlich konnte nachgewiesen werden (Schwaiger et al. 1987), daß zum Protein-Eintransport in Mitochondrien ein Proteinfaktor im Bereich der Kontaktstellen zwischen innerer und äußerer Envelope-Membran notwendig ist.

(N11) Neueren Untersuchungen von Gorgas (Heidelberg) zufolge zeigen Peroxisomen nicht nur eine vesikuläre Struktur, sondern vielfach einen verzweigten tubulären Aufbau. Sie entstehen auch nicht aus dem Endoplasmatischen Reticulum, sondern gehen aus vorhandenen Peroxisomen hervor. Ihre Proteine werden im Cytoplasma an freien Ribosomen synthetisiert und post-translational in die Peroxisomen eintransportiert (Schram, persönl. Mitteilung).

4.   LITERATURVERZEICHNIS

Adelman MR, Sabatini DD, Blobel G (1973) Ribosome-membrane interaction: nondestructive disassembly of rat liver rough microsomes into ribosomal and membranous components. J Cell Biol 56:206-229

Adhya S, Gottesman M (1978) Control of transcription termination. Annu Rev Biochem 47:967-996

Agutter PS, Richardson JCW (1980) Nuclear non-chromatin proteinaceous structures: their role in the organization and function of the interphase nucleus. J Cell Sci 44:395-435

Akerlund H-E, Ljungberg U, Jannson C, Andersson B (1986) Proteins of the photosynthetic oxygen-evolving system. Biochem Soc Transactions 14:8-9

Akoyunoglou G, Argyroudi-Akoyunoglou JH, Michel-Wolwertz MR, Sironval C (1966) Effect of intermittent and continuous light on chlorophyll formation in etiolated plants. Physiol Plant 19:1101-1104

Alberte RS, Thornber JP, Naylor AW (1972) Time of appearance of photosystem I and II in chloroplasts of greening jack bean leaves. J Exp Bot 23:1060-1069

Alberts B, Bray D, Lewis J, Raff M, Roberts K, Watson JD (1983) Molecular biology of the cell. Garland Publishing, Inc., New York und London

Aldrich J, Cattolico RA (1981) Isolation and characterization of chloroplast DNA from the marine chromophyte, Olisthodiscus luteus: electron microscopic visualization of isomeric molecular forms. Plant Physiol 68:641-647

Allen JF, Bennett J, Steinback KE, Arntzen CJ (1981) Chloroplast protein phosphorylation couples plastoquinone redox state to distribution of excitation energy between photosystems. Nature 291:25

Anderson S, Bankier AT, Barrell B, Bruijn G de, Coulson MHC, Dronin AR, Eperon IC, Nierlich DP, Roe BA, Sauger F, Schreier PH, Smith AJH, Staden R, Young IG (1981) Sequence and organisation of the human mitochondrial genome. Nature 290:457-464

Apel K (1979) Phytochrome-induced appearance of mRNA activity for the apoprotein of the light-harvesting chlorophyll a/b protein of barley (Hordeum vulgare). Eur J Biochem 97:183-188

Apel K (1981) The protochlorophyllide holochrome of barley (Hordeum vulgare L.). Phytochrome-induced decrease of translatable mRNA coding for the NADPH-protochlorophyllide oxidoreductase. Eur J Biochem 120:89-93

Apel K, Gollmer I, Batschauer A (1983) The light-dependent control of chloroplast development in barley (Hordeum vulgare L.). J Cell Biochem 23:181-189

Apel K, Santel H-J, Redlinger TE, Falk H (1980) The protochlorophyllide holochrome of barley (Hordeum vulgare L.). Isolation and characterization of the NADPH-protochlorophyllide oxidoreductase. Eur J Biochem 111:251-258

Arebalo RE, Mitchell ED (1984) Cellular distribution of HMG-CoA reductase and mevalonate kinase in leaves of Nepeta cataria. Phytochem 23:13-18

Argan C, Shore GC (1985) The precursor to ornithine carbamyl transferase is transported to mitochondria as a 5S complex containing an import factor. Biochim Biophys Res Comm 131:289-298

Argan C, Lusty CJ, Shore GC (1983) Membrane and cytosolic components affecting transport of the precursor for ornithine carbamyltransferase into mitochondria. J Biol

Chem 258:6667-6670

Arnberg AC, Horst G van der, Tabak HF (1986) Formation of lariats and circles in self-splicing of the precursor of the large ribosomal RNA of yeast mitochondria. Cell 44:235-242

Ashton AR, Hatch MD (1983) Regulation of C_4 photosynthesis: regulation of pyruvate, P_i dikinase by ADP-dependent phosphorylation and dephosphorylation. Biochem Biophys Res Commun 115:53-60

Attardi G (1981) Organisation and expression of the mammalian mitochondrial genome: a lesson in economy. Trends Biochem Sci 6:86-93

Augustinussen E (1964) On the formation of chlorophyll a and chlorophyll b in etiolated leaves. Physiol Plant 17:403-406

Bajracharya D, Falk H, Schopfer P (1976) Phytochrome-mediated development of mitochondria in the cotyledons of mustard (Sinapis alba L.) seedlings. Planta 131: 253-261

Bajracharya D, Bergfeld R, Hatzfeld W-D, Klein S, Schopfer P (1987) Regulatory involvment of plastids in the development of peroxisomal enzymes in the cotyledons of mustard (Sinapis alba L.) seedlings. J Plant Physiol 126:421-436

Baker A, Schatz G (1987) Sequences from a prokaryotic genome or the mouse dihydrofolate reductase gene can restore the import of a truncated precursor protein into yeast mitochondria. Proc Natl Acad Sci USA 84:3117-3121

Barkau A, Miles D, Taylor WC (1986) Chloroplast gene expression in nuclear, photosynthetic mutants of maize. EMBO J 5:1421-1427

Barrell BG, Bankier AT, Dronin J (1979) A different genetic code in human mitochondria. Nature 282:189-194

Bassi R, Simpson DJ (1986) Differential expression of LHCII genes in mesophyll and bundle sheat cells of maize. Carlsberg Res Commun 51:363-370

Bassi R, Peruffo A dal B, Barbato R, Ghisi R (1985) Differences in chlorophyll-protein complexes and composition of polypeptides between thylakoids from bundle sheats and mesophyll cells in maize. Eur J Biochem 146:589-595

Bastia D, Chiang KS, Swift H, Siersma P (1971) Heterogeneity, complexity and repetition of the chloroplast DNA of Chlamydomonas reinhardii. Proc Natl Acad Sci USA 68:1157-1161

Batschauer A, Santel H-J, Apel K (1982) The presence and synthesis of the NADPH-protochlorophyllide oxidoreductase in barley leaves with a high temperature-induced deficiency of plastid ribosomes. Planta 154:459-464

Batschauer A, Mösinger E, Kreuz K, Dörr I, Apel K (1986) The implication of a plastid-derived factor in the transcriptional control of nuclear genes encoding the light-harvesting chlorophyll a/b protein. Eur J Biochem 154:625-634

Baur E (1909) Das Wesen und die Erblichkeitsverhältnisse der 'Varietates albomarginatae hort' von Pelargonium zonale. Z Vererb Lehre 1:330-351

Bayen M, Rode A (1973) Heterogeneity and complexity of Chlorella chloroplastic DNA. Eur J Biochem 39:413-420

Bedbrook JR, Link G, Coen DM, Bogorad L, Rich A (1978) Maize plastid gene expressed during photoregulated development. Proc Natl Acad Sci USA 75:3060-3064

Beevers H (1979) Microbodies in higher plants. Annu Rev Plant Physiol 30:159-193

Behn W, Herrmann RG (1977) Circular DNA in the beta-satellite DNA of Chlamydomonas reinhardtii. Mol Gen Genet 157:25-30

Behra R, Christen P (1986) In vitro import into mitochondria of the precursor of mitochondrial aspartate aminotransferase. J Biol Chem 261:257-263

Beliveau R, Bellemare G (1979) Light-dependent phosphorylation of thylakoid membrane polypeptides. Biochem Biophys Res Commun 88:797-803

Bendich AJ (1987) Why do chloroplasts and mitochondria contain so many copies of their genome? BioEssays 6:279-282

Bennett J (1977) Phosphorylation of chloroplast membrane polypeptides. Nature 269: 344-346

Bennett J (1981) Biosynthesis of the light-harvesting chlorophyll a/b protein. Polypeptide turnover in darkness. Eur.J Biochem 118:61-70

Bennett J, Jenkins GI, Hartley MR (1984) Differential regulation of the accumulation of light-harvesting chlorophyll a/b complex and ribulose bisphosphate carboxylase/oxygenase in greening pea leaves. J Cell Biochem 25:1-13

Benz J, Haser A, Rüdiger W (1983) Changes in the endogenous pools of tetraprenyl diphoshates in etiolated oat seedlings after irradiation. Z Pflanzenphysiol 111: 349-356

Berridge MJ, Irvine RF (1984) Inositol triphosphate, a novel second messenger in cellular signal transduction. Nature 312:315-321

Bhat NK, Avadhani NG (1985) Transport of proteins into hepatic and non-hepatic mitochondria: Specificity of uptake and processing of precursor forms of carbamoylphosphate synthetase I. Biochemistry 24:8107-8113

Bhaya D, Castelfranco PA (1985) Chlorophyll biosynthesis and assembly into chlorophyll-protein complexes in isolated developing chloroplasts. Proc Natl Acad Sci USA 82:5370-5374

Biggins J, Park RB (1966) CO_2 assimilation by etiolated Hordeum vulgare seedlings during the onset of photosynthesis. Plant Physiol 41:115-118

Bitsch A, Kloppstech K (1986) Reconstitution of the solubilized envelope receptors for nuclear-coded precursor proteins. In: Akoyunoglou G, Senger H (eds) Regulation of chloroplast differentiation. Alan R Liss, Inc, New York, pp 241-246

Blobel G (1977) Synthesis and segregation of secretory proteins: the signal hypothesis. In: Brinkley BR, Porter KP (eds) International Cell Biology. Rockefeller University Press, pp 318-325

Blobel G (1980) Intracellular protein topogenesis. Proc Natl Acad Sci USA 77:1496-1500

Blobel G, Dobberstein B (1975a) Transfer of proteins across membranes. I Presence of proteolytically processed and unprocessed nascent immunoglobulin light chains on membrane-bound ribosomes of murine myeloma. J Cell Biol 67:835-851

Blobel G, Dobberstein B (1975b) Transfer of proteins across membranes. II Reconstitution of functional rough microsomes from heterologous components. J Cell Biol 67:852-862

Blobel G, Sabatini DD (1970a) Controlled proteolysis of nascent polypeptides in rat liver cell fractions. I Location of the polypeptides within ribosomes. J Cell Biol 45:130-145

Blobel G, Sabatini DD (1970b) Controlled proteolysis of nascent polypeptides in rat liver cell fractions. II Location of the polypeptides in rough microsomes. J Cell Biol 45:146-157

Bloom MV, Milos P, Roy H (1983) Light-dependent assembly of ribulose-1,5-bisphosphate carboxylase. Proc Natl Acad Sci USA 80:1013-1017

Boege F, Westhoff P, Zimmermann K, Zetsche K (1981) Regulation of the synthesis of ribulose-1,5-bisphosphate carboxylase and its subunits in the flagellate Chlorogonium elongatum. Eur J Biochem 113:581-586

Boer PH, Bonen L, Lee RW, Gray MW (1985) Genes for respiratory chain proteins and ribosomal RNAs are present on a 16-kilobase-pair DNA species from Chlamydomonas reinhardtii mitochondria. Proc Natl Acad Sci USA 82:3340-3344

Boffey SM, Ellis JR, Sellden G, Leech RM (1979) Chloroplast division and DNA synthesis in light-grown wheat leaves. Plant Physiol 64:502-505

Bogdanovic M (1973) Chlorophyll formation in the dark. I Chlorophyll in pine seedlings. Physiol Plant 29:17-18

Bogorad L (1976) Chlorophyll biosynthesis. In: Goodwin TW (ed) Chemistry and biochemistry of plant pigments. Acad Press, London, Vol 1, pp 64-148

Bogorad L, Crossland LD, Fish LE, Krebbers ET, Kück U, Larrinua IM, Muskavitch KMT, Orr EA, Rodermel SR, Schantz R, Steinmetz AA, Stirdvant SM, Zhu Y-S (1984) The organization of the maize plastid chromosome: properties and expression of its genes. In: Thornber JP, Staehelin LA, Hallick RB (eds) Biosynthesis of the photosynthetic apparatus: Molecular biology, development and regulation. Alan R Liss, Inc, New York, pp 257-272

Bohnert HJ, Crouse EJ, Schmitt JM (1982) Organization and expression of plastid genomes. In: Parthier B, Boulter D (eds) Nucleic acids and proteins in plants II, Encyclopedia of Plant Physiology, Springer, Heidelberg, Vol 14B, pp 475-530

Bohnert HJ, Crouse EJ, Poujet J, Mucke H, Löffelhardt W (1982) The subcellular localization of DNA components from Cyanophora paradoxa, a flagellate containing endosymbiotic cyanelles. Eur J Biochem 126:381-388

Böhni PC, Daum G, Schatz G (1983) Import of proteins into mitochondria. Partial purification of a matrix-located protease involved in cleavage of mitochondrial precursor polypeptides. J Biol Chem 258:4937-4943

Bonen L, Gray MW (1980) Organisation and expression of the mitochondrial genome of plants. I The genes for wheat mitochondrial ribosomal and transfer RNA: evidence for an unusual arrangement. Nucleic Acids Res 8:319-335

Boogaart P van den, Samallo J, Agsteribbe E (1982) Similar genes for a mitochondrial ATPase subunit in the nuclear and mitochondrial genomes of Neurospora crassa. Nature 298:187-189

Börner T (1986) Chloroplast control of nuclear gene function. Endocyt C Res 3:265-274

Borst P (1972) Mitochondrial nucleic acids. Annu Rev Biochem 41:333-376

Borst P (1981) Biosynthesis of mitochondria and chloroplasts. In: Alberts S, Porter K, Raff MC, Roberts K, Watsson JD (eds) Molecular biology of the cell, Garland, New York, pp 51-67

Borst P, Grivell LA (1978) The mitochondrial genome of yeast. Cell 15:705-723

Borst P, Grivell LA (1981) One gene's intron is another gene's exon. Nature 289:439-440

Boschetti A, Breidenbach E, Leu S, Clemetson-Nussbaum J (1987) Protein synthesis in chloroplasts. In: Wiessner W, Robinson DG, Starr RC (eds) Algal development, Springer, Heidelberg, pp 114-122

Bovenberg WA, Kool AJ, Nijkamp HJJ (1981) Isolation, characterization and restriction endonucleases mapping of the Petunia hybrida chloroplast DNA. Nucleic Acids Res 9:503-517

Bowman CM, Koller B, Delius H, Dyer TA (1981) A physical map of wheat chloroplast DNA showing the location of the structural genes for the ribosomal RNAs and the large subunit of ribulose-1,5-bisphosphate carboxylase. Mol Gen Genet 183:93-101

Boyer SK, Mullet JE (1986) Characterization of P. sativum chloroplast psbA transcripts produced in vivo, in vitro and in E. coli. Plant Mol Biol 6:229-244

Brandt P (1975) Zwei Maxima plastidärer DNA-Synthese mit unterschiedlicher Lichtabhängigkeit im Zellzyklus von Euglena gracilis. Planta 124:105-107

Brandt P (1976) Regulation der Synthese von Plastidenproteinen in Euglena gracilis, Stamm Z. Planta 130:81-83

Brandt P (1976) Apochlorose durch höhere Temperatur bei Euglena gracilis. Dissertation Universität Göttingen

Brandt P (1980) Stadienspezifische Quantitätsveränderungen der Chlorophyll-Protein-

Komplexe CPI und CPII von synchronisierter Euglena gracilis, Stamm Z. Z Pflanzenphysiol 100:95-105

Brandt P (1981) Stadienspezifische Korrelation zwischen der Aktivität von Photosystem
I und Photosystem II und der molekularen Zusammensetzung von photosynthetisch aktiven Partikeln aus synchronisierter Euglena gracilis, Stamm Z. Z Pflanzenphysiol
103:65-74

Brandt P (1982) Cell cycle specific modifications of the chloroplast envelope in Euglena gracilis. Plant Science Letters 28:237-244

Brandt P, Kessel B von (1983) Cooperation of cytoplasmic and plastidial translation
in formation of the photosynthetic apparatus and its stage-specific efficiency.
Plant Physiol 72:616-619

Brandt P, Ostermann C (1988) Stage-specific assembly of the F_1-part of the ATPase in
chloroplasts of Euglena gracilis during the cell cycle. Z Naturforsch (in press)

Brandt P, Wiessner W (1977) Unterschiedliche Temperaturoptima der DNA-abhängigen
RNA-Polymerasen von Euglena gracilis, Stamm Z und ihre Bedeutung für die experi-
mentelle Erzeugung der permanenten Apochlorose durch höhere Temperatur. Z Pflanzenphysiol 85:53-60

Brandt P, Wiessner W (1984) Induction of the de-novo formation of the photosystem I
related light-harvesting chlorophyll protein complex LHCPa by photoheterotrophic
nutrition. Plant Physiol 75:253-254

Brandt P, Zagon (1987) Intracellular regime for the assembly of the chlorophyll-protein complex CPI in Cyanidium caldarium. J Exp Botany 38:1810-1817

Brandt P, Kaiser-Jarry K, Wiessner W (1982) Chlorophyll-protein-complexes. Variability of CPI, and existence of two distinct forms of LHCP and one low-molecular-
weight chlorophyll a protein. Biochim Biophys Acta 679:404-409

Brandt P, Zufall E, Wiessner W (1983) Relation between the light-harvesting chlorophyll a-protein complex LHCPa and photosystem I in the alga Chlamydobotrys stellata. Plant Physiol 71:128-131

Brandt P, Winter J, Kessel B von, Kohnke B (1987) Regulation of chloroplast differentiation: Cooperation between light-induced processes and internal adaptation.
In: Wiessner W, Robinson DG, Starr D (eds) Algal development, Springer, Heidelberg, pp 134-141

Brawermann G, Eisenstadt JM (1964) Deoxyribonucleic acids from the chloroplasts of
Euglena gracilis. Biochim Biophys Acta 91:477-485

Briat J-F, Bisanz-Seyer C, Lescure A-M (1987) In vitro transcription initiation of
the rDNA operon of spinach chloroplast by a highly purified soluble homologous
RNA polymerase. Curr Genet 11:259-263

Briat JF, Laulhere JP, Mache R (1979) Transcription activity of a DNA-protein complex isolated from spinach plastids. Eur J Biochem 98:285-292

Briggs M, Cornell D, Pluhy R, Gierasch L (1986) Conformations of signal peptides induced by lipids suggest initial steps of protein export. Science 233:206-209

Briggs M, Kamp PF, Robinson NC, Capaldi RA (1975) The subunit structure of the cytochrome c oxidase complex. Biochemistry 14:5123-5128

Brody E, Abelson J (1985) The 'spliceosome': yeast pre-messenger RNA associates with
a 40S complex in a splicing-dependent reaction. Science 228:963-967

Broglie R, Corruzzi G, Chua N-H (1984) Differential expression of genes encoding
polypeptides involved in C_4 photosynthesis. In: Ellis JR (ed) Chloroplast biogenesis, Cambridge University Press, Cambridge, pp 51-64

Brosius J, Dull TJ, Sleeter DD, Noller HF (1981) Gene organization and primary structure of a ribosomal RNA operon from Escherichia coli. J Mol Biol 148:107-127

Bullmann J, Galling G (1986) Turnover of ribulose 1,5 bisphosphate carboxylase in
Chlorella fusca and its light dependent mutant g-2. In: Akoyunoglou G, Senger H

(eds) Regulation of chloroplast differentiation, Alan R. Liss, Inc., New York, pp 583-586

Burky KO (1986) Chlorophyll-protein complex compostion and photochemical activity in developing chloroplasts from greening barley seedlings. Photosynth Res 10:37-49

Butler WL (1978) Energy distribution in the photochemical apparatus of photosynthesis. Annu Rev Plant Physiol 29:345-378

Buvat R (1971) Origin and continuity of cell vacuoles. In: Reinert J, Ursprung H (eds) Origin and continuity of cell organelles, Springer, Heidelberg, pp 127-157

Byers TJ (1986) Molecular biology of DNA in Acanthamoeba, Amoeba, Entamoeba and Naegleria. Internat Rev Cytol 99:311-341

Callahan FE, Cheniae GM (1985) Studies on the photoactivation of the water-oxidizing enzyme. I Processes limiting photoactivation in hydroxylamine-extracted leaf segments. Plant Physiol 79:777-786

Calvayrac B, Bertaux O, Lefort-Tran M, Valencia R (1974) Generalisation de cycle mitochondrial chez Euglena gracilis Z. En cultures synchrones, heterotrophe et phototrophe. Protoplasma 80:355-370

Carignani G, Groudinsky O, Frezza D, Schiavon E, Bergantino E, Slonimski PP (1983) An mRNA maturase is encoded by the first intron of the mitochondrial gene for the subunit I of cytochrome oxidase in S. cerevisiae. Cell 35:733-742

Carlson JE, Brown GL, Kemble RJ (1986) In organello mitochondrial DNA and RNA synthesis in fertile and cytoplasmic male sterile Zea mays L. Curr Genet 11:151-160

Cashmore AR (1983) Nuclear genes encoding the small subunit of ribulose-1,5-bisphosphate carboxylase. In: Kosuge T, Meedith CP, Hollaender A (eds) Genetic engineering of plants, Plenum Press, New York, pp 29-38

Castle JD, Jamieson JD, Palade GE (1972) Radioautographic analysis of the secretory process in the parotid acinar cell of the rabbit. J Cell Biol 53:290-295

Cattolico RA (1978) Variation in plastid number. Effect on chloroplast and nuclear deoxyribonucleic acid complement in the unicellular alga Olisthodiscus luteus. Plant Physiol 62:558-562

Cavalier-Smith T (1981) The origin and early evolution of the eukaryotic cell. Symp Soc Gen Microbiol 32:33-84

Cech TR (1983) RNA splicing: three themes with variations. Cell 34:713-716

Cerletti N, Böhni PC, Suda K (1983) Import of proteins into mitochondria. Isolated yeast mitochondria and a solubilized matrix protease correctly process cytochrome c oxidase subunit V precursor at the NH_2 terminus. J Biol Chem 258:4944-4949

Charles D (1977) Isolation and characterization of DNA from unicellular algae. Plant Sci Lett 8:35-44

Cheng MY, Pollock RA, Hendrick JP, Horwich AL (1987) Import and processing of human ornithine transcarbamoylase precursor by mitochondria from Saccharomyces cerevisiae. Proc Natl Acad Sci USA 84:4063-4067

Chia CP, Arntzen CJ (1986) Evidence for two-step processing of nuclear-encoded chloroplast proteins during membrane assembly. J Cell Biol 103:725-731

Chia CP, Duesing JH, Arntzen CJ (1986) Development loss of photosystem II activity and structure in a chloroplast-encoded tobacco mutant, lutescens-1. Plant Physiol 82:19-27

Chien S-M, Freeman KB (1983) Synthesis and uptake of precursor forms of mammalian mitochondrial proteins. Fed Proc 42:2125-2126

Chitnis PR, Harel E, Kohorn BD, Tobin EM, Thornber JP (1986) Assembly of the precursor and processed light-harvesting chlorophyll a/b protein of Lemna into the light-harvesting complex II of barley etioplasts. J Cell Biol 102:982-988

Christofori G, Frendewey D, Keller W (1987) Two spliceosomes can form simultaneously and independently on synthetic double-intron messenger RNA precursors. EMBO J 6: 1747-1755

Chua N-H, Schmidt GW (1979) Transport of proteins into mitochondria and chloroplasts. J Cell Biol 81:461-483

Church GM, Slonimski PP, Gilbert W (1979) Pleiotropic mutations within two yeast mitochondrial cytochrome genes block mRNA processing. Cell 18:1209-1215

Clayton DA (1982) Replication of animal mitochondrial DNA. Cell 28:693-705

Cline K, Werner-Washburne M, Lubben TH, Keegstra K (1985) Precursors to two nuclear-encoded chloroplast proteins bind to the outer envelope membrane before being imported into chloroplasts. J Biol Chem 260:3691-3696

Cohen P (1982) The role of protein phosphorylation in neural and hormonal control of cellular activity. Nature 296:613-620

Collins RA, Lambowitz AM (1985) RNA splicing in Neurospora mitochondria. Defective splicing of mitochondrial mRNA precursors in the nuclear mutant cyt 18-1. J Mol Biol 184:413-428

Correns C (1909) Vererbungsversuche mit blaß(gelb)grünen und buntblättrigen Sippen bei Mirabilis jalapa, Urtica pilulifera und Lunaria annua. Z Vererb Lehre 1:291-329

Crane FL, Beinert H (1956) On the mechanism of dehydrogenation of fatty acyl derivatives of coenzyme A. J Biol Chem 218:717-731

Crouse EJ, Bohnert HJ, Schmitt JM (1984) Chloroplast RNA synthesis. In: Ellis RJ (ed) Chloroplast biogenesis, Cambridge University Press, Cambridge, pp 83-136

Cuming AC, Bennett J (1981) Biosynthesis of the light harvesting chlorophyll a/b protein. Control of mRNA activity by light. Eur J Biochem 118:71-80

Cunningham FX, Schiff JA (1986) Chlorophyll-protein complexes from Euglena gracilis and mutants deficient in chlorophyll b. II Polypeptide composition. Plant Physiol 80:231-238

Dabauvalle MC, Franke WW (1982) Karyophilic proteins: polypeptides synthesized in vitro accumulate in the nucleus on microinjection into the cytoplasm of amphibian oocytes. Proc Natl Acad Sci USA 79:5302-5306

Dalmon J, Bayen M (1975) The chloroplastic DNA of Chlorella pyrenoidosa (Emerson strain): Heterogeneity and complexity. Arch Mikrobiol 103:57-61

Dalmon J, Loiseaux S (1981) The deoxyribonucleic acids of two brown algae: Pylaiella littoralis (L.) Kjellm. and Sphacellaria sp. . Plant Sci Lett 21:241-248

Daum G, Böhni PC, Schatz G (1982a) Import of proteins into mitochondria. Cytochrome b_2 and cytochrome c peroxidase are located in the intermembrane space of yeast mitochondria. J Biol Chem 257:13028-13033

Daum G, Gasser SM, Schatz G (1982b) Import of proteins into mitochondria. Energy-dependent, two-step processing of the intermembrane space enzyme cytochrome b_2 by isolated yeast mitochondria. J Biol Chem 257:13075-13080

Davis RH, Weiss RL (1983) Identification of nonsense mutations in Neurospora: Application to the complex arg-6-locus. Mol Gen Genet 192:46-50

Dawson AJ, Hodge TP, Isaac PG, Leaver CJ, Lonsdale DM (1986) Location of the genes for cytochrome oxidase subunits I and II, apocytochrome b, α-subunit of F_1ATPase and the ribosomal RNA genes on the mitochondrial genome of maize (Zea mays L.). Curr Genet 10:561-564

Dayhoff MO, Schwartz RM (1980) Prokaryotic evolution and the symbiotic origin of eukaryotes. In: Schwemmler W, Schenk HEA (eds) Endocytobiology: Endosymbiosis and cell biology, Walter de Gruyter, Berlin, pp 63-83

Dean C, Elzen P van den, Takami S, Dunsmier P, Bedbrook J (1985) Linkage and homology analysis divides the eight genes for the small subunit of Petunia ribulose-1,5-bisphosphate carboxylase into three gene families. Proc Natl Acad Sci USA 82:4964-4968

Dehesh K, Cleve B van, Ryberg M, Apel K (1986) Light-induced changes in the distribution of the 36000-M_r polypeptide of NADPH-protochlorophyllide oxidoreductase within different cellular compartments of barley. II Localisation by immunogold labelling in ultrathin sections. Planta 169:172-183

Dehesh K, Klaas M, Häuser I, Apel K (1986) Light-induced changes in the distribution of the 36000-M_r polypeptide of NADPH-protochlorophyllide oxidoreductase within different cellular compartments of barley. I Localisation by immunoblotting in isolated plastids and total leaf extracts. Planta 169:162-171

Deisenhofer J, Epp O, Miki K, Huber R, Michel H (1985) Structure of the protein subunits in the photosynthetic reaction centre of Rhodopseudomonas viridis at 3 Å resolution. Nature 318:618-624

Deng X, Melis A (1986) Phosphorylation of the light-harvesting complex II in higher plant chloroplasts: Effect on photosystem II and photosystem I absorption cross section. Photobiochem Photobiophys 13:41-52

Deng X-W, Gruissem W (1987) Control of plastid gene expression during development: The limited role of transcriptional regulation. Cell 49:379-387

Devic M, Schantz R (1984) Light-induced biosynthesis of chlorophyll-binding proteins in Euglena. In: Sybesma C (ed) Advances in photosynthesis research, Martinus Nijhoff/Dr. W. Junk Publishers, The Hague, Vol IV, pp 575-578

Diano M (1982) Electrophoretic comparison of mitochondrial polypeptides from maize lines susceptible and resistant to Helminthosporium maydis race T. Plant Physiol 69:1217-1221

Dieckmann CL, Homison G, Tzagaloff A (1984b) Assembly of the mitochondrial membrane system. Nucleotide sequence of a yeast nuclear gene (CBP1) involved in 5′end processing of cytochrome b pre-mRNA. J Biol Chem 259:4732-4738

Dieckmann CL, Pape LK, Tzagaloff A (1982) Identification and cloning of a yeast nuclear gene (CBP1) involved in expression of mitochondrial cytochrome b. Proc Natl Acad Sci USA 79:1805-1809

Dieckmann CL, Koerner TJ, Tzagaloff A (1984a) Assembly of the mitochondrial membrane system. CBP1, a yeast nuclear gene involved in 5′end processing of cytochrome b pre-mRNA. J Biol Chem 259:4722-4731

Dingwall C (1985) The accumulation of proteins in the nucleus. Trends Biochem Sci 10:64-66

Dodge JD (1973) The fine structure of algal cells. Acad Press, London

Douce R, Joyard J (1984) The regulatory role of the plastid envelope during development. In: Baker NR, Barber J (eds) Chloroplast biogenesis, Elsevier, Amsterdam, pp 71-132

Dougherty EC (1957) Neologisms needed for structures of primitive organisms. J Protozool 4:suppl 14

Duggan JW, Rebeiz CA (1982) Chloroplast biogenesis 37. Induction of chlorophyllide a (E 459F675) accumulation in higher plants. Plant Sci Lett 24:27-37

Dujardin G, Jacq C, Slonimski PP (1982) Single base substitution in an intron of oxidase gene compensates splicing defects of the cytochrome b gene. Nature 298:628-632

Dujon B (1980) Sequence of the intron and flanking exons of the mitochondrial 21S rRNA gene of yeast strains having different alleles at the omega and rib1 loci. Cell 20:185-197

Dunphy WG, Brands R, Rothman JE (1985) Attachment of terminal N-acetyl-glucosamine to asparagin-linked oligosaccharides occurs in the central cisternae of the Golgistack. Cell 40:463-472

Duranton J, Brown J (1987) Evidence for a light-harvesting chlorophyll a-protein complex in a chlorophyll b-less barley mutant. Photosynth Res 11:141-151

Eaglesham ARJ, Ellis RJ (1974) Protein synthesis in chloroplasts. II Light-driven synthesis of membrane proteins by isolated pea chloroplasts. Biochim Biophys Acta 335:396-407

Ebner E, Mason TL, Schatz G (1973a) Mitochondrial assembly in respiration-deficient mutants of Saccharomyces cerevisiae. II Effect of nuclear and extrachromosomal mutations on the formation of cytochrome c oxidase. J Biol Chem 248:5369-5378

Eck R, Lazarus CM, Baldauf F, Metzlaff M, Hagemann R (1987) Sequence analysis and E. coli minicell transcription test of Pelargonium plastid 5S rDNA. Mol Gen Genet 207:514-516

Eckes P, Schell J, Willmitzer L (1985) Organ-specific expression of three leaf/stem specific cDNAs from potato is regulated by light and correlated with chloroplast development. Mol Gen Genet 199:216-224

Edelman M, Reisfeld A (1978) Characterization, translation and control of the 32000 dalton membrane protein in Spirodela. In: Akoyunoglou G, Argyroudi-Akoyunoglou JH (eds) Chloroplast development, Elsevier/North Holland, Amsterdam, pp 641-652

Edelman M, Cowan CA, Epstein HT, Schiff JA (1964) Studies of chloroplast development in Euglena. VIII Chloroplast-associated DNA. Proc Natl Acad Sci USA 52:1214-1219

Edelman M, Swinton D, Schiff JA, Epstein HT, Zeldin B (1967) Deoxyribonucleic acid of the blue-green algae (Cyanophyta). Bacteriol Rev 31:315-331

Edmunds LN Jr (1964) Replication of DNA and cell division in synchronously dividing cultures of Euglena gracilis. Science 145:266-268

Edmunds LN Jr (1965) Studies on synchronously dividing cultures of Euglena gracilis. II Patterns of biosynthetic events during the cell cycle. J Cell Comp Physiol 66: 159-182

Edwards K, Kössel H (1981) The rRNA operon from Zea mays chloroplasts: nucleotide sequence of 23S rDNA and its homology with E. coli 23S rDNA. Nucleic Acids Res 9: 2853-2869

Edwardson JR (1970) Cytoplasmic male sterility. Bot Rev 36:341-420

Ee JH van, Veld Man in't (1980) Isolation and characterization of chloroplast DNA from duckweed Spirodela oligorhizza. Plant Physiol 66:572-575

Eichholz RL, Buetow DE (1984) Kinetics of accumulation of the subunits of ribulose bisphosphate carboxylase during chloroplast development in Euglena gracilis as determined by solid-phase indirect radioimmunoassay. In: Sybesma C (ed) Advances in photosynthesis research, Martinus Nijhoff/Dr. W. Junk Publishers, The Hague, Vol III, pp 8o7-810

Eilers M, Schatz G (1986) Binding of a specific ligand inhibits import of a purified precursor protein into mitochondria. Nature 322:228-232

Eilers M, Oppliger W, Schatz G (1987) Both ATP and an energized inner membrane are required to import a purified precursor protein into mitochondria. EMBO J 6:1073-1077

Ellis RJ (1981) Chloroplast proteins: synthesis, transport and assembly. Annu Rev Plant Physiol 32:111-137

Ellis RJ (1983) Mobile genes of chloroplast and the promiscuity of DNA. Nature 304: 308

Ellis RJ, Robinson C (1985) Post-translational transport and processing of cytoplasmically-synthesized precursors of organellar proteins. In: The enzymology of post-translational modifications of proteins, Acad Press, London, Vol 2, pp 25-39

Emr SD, Vassarotti A, Garrett J, Geller BL, Takeda M, Douglas MG (1986) The amino terminus of the yeast F_1-ATPase ß-subunit precursor functions as a mitochondrial import signal. J Cell Biol 102:523-533

Epand R, Hui S, Argan C, Gillespie L, Shore G (1986) Structural analysis and amphiphilic properties of a chemically synthesized mitochondrial signal peptide. J Biol Chem 261:10017-10020

Erickson JM, Rahire M, Malnoe P, Girard-Bascou J, Pierre Y, Bennoun P, Rochaix JD (1986) Lack of the D2 protein in a Chlamydomonas reinhardtii psbD mutant affects photosystem II stability and D1 expression. EMBO J 5:1745-1754

Ersland DR, Aldrich J, Cattolico RA (1981) Kinetic complexity, homogeneity, and copy number of chloroplast DNA from the marine alga Olisthodiscus luteus. Plant Physiol 68:1468-1473

Eytan G, Schatz G (1975) Cytochrome c oxidase from bakers' yeast. V Arrangement of the subunits in the isolated and membrane-bound enzyme. J Biol Chem 250:767-774

Eytan G, Carroll RC, Schatz G, Racker E (1975) Arrangement of the subunits in solubilized and membrane-bound cytochrome c oxidase from bovine heart. J Biol Chem 250: 8598-8603

Falk H, Liedvogel B, Sitte P (1974) Circular DNA in isolated chromoplasts. Z Naturforsch 29c:541-544

Farelly F, Butow AR (1983) Rearranged mitochondrial genes in the yeast nuclear genome. Nature 301:296-301

Farineau J, Guillot-Salomon T, Popovic R (1978) Etude de la structure et des activities photochimiques des deux types d'etiochloroplastes formes chez la feuille de Zea mays L. au cours d'un verdissement en regime d'eclairs brefs. Biol Cell 32: 307-316

Feierabend J (1978) Cooperation of cytoplasmic and plastidic protein synthesis in rye leaves. In: Akoyunoglou G (ed) Chloroplast development, Elsevier/North Holland, Amsterdam, pp 207-213

Feierabend J, Schubert B (1978) Comparative investigations of the action of several chlorosis-inducing herbicides on the biogenesis of chloroplasts and leaf microbodies. Plant Physiol 61:1017-1022

Feierabend J, Meschede H, Vogel K-D (1980) Comparison of the polypeptide compositions of the internal membranes of chloroplasts, etioplasts and ribosome-deficient heatbleached plastids from rye leaves. Z Pflanzenphysiol 98:61-78

Felipo V (1986) A rat liver cell-free system for the synthesis of proteins and their transport into mitochondria. Physiol Chem Phys Med NMR 18:25-32

Felipo V, Grisolia S (1986) Precursors of mitochondrial proteins are degraded in the cytosol at different rates. FEBS Lett 209:227-230

Firgaira FA, Hendrick JP, Kalousek F, Kraus JP, Rosenberg LE (1984) RNA required for import of precursor proteins into mitochondria. Science 226:1319-1322

Flores S, Tobin EM (1987) Benzyladenine regulation of the expression of two nuclear genes for chloroplast proteins. In: Fox JE, Jacobs M (eds) Molecular biology of plant growth control, Alan R Liss, Inc., New York, pp 123-132

Fluhr R, Edelman M (1981) Physical mapping of Nicotiana tabacum chloroplast DNA. Mol Gen Genet 181:484-490

Forde BG, Leaver CJ (1979) Mitochondrial genome expression in maize: Possible involvment of variant mitochondrial polypeptides in cytoplasmic male-sterility. In: Davies DR, Hopwood DA (eds) The plant genome, John Innes Charity, Norwich, pp 131-146

Forde BG, Leaver CJ (1980) Nuclear and cytoplasmic genes controlling synthesis of variant mitochondrial polypeptides in male-sterile maize. Proc Natl Acad Sci USA 77:418-422

Forde BG, Oliver RJC, Leaver CJ (1979) In vitro study of mitochondrial protein synthesis during mitochondrial biogenesis in excised plant storage tissue. Plant Physiol 63:67-73

Fox TD (1979) Five TGA 'stop' codons occur within the translated sequence of the yeast mitochondrial gene for cytochrome c oxidase subunit II. Proc Natl Acad Sci USA 76:6534-6538

Fox TD, Leaver CJ (1981) The Zea mays mitochondrial gene coding cytochrome oxidase subunit II has an intervening sequence and does not contain TGA codons. Cell 26: 315-323

Foyer CH (1984) Phosphorylation of a stromal enzyme protein in maize (Zea mays) mesophyll chloroplasts. Biochem J 222:247-253

Franke WW, Scheer U, Krohne G, Jarasch E-D (1981) The nuclear envelope and the architecture of the nuclear periphery. J Cell Biol 91:39s-50s

Freeze HH, Mierendorf RC, Wunderlich R, Dimond RL (1984) Sulfated oligosaccharides block antibodies to many Dictyostelium discoideum acid hydrolases. J Biol Chem 259:10641-10643

Freeze HH, Yeh R, Miller AL, Kornfeld S (1983) Structural analysis of the asparagine-linked oligosaccharides from three lysosomal enzymes of Dictyostelium discoideum. J Biol Chem 258:14874-14879

Freitag H, Neupert W, Benz R (1982) Purification and characterization of a pore protein of the outer mitochondrial membrane from Neurospora crassa. Eur J Biochem 123:629-639

French CS, Brown JS, Wiessner W, Lawrence MC (1971) Four forms of chlorophyll a. Carnegie Year Book 69:662-670

Freyssinet G, Freyssinet M, Buetow DE (1984) Kinetics of accumulation of ribulose-1,5-bisphosphate carboxylase during greening in Euglena gracilis. Plant Physiol 75: 858-861

Fromm H, Devic M, Fluhr R, Edelman M (1985) Control of the psbA gene expression: In mature Spirodela chloroplast light regulation of 32-kd protein synthesis is independent of transcript level. EMBO J 4:291-295

Fukuzawa H, Kohchi T, Shirai H, Ohyama K, Umesono K, Inokuchi H, Ozeki H (1986) Coding sequences for chloroplast ribosomal protein S12 from the liverwort, Marchantia polymorpha, are separated far apart on the different DNA strands. FEBS Lett 198:11-15

Gabel CA, Goldberg DE, Kornfeld S (1983) Identification and characterization of cells deficient in the mannose-6-phosphate receptor: Evidence for an alternate pathway for lysosomal enzyme targeting. Proc Natl Acad Sci USA 80:775-779

Gallagher TF, Ellis RJ (1982) Light-stimulated transcription of genes for two chloroplast polypeptides in isolated pea leaf nuclei. EMBO J 1:1493-1498

Gallagher TF, Smith SM, Jenkins GI, Ellis RJ (1984) Photoregulation of transcription of the nuclear and chloroplast genes for ribulose bisphosphate carboxylase. In: Ellis RJ (ed) Chloroplast biogenesis, Cambridge University Press, Cambridge, pp 303-319

Garriga G, Lambowitz AM (1984) RNA splicing in Neurospora mitochondria: Self-splicing of a mitochondrial intron in vitro. Cell 38:631-641

Gay NJ, Walker JE (1981a) The atp operon: Nucleotide sequence of the region encoding the α-subunit of Escherichia coli ATP synthase. Nucleic Acids Res 9:2187-2194

Gay NJ, Walker JE (1981b) The atp operon: Nucleotide sequence of the promoter and the genes for the membrane proteins and the δ-subunit of Escherichia coli ATPsynthase. Nucleic Acids Res 9:3919-3926

Gay NJ, Walker JE (1985) Two genes encoding the bovine ATPsynthase proteolipid specific precursors with different import sequences and are expressed in a tissue-specific manner. EMBO J 4:3519-3524

Gellisen G, Bradfield JY, White BN, Wyatt GR (1983) Mitochondrial DNA sequences in the nuclear genome of a locust. Nature 301:631-634

Gerace L, Blobel G (1980) The nuclear envelope lamina is reversibly depolymerized during mitosis. Cell 19:277-287

Gerace L, Blobel G (1982) Nuclear lamina and the structural organization of the nuclear envelope. Cold Spring Harbor Symp Quant Biol 46:967-978

Gilman AG (1984) G proteins and dual control of adenylate cyclase. Cell 36:577-579

Godnev RN, Rotfarb RM, Shlyk AA (1960) Dokl Akad Nauk SSSR 130:663-666

Golden SS, Haselkorn R (1985) Mutation to herbicide resistance maps within the psbA gene of Anacystis nidulans R2. Science 229:1104-1107

Goldschmidt-Clermont M, Rahire M (1986) Sequence, evolution and differential expression of the two genes encoding variant small subunits of ribulose bisphosphate carboxylase/oxygenase in Chlamydomonas reinhardtii. J Mol Biol 191:421-432

Goldthwaite CD, Cryer DR, Marmur J (1974) Effect of carbon source on the replication and transmission of yeast mitochondrial genomes. Mol Gen Genet 133:87-104

Gollub EG, Trocha PKL, Sprinson DB (1974) Yeast mutants requiring ergosterol as only lipid supplement. Biochem Biophys Res Commun 56:471-477

Graf L, Kössel H, Stutz E (1980) Sequencing of 16S-23S spacer in ribosomal RNA operon of Euglena gracilis chloroplast DNA reveals two tRNA genes. Nature 286:908-910

Grant D, Chiang K-S (1980) Physical mapping and characterization of Chlamydomonas mitochondrial DNA molecules. Plasmid 4:82-96

Gray PW, Hallick RB (1977) Restriction endonuclease map of Euglena gracilis chloroplast DNA. Biochemistry 16:1665-1671

Green BR, Muir BL, Padmanabhan U (1977) The Acetabularia chloroplast genome: Small circles and large kinetic complexity. In: Woodcock CFL (ed) Progress in Acetabularia research, Acad Press, London, pp 107-122

Greenberg BM, Narita JO, Luca-Flaherty C de, Gruissem W, Rushlow KA, Hallick RB (1984) Evidence for two RNA polymerase activities in Euglena gracilis chloroplasts. J Biol Chem 259:14880-14887

Greenland AJ, Thomas MV, Walden RM (1987) Expression of two nuclear genes encoding chloroplast proteins during early development of cucumber seedlings. Planta 170: 99-110

Greer KL, Plumley FG, Schmidt GW (1986) The water oxidation complex of Chlamydomonas. Accumulation and maturation of the largest subunit in photosystem II mutants. Plant Physiol 82:114-120

Griffiths WT, Mapleston RE (1978) NADPH-protochlorophyllide oxidoreductase. In: Akoyunoglou G, Argyroudi-Akoyunoglou JH (eds) Chloroplast development, Elsevier/North-Holland, Amsterdam, pp 99-104

Griffiths WT, Oliver RP (1984) Protochlorophyllide reductase - structure, function and regulation. In: Ellis RJ (ed) Chloroplast biogenesis, Cambridge University Press, Cambridge, pp 245-258

Groot GSP, Mason TL, Harten-Loosbroek N van (1979) Var1 is associated with the small ribosomal subunit of mitochondrial ribosomes in yeast. Mol Gen Genet 174:339-342

Gruissem W, Zurawski G (1985) Analysis of promoter regions for the spinach chloroplast rbcL, atpB and psbA genes. EMBO J 4:3375-3383

Gruissem W, Greenberg BM, Zurawski G, Hallick RB (1986) Chloroplast gene expression and promoter identification in chloroplast extracts. Methods in Enzymol. 118:253-270

Gusso N, Dreyfus M, Siffert O, Dauchin A, Spyridakis A, Gargouri A, Claisse M, Slominski PP (1984) Antibodies against synthetic oligopeptides allow identification of the mRNA maturase encoded by the second intron of the yeast cob-box gene.

EMBO J 3:1769-1772

Hack E, Leaver CJ (1983) The α-subunit of the maize F_1-ATPase is synthesized in the mitochondria. EMBO J 2:1783-1789

Hagihara B, Satoh N, Yamanaka T (1975) Type c cytochromes. In: Boyer PD (ed) The Enzymes, Acad Press, New York, Vol 11, pp 550-593

Hanley-Bowdain L, Chua N-H (1987) Chloroplast promoters.TIBS 12:67-70

Hansen W, Garcia P, Walter P (1986) In vitro protein translocation across the yeast endoplasmic reticulum: ATP-dependent post-translational translocation of the pre-pro-α-factor. Cell 45:397-406

Hartl F-U, Pfanner N, Neupert W (1987) Translocation intermediates on the import pathway of proteins into mitochondria. Biochem Soc Transactions 15:95-97

Hashimoto H, Murakami S (1982) Changes in morphology and ultrastructure of chloroplast along its division cycle in Euglena gracilis cultured synchronously under photoautotrophic condition. Sci Papers Coll Educat University Tokyo 32:55-64

Hausmann P, Sitte P (1984) Comparison of the polypeptide complement of different plastid types and mitochondria of Narcissus pseudonarcissus. Z Naturforsch 39c: 758-766

Hay R, Böhni P, Gasser S (1984) How mitochondria import proteins. Biochim Biophys. Acta 779:65-87

Hedberg MF, Huang Y-S, Hommersand MH (1981) Size of the chloroplast genome in Codium fragile. Science 213:445-447

Heijne G von (1983) Patterns of amino acids near signal-sequence cleavage sites. Eur J Biochem 133:17-21

Heijne G von (1984) Analysis of the distribution of charged residues in the N-terminal region of signal sequences: Implications for protein export in prokaryotic and eukaryotic cells. EMBO J 3:2315-2318

Heijne G von (1986) Why mitochondria need a genome? FEBS Lett 198:1-4

Heil WG, Senger H (1987) Correlation between thylakoid protein phosphorylation and molecular organization of the photosynthetic apparatus in a dynamic system. Planta 170:362-369

Heinhorst S, Shively JM (1983) Encoding of both subunits of ribulose-1,5-bisphosphate carboxylase by organelle genome of Cyanophora paradoxa. Nature 304:373-374

Hemmingsen SM, Ellis RJ (1986) Purification and properties of ribulosebisphosphate carboxylase large subunit binding protein. Plant Physiol 80:269-276

Hennig B, Neupert W (1981) Assembly of cytochrome c. Apocytochrome c is bound to specific sites on mitochondria before its conversion to holocytochrome c. Eur J Biochem 121:203-212

Hennig J, Herrmann RG (1986) Chloroplast ATP synthase of spinach contains nine non-identical subunit species, six of which are encoded by plastid chromosomes in two operons in a phylogenetically conserved arrangement. Mol Gen Genet 203:117-128

Hensgens LAM, Bonen L, Haan M de, Horst G van der, Grivell LA (1983) Two intron sequences in yeast mitochondrial cox1 gene: Homology among URF-containing introns and strain-dependent variation in flanking exons. Cell 32:379-389

Herdman M, Stanier RY (1977) The cyanelle: chloroplast or endosymbiotic prokaryote. FEMS Microbiol Lett 1:7-12

Herrera-Estrella L, Broeck L van den, Maenhaut R, Montagen M van, Schell J, Timko M, Cashmore A (1984) Light-inducible and chloroplast-associated expression of a chimaeric gene introduced into Nicotiana tabacum using a Ti plasmid vector. Nature 310:115-120

Herrin DL, Michaels A (1984) Gene expression during the cell cycle in Chlamydomonas. In: Stein GS, Stein JL (eds) Recombinant DNA and cell proliferation, Acad Press,

New York, pp 87-106

Herrin DL, Michaels A (1985) The chloroplast 32 kda protein is synthesized on thylakoid-bound ribosomes in <u>Chlamydomonas reinhardtii</u>. FEBS Lett 184:90-95

Herrin DL, Michaels AS, Paul A-L (1986) Regulation of genes encoding the large subunit of ribulose-1,5-bisphosphate carboxylase and the photosystem II polyptides D-1 and D-2 during the cell cycle of <u>Chlamydomonas reinhardtii</u>. J Cell Biol 103: 1837-1845

Herrmann RG (1984) Zur Organisation des Plastoms. Ber Beutsch Bot Gesell 97:335-350

Herrmann RG, Feierabend J (1980) The presence of DNA in ribosome-deficient plastids of heat-bleached rye leaves. Eur J Biochem 104:603-609

Herrmann RG, Palta HK, Kowallik KV (1980) Chloroplast DNA from three archegoniates. Planta 148:319-327

Herzog V, Miller F (1979) Membrane retrieval in secretory cells. Symp Soc Exp Biol 33:101-116

Hiller RG, Pilger TBG, Genge S (1978) Formation of chlorophyll protein complexes during greening of etiolated barley leaves. In: Akoyunoglou G, Argyroudi-Akoyunoglou JH (eds) Chloroplast development, Elsevier/North Holland, New York, pp 215-220

Hinz UG, Welinder KG (1987) The light-harvesting complex of photosystem II in barley. Structure and chlorophyll organization. Carlsberg Res Commun 52:39-54

Hock B, Mohr H (1964) Die Regulation der O_2-Aufnahme von Senfkeimlingen (<u>Sinapis alba</u> L.) durch Licht. Planta 61:209-228

Hoffman-Falk H (1980) Ubiquity, metabolism and function of the 32 kd chloroplast membrane protein. M. Sc. Thesis, The Weizmann Institute of Science, Rehovot, Israel

Honberg LS (1984) Probing barley mutants with a monoclonal antibody to a polypeptide involved in photosynthetic oxygen evolution. Carlsberg Res Commun 49:703-719

Horst G van der, Tabak HF (1985) Self-splicing of yeast mitochondrial ribosomal and messenger RNA precursors. Cell 40:759-766

Horwich AL, Kalousek F, Rosenberg LE (1985) Arginine in the leader peptide is required for both import and proteolytic cleavage of a mitochondrial precursor. Proc Natl Acad Sci USA 82:4930-4933

Horwich AL, Kalousek F, Mellman I, Rosenberg L (1985) A leader peptide is sufficient to direct mitochondrial import of a chimeric protein. EMBO J 4:1129-1135

Horwich AL, Kalousek F, Fenton WA, Polloch RA, Rosenberg LE (1986) Targeting of preornithine transcarbamylase to mitochondria: Definition of critical regions and residues in the leader peptide. Cell 44:451-459

Horwich AL, Kalousek F, Fenton WA, Furtak K, Pollok RA, Rosenberg LE (1987) The ornithine transcarbamylase leader peptide directs mitochondrial import through both its midportion structure and net positive charge. J Cell Biol 105:669-678

Horwich AL, Fenton WA, Williams KR, Kalousek F, Kraus JP, Doolittle RF, Konigsberg W, Rosenberg LE (1984) Structure and expression of a complementary DNA for the nuclear coded precursor of human mitochondrial ornithine transcarbamylase. Science 224:1068-1074

Howell SH, Walker LL (1976) Transcription of the nuclear and chloroplast genomes during the vegetative cell cycle in <u>Chlamydomonas reinhardii</u>. Dev Biol 56:11-23

Hoyer-Hansen G, Honberg LS, Hoj PB (1985) Probing in vitro translation products with monoclonal antibodies to a 15,2 kd polypeptides subunit of photosystem I. Carlsberg Res Commun 50:211-221

Hoyer-Hansen G, Bassi R, Honberg LS (1987) Immunological characterization of chlorophyll a/b-binding proteins of barley thylakoids. Planta (in press)

Huner NPA, Krol M, Williams JP, Maissau E, Low PS, Roberts D, Thompson JE (1987) Low temperature development induces a specific decrease in trans-Δ^3-hexadecenoic acid content which influences LHCII organization. Plant Physiol 84:12-18

Hurt EC, Müller U, Schatz G (1985) The first twelve amino acids of a yeast mitochondrial outer membrane protein can direct a nuclear-encoded cytochrome oxidase subunit to the mitochondrial inner membrane. EMBO J 4:3509-3518

Hurt EC, Pesold-Hurt B, Schatz G (1984) The cleavable prepiece of an imported mitochondrial protein is sufficient to direct cytosolic dihydrofolate reductase into the mitochondrial matrix. FEBS Lett 178:306-310

Hurt EC, Pesold-Hurt B, Schatz G (1984) The amino-terminal region of an imported mitochondrial precursor polypeptide can direct cytoplasmic dihydrofolate reductase into the mitochondrial matrix. EMBO J 3:3149-3156

Hurt EC, Goldschmidt-Clermont M, Pesold-Hurt B, Rochaix J-D, Schatz G (1986a) A mitochondrial presequence can transport a chloroplast-encoded protein into yeast mitochondria. J Biol Chem 261:11440-11443

Hurt EC, Pesold-Hurt B, Suda K, Opplinger W, Schatz G (1985) The first twelve amino acids (less than half of the pre-sequence) of an imported mitochondrial protein can direct mouse cytosolic dihydrofolate reductase into the yeast mitochondrial matrix. EMBO J 4:2061-2068

Hurt EC, Soltanifar N, Goldschmidt-Clermont M, Rochaix J-D, Schatz G (1986b) The cleavable pre-sequence of an imported chloroplast protein directs attached polypeptides into yeast mitochondria. EMBO J 5:1343-1350

Ikeda Y, Keese SM, Fenton WA, Tanaka K (1987) Biosyntnesis of four rat liver mitochondrial acyl-coA dehydrogenases: In vitro synthesis, import into mitochondria, and processing of their precursors in a cell-free system and in cultured cells. Arch Biochem Biophys 252:662-674

Iwatsuki N, Hirai A, Asahi T (1985) A comparison of tomato fruit chloroplast and chromoplast DNAs as analyzed with restriction endonucleases. Plant Cell Physiol 26: 599-601

Jacq C, Pajot P, Lazowska J, Dujardin G, Claisse M, Groudinsky O, Salle H de la, Grandchamp C, Labouesse M, Gargouri A, Guiord B, Spyridakis A, Dreyfus M, Slonimski PP (1982) Role of introns in yeast cytochrome-b gene: cis- and transacting signals, intron manipulation, expression and intergenic communications. In: Slonimski PP, Borst P, Attardi G (eds) Mitochondrial genes, Cold Spring Harbor Lab, Cold Spring Harbor, New York, pp 155-183

Jacquier A, Dujon B (1985) An intron-encoded protein active in a gene conversion process that spreads an intron into a mitochondrial gene. Cell 41:383-394

Jansen T, Rother C, Steppuhn J, Reinke H, Beyreuther K, Jansson J, Andersson B, Herrmann RG (1987) Nucleotide sequence of cDNA clones encoding the complete '23 kDa' and '16 kDa' precursor proteins associated with the photosynthetic oxygen-evolving complex from spinach. FEBS Lett 216:234-240

Jaynes JW, Vernon LP, Klein SM, Strobel GA (1981) Genome size of cyanelle DNA from Cyanophora paradoxa. Plant Sci Lett 21:345-356

Jenkins GI (1986) Photoregulation of expression of genes encoding ribulose-1,5-bisphosphate carboxylase/oxygenase. Biochem Soc Transactions 14:22-24

Jenni B, Stutz E (1978) Physical mapping of the ribosomal DNA region of Euglena gracilis chloroplast DNA. Eur J Biochem 88:127-134

Jensen KH, Herrin DL, Plumley FG, Schmidt GW (1986) Biogenesis of photosystem II complexes: Transcriptional, translational and posttranslational regulation. J Cell Biol 103:1315-1325

Joy KW, Ellis RJ (1975) Protein synthesis in chloroplasts. IV Polypeptides of the chloroplast envelope. Biochim Biophys Acta 378:143-151

Joyard J, Block MA, Dorne A-J, Douce R (1987) Comparison cf envelope membranes from higher plants and algae plastids and of outer membranes from cyanobacteria (bluegreen algae). In: Wiessner W, Robinson DG, Starr RC (eds) Algal development,

Springer, Heidelberg, pp 123-133

Joyard J, Grossman A, Bartlett SG, Douce R, Chua N-H (1982) Characterization of envelope membrane polypeptides from spinach chloroplasts. J Biol Chem 257:1095-1101

Kalousek F, Orsulak MD, Rosenberg LE (1984) Newly processed ornithine transcarbamylase subunits are assembled to trimers in rat liver mitochondria. J Biol Chem 259:5392-5395

Kamalay JC, Goldberg RB (1980) Regulation of structural gene expression in tobacco. Cell 19:935-946

Kamalay JC, Goldberg RB (1984) Organ specific nuclear RNAs in tobacco. Proc Natl Acad Sci USA 81:2801-2805

Kannangara CG, Gough SP (1977) Synthesis of Δ-aminolevulinic acid and chlorophyll by isolated chloroplasts. Carlsberg Res Commun 42:441-457

Karlin-Neumann GA, Tobin EM (1986) Transit peptides of nuclear-encoded chloroplast proteins share a common amino acid frame work. EMBO J 5:9-13

Karlin-Neumann GA, Kohorn BD, Thornber JP, Tobin EM (1985) A chlorophyll a/b-protein encoded by a gene containing an intron with characteristics of a transposable element. J Mol Appl Genet 3:45-61

Kasemir H (1983) Action of light on chlorophyll(ide) appearance. Photochem Photobiol 37:701-708

Kaul R, Saluja D, Sachar RC (1986) Phosphorylation of small subunit plays a crucial role in the regulation of RuBPCase in moss and spinach. FEBS Lett 209:63-70

Kay SA, Griffiths WT (1983) Light induced breakdown of NADPH-protochlorophyllide oxidoreductase in vitro. Plant Physiol 72:229-236

Keemble RJ, Bedbrook JR (1980) Low molecular weight circular and linear DNA in mitochondria from normal and male-sterile _Zea mays_ cytoplasm. Nature 284:565-566

Keemble RJ, Gunn RE, Flavell RB (1980) Classification of normal and male-sterile cytoplasms in maize. II Electrophoretic analysis of DNA species in mitochondria. Genetics 95:451-458

Kirk JTO, Tilney-Bassett RAE (1978) The plastids, Elsevier/North-Holland, Amsterdam

Klein RR, Mullet JE (1986) Regulation of chloroplast-encoded chlorophyll-binding protein translocation during higher plant chloroplast biogenesis. J Biol Chem 261: 11138-11145

Klein RR, Mullet JE (1987) Control of gene expression during higher plant chloroplast biogenesis. Protein synthesis and transcript level of psbA, psaA-psaB, and rbcL in dark-grown and illuminated barley seedlings. J Biol Chem 262:4341-4348

Kleinig H, Sitte P (1984) Zellbiologie, Fischer, Stuttgart

Kloppstech K, Bitsch A (1986) Crosslinking of envelope proteins presumably involved in the binding of nuclear coded chloroplast precursor proteins. In: Akoyunoglou G, Senger H (eds) Regulation of chloroplast differentiation, Alan R. Liss, Inc., New York, pp 235-240

Kloppstech K, Meyer G, Schuster G, Ohad I (1985) Synthesis, transport and localization of a nuclear coded 22 kD heat-shock protein in the chloroplast membranes of peas and _Chlamydomonas reinhardi_. EMBO J 4:1901-1909

Koch W, Edwards K, Kössel H (1981) Sequencing of the 16S-23S spacer in a ribosomal RNA operon of _Zea mays_ chloroplast DNA. Cell 25:203-213

Kodana H, Ohtake A, Mori M, Okabe I, Tatibana M, Kamoshita S (1986) Ornithine transcarbamylase deficiency: A case with a truncated enzyme precursor and a case with undetectable mRNA activity. J Inher Metab Dis 9:175-185

Kohnke B, Brandt P (1984) Variability in the synthesis of cytochromes f and b-563 during the cell cycle of _Euglena gracilis_. Biochim Biophys Acta 766:156-160

Kohnke B, Brandt P, Mende D, Wiessner W, Kloppstech K, Radunz A (1987) Induction and regulation of two different LHCP messenger RNAs in Chlamydobotrys stellata. In: Wiessner W, Robinson DG, Starr D (eds) Algal development, Springer, Heidelberg, pp 164-175

Kohorn BD, Harel E, Chitnis PR, Thornber JP, Tobin EM (1986) Function and mutational analysis of the light-harvesting chlorophyll a/b protein of thylakoid membranes. J Cell Biol 102:972-981

Kolata G (1985) Fitting methylation into development. Science 228:1183-1184

Koll M, Brandt P, Wiessner W (1980) Hemmung der lichtabhängigen Chloroplastenentwicklung etiolierter Euglena gracilis durch Glucose. Protoplasma 105:121-128

Koll F, Begel O, Keller AM, Vierny C, Belcour L (1984) Ethidium bromide rejuvenation of senescent cultures of Podospora anserina: Loss of senescence-specific DNA and recovery of usual mitochondrial DNA. Curr Genet 8:127-134

Koller B, Delius H (1980) Vicia faba chloroplast DNA has only one set of ribosomal RNA genes as shown by partial denaturation mapping and r-loop analysis. Mol Gen Genet 178:261-269

Koller B, Fromm H, Galun E, Edelman M (1987) Evidence for in vivo trans splicing of pre-mRNAs in tobacco chloroplasts 48:111-119

Kollöffel C (1970) Oxidative and phosphorylative activity of mitochondria from pea cytoledons during maturation of the seed. Planta 91:321-328

Kolodner R, Tewari KK (1972) Physicochemical characterization of mitochondrial DNA from pea leaves. Proc Natl Acad Sci USA 69:1830-1834

Kolodner R, Tewari KK (1975) The molecular size and conformation of the chloroplast DNA from higher plants. Biochim Biophys Acta 402:372-390

Kolodner R, Tewari KK (1979) Inverted repeats in chloroplast DNA from higher plants. Proc Natl Acad Sci USA 76:41-45

Kück U, Choquet Y, Schneider M, Dron M, Bennoun P (1987) Structural and transcription analysis of two homologous genes for the P700 chlorophyll a-apoproteins in Chlamydomonas reinhardii: Evidence for in vivo trans-splicing. EMBO J 6:2185-2195

Kühlbrandt W (1984) Three-dimensional structure of the light-harvesting chlorophyll a/b protein complex. Nature 307:478-480

Kühlbrandt W (1987) Three-dimensional crystals of the light-harvesting chlorophyll a/b protein complex from pea chloroplasts. J Mol Biol 194:757-762

Kuzela St, Vigg J, Nelson BD (1986) Rhodamine 6G inhibits the matrix-catalyzed processing of precursors of rat-liver mitochondrial proteins. Eur J Biochem 154:553-557

Lacoste-Royal G, Gibbs SP (1985) Ochromonas mitochondria contain a specific chloroplast protein. Proc Natl Acad Sci USA 82:1456-1459

Labouesse M, Slonimiski PP (1983) Construction of novel cytochrome b genes in yeast mitochondria by subtraction or addition of introns. EMBO J 2:269-276

Laetsch WM (1974) The C_4 syndrome: A structural analysis. Annu Rev Plant Physiol 25: 27-52

Lam E, Chua N-H (1987) Chloroplast DNA gyrase and in vitro regulation of transcription by template topology and novobiocin. Plant Mol Biol 8:415-424

Lambowitz AM, Chua N-H, Luck DJL (1976) Mitochondrial ribosome assembly in Neurospora. J Mol Biol 107:223-253

Lamppa GK, Bendich AJ (1979) Changes in chloroplast DNA levels during development in pea (Pisum sativum). Plant Physiol 64:126-130

Lamppa GK, Bendich AJ (1984) Changes in mitochondrial DNA levels during development of pea (Pisum sativum L.). Planta 162:463-468

Lamppa GK, Elliot LV, Bendich AJ (1980) Changes in chloroplast number during pea leaf development. An analysis of a protoplast population. Planta 121:181-191

Larrinua IM, McLaughlin WE (1987) A gene cluster in the Z.mays plastid genome is homologous to part of the S10 operon in E.coli. Progress in Photosynthesis Res., Vol IV, 649-652

Lawrence ME, Possingham JV (1985) Microspectrofluorometric measurement of chloroplast DNA in dividing and expanding leaf cells of Spinacia oleracea. Plant Physiol 81:708-710

Lazowska J, Jacq C, Slonimiski PP (1980) Sequence of introns and flanking exons in wild-type and box 3 mutants of cytochrome b reveals an interlaced splicing protein coded by an intron. Cell 22:333-348

Leaver CJ, Forde BG (1980) Mitochondrial genome expression in higher plants. In: Leaver CJ (ed) Genome organisation and expression in plants, Plenum Press, New York, pp 407-425

Leaver CJ, Gray MW (1982) Mitochondrial genome organization and expression in higher plants. Annu Rev Plant Physiol 33:373-402

Leaver CJ, Harmey MA (1973) Plant mitochondrial nucleic acids. Biochem Soc Symp 38: 175-193

Lebkowski JS, Laemmli UK (1982) Non-histone proteins and long-range organization of HeLa interphase DNA. J Mol Biol 156:325-344

Lehner CF, Fürstenberger G, Eppenberger HM, Nigg EA (1986) Biogenesis of the nuclear lamina: In vivo synthesis and processing of nuclear protein precursors. Proc Natl Acad Sci USA 83:2096-2099

Lemieux C, Turmel M, Seligy V, Lee RW (1985) The large subunit of ribulose-1,5-bisphosphate carboxylase-oxygenase is encoded in the inverted repeat sequence of the Chlamydomonas eugametos chloroplast genome. Curr Genet 9:139-145

Levens D, Ticho B, Ackerman E, Rabinowitz M (1981) Transcriptional initiation and 5'- termini of yeast mitochondrial RNA. J Biol Chem 256:5226-5232

Levings CSIII, Shah DM, Hu WWL, Pring DR, Timothy DH (1979) Molecular heterogeneity among mitochondrial DNAs from different maize cytoplasms. In: Cummings D, Borst, P, David I, Weissman S, Fox CF (eds) Extrachromosomal DNA, ICN-UCLA Symposium on molecular and cellular biology, pp 63-73

Lewin RA (1981) The prochlorophytes. In: Starr MP (ed) The prokaryotes, Springer, Heidelberg, pp 257-266

Lewin RA (1983) Premiscous DNA leaps all barriers. Science 219:478-479

Link G (1981) Cloning and mapping of the chloroplast DNA sequences for two messenger RNAs from mustard (Sinapis alba). Nucleic Acids Res 9:3681-3694

Link G (1982) Phytochrome control of plastid mRNA in mustard (Sinapis alba L.) Planta 154:81-86

Link G (1984) DNA sequences requirements for the accurate transcription of a protein-coding plastid gene in a plastid in vitro system from mustard. EMBO J 3:1697-1704

Liveanu V, Yocum CF, Nelson N (1986) Polypeptides of the oxygen-evolving photosystem II complex. J Biol Chem 261:5296-5300

Loon APGM van, Brändli AW, Pesold-Hurt B, Blank D, Schatz G (1987) Transport of proteins to the mitochondrial intermembrane space: The 'matrix-targeting' and the 'sorting' domains in the cytochrome C_1 presequence. EMBO J 6:2433-2439

Lorch IJ, Jeon KW (1981) Rapid induction of cellular strain specificity by newly acquired cytoplasmic components in Amoeba. Science 211:949-951

Lord JM, Roberts LM (1983) Formation of glyoxysomes. Int Rev Cytol Suppl 15:115-156

Lorimer G (1981) The carboxylation and oxygenation of ribulose-1,5-bisphosphate. Annu Rev Plant Physiol 32:349-383

Lucero HA, Lin ZF, Racker E (1982) Protein kinases from spinach chloroplasts. II Protein substrate specificity and kinetic properties. J Biol Chem 257:12157-12160

Lustig A, Levens D, Rabinowitz M (1982a) The biogenesis and regulation of yeast mitochondrial RNA polymerase. J Biol Chem 257:5800-5808

Lustig A, Padmanaban G, Rabinowitz M (1982b) Regulation of the nuclear-coded protein of yeast cytochrome c oxidase. Biochemistry 21:309-316

Lüttge U, Kramer D, Ball E (1974) Photosynthesis and apparent proton fluxes in intact cells of greening etiolated barley and maize leaves. Z Pflanzenphysiol 71:6-21

Lüttke A (1980) Relation between chloroplast replication and cell division in Olisthodiscus luteus. Plant Sci Lett 18:191-199

Lütz C, Röper U, Beer NS, Griffiths T (1981) Sub-etioplast localization of the enzyme NADPH:protochlorophyllide oxidoreductase. Eur J Biochem 118:347-353

Lyttleton JW (1962) Isolation of ribosomes from spinach chloroplasts. Expl Cell Res 26:312-317

Maccecchini ML, Rudin Y, Blobel G, Schatz G (1979) Import of proteins into mitochondria: Precursor forms of the extramitochondrially made F_1-ATPase subunit in yeast. Proc Natl Acad Sci USA 76:343-347

Macready IG, Scott RM, Zinn AR, Butow RA (1985) Transposition of an intron in yeast mitochondria requires a protein encoded by that intron. Cell 41:395-402

Mäenpää P, Andersson B, Syndby C (1987) Difference in sensitivity to photoinhibition between photosystem II in the appressed and non-appressed thylakoid regions. FEBS Lett 215:31-36

Mahler HR (1980) Non-symbiotic hypotheses of mitochondrial origin and their relevance to cell research. In: Schwemmler W, Schenk HEA (eds) Endocytobiology II, de Gruyter, Berlin, pp 869-892

Manam S, Tuyle GC van (1987) Separation and characterization of 5'- and 3'-tRNA processing nucleases from rat liver mitochondria. J Biol Chem 262:10272-10279

Manning JE, Richards OC (1972) Isolation and molecular weight of circular chloroplast DNA from Euglena gracilis. Biochim Biophys Acta 259:285-296

Mapleston RE, Griffiths WT (1980) Light modulation of the activity of protochlorophyllide reductase. Biochem J 189:125-133

Marks DB, Keller BJ, Hoober JK (1986) A secondary processing site in the precursor of the small subunit of ribulose bisphosphate carboxylase of Chlamydomonas reinhardtii y-1. Plant Physiol 81:702-704

Markwell JP, Thornber JP, Boggs RT (1979) Higher plant chloroplasts: Evidence that all the chlorophyll exists as chlorophyll-protein complexes. Proc Natl Acad Sci USA 76:1233-1235

Marty F, Branton D, Leigh RA (1980) Plant vacuoles. In: Stumpf PK, Conn EE (eds) The biochemistry of plants, Vol 1, Acad Press, London, pp 625-658

Matile PH (1974) Lysosomes. In: Robards AW (ed) Dynamic aspects of plant ultrastructure. McGraw-Hill, New York, pp 54-89

Mattoo AK, Edelman M (1987) Intramembrane translocation and posttranslational palmitoylation of the chloroplast 32-kDa herbicide-binding protein. Proc Natl Acad Sci USA 84:1497-1501

Mattoo AK, Hoffman-Falk H, Marder JB, Edelman M (1984) Regulation of protein metabolism: Coupling of photosynthetic electron transport to in vivo degradation of the rapidly metabolized 32-kilodalton protein of the chloroplast membranes. Proc Natl Acad Sci USA 81:1380-1384

Mazza A, Casale A, Sassone-Corsi B, Bonotto S (1980) A minicircular component of Acetabularia acetabulum chloroplast DNA replicating by the rolling circle. Biochem Biophys Res Commun 93:668-674

McGraw P, Tzagaloff A (1984a) Assembly of the mitochondrial membrane system. Characterization of a yeast nuclear gene involved in the processing of the cytochrome b pre-mRNA. J Biol Chem 258:9459-9468

Menke W, Menke G (1956) Wasser und Lipide in Chloroplasten. Protoplasma 46:535-546

Meyer G, Kloppstech K (1986) Nuclear-coded chloroplast heat-shock proteins in pea. In: Akoyunoglou G, Senger H (eds) Regulation of chloroplast differentiation, Alan R. Liss, New York, pp 731-736

Miake-Lye R, Kirscher MW (1985) Induction of early mitotic events in a cell-free system. Cell 41:165-175

Michel F, Lang BF (1985) Mitochondrial class II introns encode proteins related to the reverse transkriptases of retroviruses. Nature 316:641-643

Michel F, Jacquier A, Dujon B (1982) Comparison of fungal mitochondrial introns reveals extensive homologies in RNA secondary structure. Biochimie 64:867-881

Michel H, Tellenbach M, Boschetti A (1983) A chlorophyll b-less mutant of Chlamydomonas reinhardtii lacking in the light-harvesting chlorophyll a/b-protein complex but not in its apoprotein. Biochim Biophys Acta 725:417-424

Mierendorf RC, Cardelli JA, Dimond RL (1985) Pathways involved in targeting and secretion of a lysosomal enzyme in Dictyostelium discoideum. J Cell Biol 100:1777-1787

Miller RJ, Koeppe DE (1971) Southern corn leaf blight: Susceptible and resistant mitochondria. Science 173:67-69

Mishkind ML, Schmidt GW (1983) Posttranscriptional regulation of ribulose 1,5-bisphosphate carboxylase small subunit accumulation in Chlamydomonas reinhardtii. Plant Physiol 72:847-854

Miura S, Amaya Y, Mori M (1986) A metalloprotease involved in the processing of mitochondrial precursor proteins. Biochem Biophys Res Comm 134:1151-1159

Miura S, Mori M, Amaya Y, Tatibana M, Cohen PP (1981) Aggregation states of precursors for mitochondrial carbamoyl-phosphate synthetase I and ornithine carbamoyltransferase. Biochem Int 2:305-312

Miyake H, Maeda E (1976) Development of bundle sheat chloroplasts in rice seedlings. Can J Bot 54:556-565

Miziorko HM, Lorimer G (1983) Ribulose-1,5-bisphosphate carboxylase-oxygenase. Annu Rev Biochem 52:507-535

Möbius M (1920) Über die Größe der Chloroplasten. Ber Deutsch Bot Gesell 38:224-232

Mollenhauer HH, Morreé DJ (1980) The Golgi apparatus. In: Stumpf PK, Conn EE (eds) The biochemistry of plants, Acad Press, London, Vol I, pp 437-488

Monroy AF, Schwartzbach SD (1985) Photocontrol of the polypeptide composition of Euglena. Analysis by two-dimensional gel electrophoresis. Planta 158:249-258

Monroy AF, Schwartbach SD (1985) Influence of photosynthesis and chlorophyll synthesis on polypeptide accumulation in greening Euglena. Plant Physiol 77:811-816

Montandon P-E, Stutz E (1984) The genes for the ribosomal proteins 512 and 97 are clustered with the gene for the EF-Tu protein on the chloroplast genome of Euglena gracilis. Nucleic Acids Res 12:2851-2859

Moorman AFM, Grivell LA (1976) Coupled transcription-translation of yeast mitochondrial DNA in vitro as a means of gene identification and mapping. In: Saccone C, Kroon AM (eds) The genetic function of mitochondrial DNA, North Holland Publ. Co, Amsterdam, pp 281-289

Morelli G, Nagy F, Fraley RT, Rogers SG, Chua N-H (1985) A short conserved sequence is involved in the light-inducibility of a gene encoding ribulose-1,5-bisphosphat carboxylase small subunit of pea. Nature 315:200-204

Morohashi K, Fujii-Kuriyama Y, Okada Y, Sogawa K, Hirose T, Inayama S, Omura T (1984) Molecular cloning and nucleotide sequence of cDNA for mRNA of mitochondrial cytochrome P-450 (SCC) of bovine adrenal cortex. Proc Natl Acad Sci USA 81:4647-4651

Morreé DJ, Mollenhauer HH (1974) The endomembrane concept: A functional integration of endoplasmic reticulum and golgi apparatus. In: Robards AW (ed) Dynamic aspects of plant ultrastructure, McGraw Hill, New York, pp 84-137

Mucke H, Löffelhardt W, Bohnert HJ (1980) Partial characterization of the genome of the endosymbiotic cyanelles from Cyanophora paradoxa. FEBS Lett 111:347-352

Mullet JE, Klein RR (1987) Transcription and RNA stability are important determinants of higher plant chloroplast RNA levels. EMBO J 6:1571-1579

Mullet JE, Orozco EM, Chua N-H (1985) Multiple transcripts for higher plant rbcL and atpB genes and localization of the transcription initiation site of the rbcL gene. Plant Mol Biol 4:39-54

Musgrove JE, Ellis RJ (1986) The rubisco large subunit binding protein. Phil Trans R Soc Lond B 313:419-428

Nabrego FG, Tzagaloff A (1980) Assembly of the mitochondrial membrane system. J Biol Chem 255:9828-9837

Nagy F, Morelli G, Fraley RT, Rogers SG, Chua N-H (1985) Photoregulated expression of a pea rbcS gene in leaves of transgenic plants. EMBO J 12:3063-3068

Nagy F, Fluhr R, Morelli G, Kuhlemeier C, Poulsen C, Keith B, Boutry M, Chua N-H (1986) The rubisco small subunit gene as a paradigm for studies on differential gene expression during plant development. Phil Trans R Soc Lond B 313:409-417

Nass MMK, Nass S (1963) Intramitochondrial fibers with DNA characteristics. J Cell Biol 19:593-611

Nechushtai R, Nelson N (1981) Purification properties and biogenesis of Chlamydomonas reinhardii photosystem I reaction center. J Biol Chem 256:11624-11628

Nechushtai R, Nelson N (1985) Biogenesis of photosystem I reaction center during greening of oat, bean and spinach leaves. Plant Mol Biol 4:377-384

Nechushtai R, Nelson N, Mattoo AK, Edelman M (1981) Site of synthesis of subunits of photosystem I reaction center and the proton-ATPase in Spirodela. FEBS Lett 125: 115-119

Neupert W, Schatz G (1981) How proteins are transported into mitochondria. Trends Biochem Sci 6:1-4

Nielsen J, Hansen FG, Hoppe J, Friedl P, Meyenburg K (1981) The nucleotide sequence of the atp genes coding for the F_o subunits a, b, c and the F_1 subunit δ of the membrane bound ATPsynthase of Escherichia coli. Mol Gen Genet 184:33-38

Nishizuka Y (1984) The role of protein kinase C in cell surface signal transduction and tumor promotion. Nature 308:693-698

Oelmüller R, Mohr H (1984) Induction versus modulation in phytochrom-regulated biochemical processes. Planta 161:165-171

Oelmüller R, Mohr H (1986) Photooxidative destruction of chloroplasts and its consequences for expression of nuclear genes. Planta 167:106-113

Oelmüller R, Dietrich G, Link G, Mohr H (1986) Regulatory factors involved in gene expression (subunits of ribulose-1,5-bisphosphate carboxylase) in mustard (Sinapis alba) cotyledons. Planta 169:260-266

Oelmüller R, Levitau I, Bergfeld R, Rajasekhar VK, Mohr H (1986) Expression of nuclear genes as affected by treatments acting on the plastids. Planta 168:482-492

Oelze-Karow H, Mohr H (1978) Control of chlorophyll b biosynthesis by phytochrome. Photochem Photobiol 27:189-193

Ohashi A, Schatz G (1980) Stimulation of in vitro mitochondrial protein synthesis by yeast cytoplasmic extracts is caused by guanyl nucleotides. J Biol Chem 255: 7740-7745

Ohashi A, Gibson J, Gregor I, Schatz G (1982) Import of proteins into mitochondria. The precursor of cytochrome c_1 is processed in two steps, one of them heme-dependent. J Biol Chem 257:13042-13047

Ohta S, Schatz G (1984) A purified precursor polypeptide requires a cytosolic protein fraction for import into mitochondria. EMBO J 3:651-657

Ohyama K, Fukuzawa H, Kohchi T, Shirai H, Sano T, Sano S, Umesono K, Shiki Y, Takeuchi M, Chang Z, Aota S-I, Inokuchi H, Ozeki H (1986) Chloroplast gene organisation deduced from complete sequence of liverwort Marchantia polymorpha chloroplast DNA. Nature 322:572-573

Oliver RP, Griffiths WT (1980) Identification of the polypeptides of NADPH-protochlorophyllide oxidoreductase. Biochem J 191:277-280

Ono H, Yoshimura N, Sato M, Tuboi S (1985) Translocation of proteins into rat liver mitochondria. Existence of two different precursor polypeptides of liver fumarase and import of the precursor into mitochondria. J Biol Chem 260:3402-3407

Öpik H (1974) Mitochondria. In: Robards AW (ed) Dynamic aspects of plant ultrastructure, McGraw Hill, New York, pp 52-83

Orozco EM, Mullet JE, Hanley-Bowdoin L, Chua N-H (1986) In-vitro transcription of chloroplast protein genes. Methods in Enzymol. 118:232-253

Osinga KA, Haan M de, Christianson T, Tabak HF (1982) A nona-nucleotide sequence involved in promotion of ribosomal RNA synthesis and RNA priming of DNA replication in yeast mitochondria. Nucleic Acids Res 10:7993-800(

Ou W, Morohashi K, Fujii-Kuriyama Y, Omura T (1986) Processing-independent in vitro translocation of cytochrome P-450 (SCC) precursor across mitochondrial membranes. J Biochem 100:1287-1296

Owens GC, Ohad I (1982) Phosphorylation of Chlamydomonas reinhardii chloroplast membrane proteins in vivo and in vitro. J Cell Biol 93:712-718

Owens GC, Ohad I (1983) Changes in thylakoid polypeptide phosphorylation during membrane biogenesis in Chlamydomonas reinhardii y-1. Biochim Biophys Acta 722:234-241

Padmanabhan U, Green BR (1978) The kinetic complexity of Acetabularia chloroplast DNA. Biochim Biophys Acta 521:67-73

Paillard M, Sederoff RR, Levings CSIII (1985) Nucleotide sequence of the S-1 mitochondrial DNA from the S cytoplasm of maize. EMBO J 4:1125-1128

Palmer JD (1982) Physical and gene mapping of chloroplast DNA from Atriplex triangularis and Cucumis sativa. Nucleic Acids Res 10:1593-1605

Palmer JD (1985) Comparative organization of chloroplast genomes. Annu Rev Genet 19: 325-354

Palmer JD, Stein DB (1982) Chloroplast DNA from the fern Osmunda cinnamomea: Physical organization, gene localization and comparison to angiosperm chloroplast DNA. Curr Genet 5:165-170

Palmer JD, Thompson WF (1981) Clone banks of the mung bean pea and spinach chloroplast genomes. Gene 15:21-26

Palmer JD, Zamir D (1982) Chloroplast DNA evolution and phylogenetic relationships in Lycopersicon. Proc Natl Acad Sci USA 79:5006-5010

Pannell R, Wood L, Kaplan A (1982) Processing and secretion of α-mannosidase forms by Dictyostelium discoideum. J Biol Chem 257:9861-9865

Paproth B, Hauska G (1984) Thylakoid proteins in seeds and etiolated plants of spinach. In: Akoyunoglou G, Senger H (eds) Regulation of chloroplast differentiation, Alan R. Liss, Inc., New York, pp 193-196

Pearse MF, Bretscher MS (1981) Membrane recycling by coated vesicles. Annu Rev Biochem 50:85-101

Peebles PS, Mecklenburg KL, Petrillo ML, Tabor JH, Jarrell KA, Cheng HL (1986) A self-splicing RNA excises an intron lariat. Cell 44:213-223

Pfanner N, Neupert W (1985) Transport of proteins into mitochondria: A potassium diffusion potential is able to drive the import of ADP/ATP carrier. EMBO J 4:2819-2825

Pfanner N, Neupert W (1986) Transport of F_1-ATPase subunit ß into mitochondria depends on both a membrane potential and nucleoside triphosphates. FEBS Lett 209: 152-156

Pfanner N, Tropschug M, Neupert W (1987) Mitochondrial protein import: Nucleoside triphosphates are involved in conferring import-competence to precursors. Cell 49: 815-823

Picard-Bennoun M (1985) Introns, protein syntheses and aging. FEBS Lett 184:1-5

Piechulla B, Chonoles Imlay KR, Gruissem W (1985) Plastid gene expression during fruit ripening in tomato. Plant Mol Biol 5:373-384

Piechulla B, Pichersky E, Cashmore AR, Gruissem W (1986) Expression of nuclear and plastid genes for photosynthesis-specific proteins during tomato fruit development and ripening. Plant Mol Biol 7:367-376

Porra RJ, Meisch H-U (1984) The biosynthesis of chlorophyll. Trends Biochem Sci 9: 99-104

Powell DS, Pryke JA (1987) Gene expression in isolated plastids from fruits of Capsicum annum. Plant Science 49:51-56

Powles SB, Osmond CB (1978) Inhibition of the capacity and efficiency of photosynthesis in bean leaflets illuminated in a CO_2-free atmosphere at low oxygen: A possible role for photorespiration. Aust J Plant Physiol 5:619-629

Pring DR, Levings CSIII, Conde MF (1979) The organelle genomes of cytoplasmic male-sterile maize and sorghum. In: Davies DR, Howood DA (eds) The plant genome, John Innes Charity, Norwich, pp 111-120

Pringsheim EG, Pringsheim O (1952) Experimental elimination of chromatophores and eyespot in Euglena gracilis. New Phytol 51:65-76

Pryke JA, Cranney MK, Jones DS (1979) Hybridisation studies on DNA isolated from Scenedesmus obliquus. Plant Sci Lett 16:125-128

Quetier F, Vedel F (1977) Heterogeneous population of mitochondrial DNA molecules in higher plants. Nature 268:365-368

Quetier F, Vedel F (1980) Physico-chemical and restriction endonuclease analysis of mitochondrial DNA from higher plants. In: Leaver CJ (ed) Genome organisation and expression in plants, Plenum Press, New York, pp 401-406

Rawson JRY, Clegg MT, Thomas K, Rinehart C, Wood B (1981) A restriction map of the ribosomal RNA genes and the short single-copy DNA sequence of the pearl millet chloroplast genome. Gene 16:11-19

Rawson JRY, Kushner SR, Vapnek D, Alton NK, Boerma CL (1978) Chloroplast ribosomal RNA genes in Euglena gracilis exist as three clustered tandem repeats. Gene 3:191-209

Ray DS, Hanawalt PC (1964) Properties of the satellite DNA associated with the chloroplasts of Euglena gracilis. J Mol Biol 9:812-824

Reid AG, Schatz G (1982a) Import of proteins into mitochondria. Extramitochondrial pools and post-translational import of mitochondrial protein precursors in vivo. J Biol Chem 257:13062-13067

Reid GA, Schatz G (1982b) Import of proteins into mitochondria. Yeast cells grown in the presence of carbonyl cyanide m-chlorophenylhydrazone accumulate massive amounts of some mitochondrial precursor polypeptides. J Biol Chem 257:13056-13061

Reid GA, Yonetani T, Schatz G (1982) Import of proteins into mitochondria. Import and maturation of the mitochondrial intermembrane space enzymes cytochrom b_2 and cytochrome c peroxidase in intact yeast cells. J Biol Chem 257:13068-13074

Reid RA, Leech RM (1980) Biochemistry and structure of cell organelles. Blackie and Son Ltd, London

Reisfeld A (1979) Characterization, translation and control of the chloroplast proteins P-32000 and LS-carboxylase from Spirodela. Ph. D. Thesis, The Weizmann Institute of Science, Rehovot, Israel

Reisfeld A, Gressel J, Jakob KM, Edelman M (1978) Characterization of the 32000 dalton membrane protein - I Early synthesis during photoinduced plastid development of Spirodela. Photochem Photobiol 27:161-165

Reiss T, Link G (1985) Characterization of transcriptionally active DNA-protein complex from chloroplasts of mustard (Sinapis alba L.). Eur J Biochem 148:207-212

Reiss T, Bergfeld R, Link G, Thien W, Mohr H (1983) Photooxidative destruction of chloroplasts and its consequences for cytosolic enzyme levels and plant development. Planta 159:518-528

Reith ME, Cattolico RA (1985) Chloroplast protein synthesis in the chromophytic alga Olisthodiscus luteus. Plant Physiol 79:231-236

Reith M, Cattolico RA (1986) Inverted repeat of Olisthodiscus luteus chloroplast DNA contains genes for both subunits of ribulose-1,5-bisphosphate carboxylase and the 32000-dalton $Q_B$protein: Phylogenetic implications. Proc Natl Acad Sci USA 83:8599-8603

Renger G (1976) Studies on the structural and functional organization of system II of photosynthesis. The use of trypsin as a structurally selective inhibitor at the outer surface of the thylakoid membrane. Biochim Biophys Acta 440:287-300

Restivo FM, Tassi F, Maestri E, Lorenzoni C, Puglisi PP, Marmiroli N (1986) Identification of chloroplast associated heat-shock proteins in Nicotiana plumbaginifolia protoplasts. Curr Genet 11:145-149

Rick CM (1956) Cytogenetics of the tomato. Adv Genet 8:267-382

Rickson FR (1973) Glycogen plastids in Müllerian body cells of Cecropia peltata - a higher green plant. Science 173:344-347

Ris H, Plaut W (1962) Ultrastructure of DNA-containing areas in the chloroplasts of Chlamydomonas. J Cell Biol 13:383-391

Robertis EM de, Longthorne RF, Gurdon JB (1978) Intracellular migration of nuclear proteins in Xenopus oocytes. Nature 272:254-256

Robinson C, Ellis RJ (1984) Transport of proteins into chloroplasts. Eur J Biochem 142:343-346

Rochaix JD (1978) Restriction endonuclease map of the chloroplast DNA of Chlamydomonas reinhardii. J Mol Biol 126:597-617

Rogers SO, Bendich AJ (1987) Heritability and variability in ribosomal RNA genes of Vicia faba. Genetics 117: (in press)

Roise D, Horvath S, Tomich J, Richards J, Schatz G (1986) A chemical synthesized presequence of an imported mitochondrial protein can form an amphiphilic helix and perturb natural and artificial phospholipid bilayers. EMBO J 5:1327-1334

Roscher E, Zetsche K (1986) The effects of light quality and intensity on the synthesis of ribulose-1,5-bisphosphate carboxylase and its mRNAs in the green alga Chlorogonium elongatum. Planta 167:582-586

Roscoe TJ, Ellis RJ (1982) Two-dimensional gel electrophoresis of chloroplast proteins. In: Edelman M, Hallick RB, Chua N-H (eds) Methods in chloroplast molecular biology, Elsevier Biomedical Press, Amsterdam, pp 1015-1028

Rosso SW (1968) The ultrastructure of chromoplast development in red tomato. J Ultra-structure Res 25:307-322

Rothblatt J, Meyer D (1986) Secretion in yeast: Reconstitution of the translocation and glycosylation of α-factor and invertase in a homologous cell-free system. Cell 44:619-628

Rothman JE, Kornberg RD (1986) An unfolding story of protein translocation. Nature 322:209-210

Rothman JE, Miller RL, Urbani LJ (1984) Intercompartmental transport in the Golgi complex is a dissociative process: Facile transfer of membrane protein between two Golgi populations. J Cell Biol 99:260-271

Roy H, Adari H, Costa KA (1978) Characterization of free subunits of ribulose-1,5-bisphosphate carboxylase. Plant Science Lett 16:305-318

Roy H, Costa KA, Adari H (1979) Free subunits of ribulose-1,5-bisphosphate carboxy-lase in pea leaves. Plant Science Lett 11:159-168

Roy H, Bloom M, Milos P, Monroe M (1982) Studies on the assembly of large subunits of ribulose biphosphate carboxylase in isolated pea chloroplasts. J Cell Biol 94:20-27

Rushlow KE, Orozco EM, Lipper C, Hallick RB (1980) Selective in vitro transcription of _Euglena_ chloroplast ribosomal RNA genes by a transcriptionally active chromo-some. J Biol Chem 255:3786-3792

Ruzicka FJ, Beinert H (1977) A new iron-sulfur flavoprotein of the respiratory chain. J Biol Chem 252:8440-8445

Ryrie IJ, Young S, Andersson B (1984) Development of the 33-, 23- and 16-kDa poly-peptides of the photosynthetic oxygen-evolving system during greening. FEBS Lett 177:269-273

Sabatini DD, Kreibich G, Morimoto T, Adesnik M (1982) Mechanisms for the incorpora-tion of proteins in membranes and organelles. J Cell Biol 92:1-21

Sakano K, Asahi T (1971) Biochemical studies on biogenesis of mitochondria in woun-ded sweet potato root tissue. II Active synthesis of membrane-bound protein of mitochondria. Plant Cell Physiol 12:427-436

Salle H de la, Jacq C, Slonimiski PP (1982) Critical sequences within mitochondrial introns: Pleiotropic mRNA maturase and cis-dominant signals of the box intron controlling reductase and oxidase. Cell 28:721-732

Saltzgaber J, Cabral F, Birchmeier W, Kohler C, Frey T, Schatz G (1977) The assembly of mitochondria. In: Brinkley BR, Porter KR (eds) International cell biology, Rockefeller University Press, pp 256-263

Sando N, Miyakawa I, Nishibayashi S, Kuroiwa T (1981) Arrangement of mitochondrial nucleoids during life cycle of _Saccharomyces_ _cerevisiae_. J Gen Appl Microbiol 27:511-516

Saraste M, Gay NJ, Eberle A, Runswick MJ, Walker JE (1981) The atp operon: Nucleo-tide sequence of the γ, β and ε subunits of _Escherichia_ _coli_ ATP synthase. Nu-cleic Acids Res 9:5287-5296

Schatz G (1970) How mitochondria import proteins from the cytoplasm. FEB Lett 103:203-211

Schatz G, Mason TL (1974) The biosynthesis of mitochondrial proteins. Annu Rev Bio-chem 43:51-87

Schindler C, Hracky R, Soll J (1987) Protein transport in chloroplasts: ATP is pre-requisite. Z Naturforsch 42c:103-108

Schleyer M, Schmidt B, Neupert W (1982) Requirement of a membrane potential for the posttranslational transfer of proteins into mitochondria. Eur J Biochem 125:109-116

Schmelzer C, Schmidt C, May K, Schweyen RJ (1983) Determination of functional domains in intron bI1 by study of mitochondrial mutations and a nuclear suppressor. EMBO J 2:2047-2052

Schmidt B, Hennig B, Köhler H, Neupert W (1983) Transport of the precursor to *Neurospora* ATPase subunit 9 into yeast mitochondria. J Biol Chem 258:4687-4689

Schmidt B, Wachter E, Sebald W, Neupert W (1984) Processing peptidase of *Neurospora* mitochondria. Two-step cleavage of imported ATPase subunit 9. Eur J Biochem 144: 581-588

Schmidt GW, Mishkind ML (1983) Rapid degradation of unassembled ribulose-1,5-bisphosphate carboxylase subunits in chloroplasts. Proc Natl Acad Sci USA 80:2632-2636

Schmidt GW, Mishkind ML (1986) The transport of proteins into chloroplasts. Annu Rev Biochem. 55:879-912

Schmidt S, Drumm-Herrel H, Oelmüller R, Mohr H (1987) Time course of competence in phytochrome-controlled appearance of nuclear-encoded plastidic proteins and messenger RNAs. Planta 170:400-407

Schmitt JM, Bohnert HJ, Gordon KHJ, Herrmann RG, Bernardi G, Crouse EJ (1981) Compositional heterogeneity of the chloroplast DNAs from *Euglena gracilis* and *Spinacia oleracea*. Eur J Biochem 117:375-382

Schneider E, Altendorf K (1984) The proton-translocating portion (F_0) of the *E.coli* ATPsynthase. Trends Biochem Sci 9:51-53

Schnepf E (1984) The cytological viewpoint of functional compartmentation. In: Wiessner W, Robinson DG, Starr D (eds) Compartments in algal cells and their interaction, Spinger, Heidelberg, pp 1-10

Schoch S (1978) The esterification of chlorophyllide a in greening bean leaves. Z Naturforsch 33c:712-714

Schopfer P, Siegelmann HW (1968) Purification of protochlorophyllide holochrome. Plant Physiol 43:990-996

Schuler F, Brandt P, Wiessner W (1981) Chloroplastenreduktion in *Euglena gracilis* durch heterotrophe Ernährung mit Glucose im Licht. Protoplasma 106:317-327

Schwarz Z, Kössel H (1980) The primary structure of 16S rDNA from *Zea mays* chloroplast is homologous to *E.coli* 16S rRNA. Nature 283:739-742

Scott NS, Possingham JV (1980) Chloroplast DNA in expanding DNA of *Nicotiana debneyi*. Theor Appl Genet 55:133-137

Scott NS, Timmis JN (1984) Homologies between nuclear and plastid DNA in spinach. Theor Appl Genet 67:279-288

Sebald W, Machleidt W, Otto J (1973) Products of mitochondrial protein synthesis in *Neurospora crassa*: Determination of equimolar amounts of three products in cytochrome oxidase on the basis of amino acid analysis. Eur J Biochem 38:311-324

Selstam E, Widell A (1986) Photoactive protochlorophyllide oxidoreductase in prolamellar bodies of dark-grown pine seedlings. In: Akoyunoglou G, Senger H (eds) Regulation of chloroplast differentiation, Alan R. Liss, New York, pp 93-98

Serrano R (1985) Plasma membrane ATPase of plants and fungi. CRC Press, Boca Raton, Florida

Sheen J-Y, Bogorad L (1986) Differential expression of six light-harvesting chlorophyll a/b binding protein genes in maize leaf cell types. Proc Natl Acad Sci USA 83:7811-7815

Sheen J-Y, Bogorad L (1986) Expression of the ribulose-1,5-bisphosphate carboxylase large subunit gene and three small subunit genes in two cell types of maize leaves. EMBO J 5:3417-3422

Sheffield WP, Nguyen M, Shore GC (1986) Expression in *Escherichia coli* of functional precursor to the rat liver mitochondrial enzyme, ornithin caramyl transferase.

Precursor import and processing in vitro. Biochem Biophys Res Commun 134:21-28

Shelton KR, Higgins LL, Cochran DC, Ruffolo JJ, Egle MP (1980) Nuclear lamins of erythrocyte and liver. J Biol Chem 255:10978-10983

Shemin D, Russel CS (1953) δ-aminolevulinic acid, its role in the biosynthesis of porphyrins and purines. J Am Chem Soc 75:4873-4876

Shepherd HS, Ledoigt G, Howell SH (1983) Regulation of light-harvesting chlorophyll-binding protein (LHCP) mRNA accumulation during the cell cycle in Chlamydomonas reinhardi. Cell 32:99-107

Shine J, Dalgarno L (1974) The 3´-terminal sequence of Escherichia coli 16S ribosomal RNA: Complementarity of nonsense triplets and ribosome binding sites. Proc Natl Acad Sci USA 71:1342-1346

Shinozaki K, Ohme M, Tanaka M, Wakasugi T, Hayashida N, Matsubayashi T, Taita N, Chunwongse J, Obokata J, Yamaguchi-Shinozaki X, Ohto C, Torazawa K, Meng BY, Sugita M, Deno H, Kamagashira T, Yamada K, Kusuda J, Takaiwa F, Kato A, Tohdoh N, Shimada H, Sugiura M (1986) The complete nucleotide sequence of the tobacco chloroplast genome: Its gene organization and expression. EMBO J 5:2043

Shlyk AA (1971) Biosynthesis of chlorophyll b. Annu Rev Plant Physiol 22:169-184

Siedlecki J, Zimmerman W, Weissbach H (1983) Characterization of a prokaryotic topoisomerase I activity in chloroplast extracts from spinach. Nucleic Acids Res 11:1523-1536

Simpson DJ (1986) Freeze-fracture studies of mutant barley chloroplast membranes. In: Staehelin LA, Arntzen CJ (eds) Encyclopedia of plant physiology, Springer, Heidelberg, Vol 19, pp 665-674

Simpson DJ, Andersson B (1986) Extrinsic polypeptides of the chloroplast oxygen evolving complex constitute the tetrameric ESs particles of higher plant thylakoids. Carlsberg Res Commun 51:467-474

Simpson DJ, Wettstein D von (1980) Macromolecular physiology of plastids. XIV Viridis mutants in barley: Genetic, fluorescopic and ultrastructural characterisation. Carlsberg Res Commun 45:283-314

Simpson J, Timko MP, Cashmore AR, Schell J, Montagu M van, Herrera-Estrella L (1985) Light-inducible and tissue-specific expression of a chimaeric gene under control of the 5´-flanking sequence of a pea chlorophyll a/b-binding protein gene. EMBO J 4:2723-2729

Siu CH, Chiang KS, Swift H (1975) Characterization of cytoplasmic and nuclear genomes in the colorless alga Polytoma. V Molecular structure and heterogeneity of leucoplast DNA. J Mol Biol 98:369-391

Slavik NS, Hershberger CL (1976) Internal structural organization of chloroplast DNA from Euglena gracilis Z. J Mol Biol 103:563-581

Sly WS, Fischer HD (1982) The phosphomannosyl recognition system for intracellular and intercellular transport of lysosomal enzymes. J Cell Biochem 18:67-85

Smith JHC (1952) Factors affecting the transformation of protochlorophyll to chlorophyll. Carnegie Inst Wash Yearb 51:151-153

Smith JHC (1954) The development of chlorophyll and oxygen-evolving power in etiolated barley leaves when illuminated. Plant Physiol 29:143-148

Soll J, Buchanan BB (1983) Phosphorylation of chloroplast ribulose biphosphate carboxylase/oxygenase small subunit by an envelopebound protein kinase in situ. J Biol Chem 258:6686-6689

Sparks RB, Dale RMK (1980) Characterisation of ^{3}H-labelled supercoiled mitochondrial DNA from tobacco suspension culture cells. Mol Gen Genet 180:351-355

Spruill WM, Levings CSIII, Sederoff RR (1980) Recombinant DNA analysis indicates that the multiple chromosomes of maize mitochondria contain different sequences. Dev Genet 1:363-378

Stackebrandt E (1983) A phylogenetic analysis of Prochloron. In : Schenk HEA, Schwemmler W (eds) Endocytobiology II, de Gruyter, Berlin, pp 921-932

Staehelin LA (1986) Chloroplast structure and supramolecular organization of photosynthetic membranes. In: Staehelin LA, Arntzen CJ (eds) Photosynthesis III, Encyclopedia of plant physiology, Springer, Heidelberg, Vol 19, pp 1-84

Staehelin LA, Arntzen CJ (1983) Regulation of chloroplast membrane function: Protein phosphorylation changes the spatial organization of membrane components. J Cell Biol 97:1327-1337

Stanier RY (1970) Some aspects of the biology of cells and their possible evolutionary significance. Symp Soc Gen Microbiol 20:1-38

Steinmüller K, Kaling M, Zetsche K (1983) In-vitro synthesis of phycobiliproteids and ribulose-1,5-bisphosphate carboxylase by non-poly-adenylated-RNA of Cyanidium caldarium and Porphyridium aerugineum. Planta 159:308-318

Stern DB, Palmer JD, Thompson WF, Lonsdale DM (1983) Mitochondrial DNA sequence evolution and homology to chloroplast DNA in angiosperms. In: Goldberg RB (ed) Plant molecular biology, Alan R. Liss, Inc., New York, pp 467-480

Stevens B (1977) Variation in number and volume of the mitochondria in yeast according to growth conditions. A study based on serial sectioning and computer graphics reconstruction. Bio Cell 28:37-56

Stick R, Hansen P (1985) Changes in the nuclear lamina compostion during early development of Xenopus laevis. Cell 41:191-200

Strasburger E (1882) Über den Theilungsvorgang der Zellkerne und das Verhältnis der Kerntheilung zur Zelltheilung. Arch Mikroskop Anat Entw Mech 21:476-590

Stutz E, Vandrey JP (1971) Ribosomal DNA satellite of Euglena gracilis chloroplast DNA. FEBS Lett 17:277-280

Sutton A, Sieburth LE, Bennett J (1987) Light-dependent accumulation and localization of photosystem II proteins in maize. Eur J Biochem 164:571-578

Tabak HF, Arnberg AC (1986) Splicing of yeast mitochondrial precursor RNAs. In: Mac Lean N (ed) Oxford surveys on eukaryotic genes, Oxford University Press, Oxford, Vol 3, pp 161-182

Tabak HF, Arnberg AC, Horst G van der (1986) RNA catalysed lariat formation from yeast mitochondrial pre-ribosomal RNA. In: Knippenberg PH, Hilbers CW (eds) 3D-Structure and dynamics of RNA, Plenum Press, (in press)

Tabak HF, Horst G van der, Osinga KA, Arnberg AC (1984) Splicing of large ribosomal precursor RNA and processing of intron RNA in yeast mitochondria. Cell 39:623-629

Tabak HF, Schinkel AH, Groot Koerkamp MJA, Horst GTJ van der, Horst G van der, Arnberg AC (1986) The large ribosomal RNA gene of mitochondrial DNA of Saccharomyces cerevisiae: in vitro initiation of transcription and self-splicing of precursor RNA. In: Quagliariello E, Slater EC, Palmieri F, Saccone C, Kroon AM (eds) Achievements and perspectives of mitochondrial research, Elsevier,Amsterdam, Vol II, (in press)

Takaiwa F, Sugiura M (1982a) The nucleotide sequence of chloroplast 5S ribosomal RNA from a fern, Dryopteris acuminata. Nucleic Acids Res 10:5369-5373

Takaiwa F, Sugiura M (1982b) Nucleotide sequence of the 16S-23S spacer region in an rRNA gene cluster from tobacco chloroplast DNA. Nucleic Acids Res 10:2665-2676

Takaya K, Sasaki K (1973) Biochemical properties of nucleic acids of chloroplasts in Spirogyra. Plant Cell Physiol 14:237-248

Takeda M, Chen W-J, Saltzgaber J, Douglas MG (1986) Nuclear genes encoding the yeast mitochondrial ATPase complex. Analysis of ATP1 coding the F_1-ATPase α-subunit and its assembly. J Biol Chem 261:15126-15133

Teintze M, Slaughter M, Weiss H, Neupert W (1982) Biogenesis of mitochondrial ubiquinol:cytochrome c reductase. J Biol Chem 257:10364-10371

Tewari KK, Wildman SG (1970) Information content in the chloroplast DNA. In: Control of organelle development, Cambridge University Press, Symp Soc Exp Biol 24:147-179

Thompson JA (1980) Apparant identity of chloroplast and chromoplast DNA in the daffodil, Narcissus pseudonarcissus. Z Naturforsch 35c:1101-1105

Thompson JA, Hausmann P, Knoth R, Link G, Falk H (1981) Electron microscopical localization of the 23S and 16S rRNA genes within an inverted repeat for two chromoplast DNAs. Curr Genet 4:25-28

Thompson RD, Kemble RJ, Flavell RB (1980) Variations in mitochondrial DNA organisation between normal and male-sterile cytoplasms of maize. Nucleic Acids Res 8: 1999-2008

Thompson RJ, Mosig G (1987) Stimulation of a Chlamydomonas chloroplast promoter by novobiocin in situ and in E.coli implies regulation by torsional stress in the chloroplast DNA. Cell 48:281-287

Thompson WF, Everett MN, Polaus NO, Jorgensen RA, Palmer JD (1983) Phytochrome control of RNA levels in developing pea and mung-bean leaves. Planta 158:487-500

Thornber JP (1986) Biochemical characterization and structure of pigment-proteins of photosynthetic organism. In: Staehelin LA, Arntzen JC (eds) Photosynthesis III, Encyclopedia of plant physiology, Springer, Heidelberg, Vol 19, pp 98-142

Tobin EM (1981) White light effects on the messenger RNA for the light-harvesting chlorophyll a/b-protein in Lemna-gibba LG-3. Plant Mol Biol 1:35-51

Tobin EM, Silverthorne J (1985) Light regulation of gene expression in higher plants. Annu Rev Plant Physiol 36:569-593

Tobin EM, Silverthorne J, Flores S, Leutwiler LS, Karlin-Neumann GA (1987) Regulation of the synthesis of two chloroplast proteins encoded by nuclear genes. In: Fox JE, Jacobs M (1987) Molecular biology of plant growth control, Alan R. Liss, Inc., New York, pp 401-411

Todd RD, Griesenbach TH, Douglas MG (1980) The yeast mitochondrial adenosine triphosphatase complex. J Biol Chem 255:5461-5467

Toguri T, Muto S, Miyachi S (1986) Biosynthesis and intracellular processing of carbonic anhydrase in Chlamydomonas reinhardii. Eur J Biochem 158:443-450

Tohdoh N, Sugiura M (1982) The complete nucleotide sequence of a 16S ribosomal RNA gene from tobacco chloroplasts. Gene 17:213-218

Tolbert NE (1981) Peroxisomes and glyoxysomes. Annu Rev Biochem 50:133-157

Tolbert NE, Gailey FB (1955) Carbon dioxide fixation by etiolated plants after exposure to white light. Plant Physiol 30:491-499

Trebst A (1986) The topology of the plastoquinone and herbicide binding peptides of photosystem II in the thylakoid membrane. Z Naturforsch 41c:240-245

Trebst A (1987) The three-dimensional structure of the herbicide binding niche on the reaction center polypeptides of photosystem II. Z Naturforsch 42c:742-750

Tyagi A, Hermans J, Steppuhn J, Jansson C, Vater F, Herrmann RG (1987) Nucleotide sequence of cDNA clones encoding the complete '33kda' precursor protein associated with the photosynthetic oxygen-evolving complex from spinach. Mol Gen Genet 207: 288-293

Tzagaloff A, Akai A, Needleman RB (1975) Assembly of nuclear mutants of Saccharomyces cerevisiae with defects in mitochondrial ATPase and respiratory enzymes. J Biol Chem 250:8228-8235

Tzagaloff A, Macino G, Sebald W (1979) Mitochondrial genes and translation products. Annu Rev Biochem 48:419-441

Vassarotti A, Stroud R, Douglas M (1987) Independent mutations at the amino terminus of a protein act as surrogate signals for mitochondria import. EMBO J 6:705-711

Vassarotti A, Chen W-J, Smagula C, Douglas MG (1987) Sequences distal to the mitochondrial targeting sequences are necessary for the maturation of the F_1-ATPase ß-subunit precursor in mitochondria. J Biol Chem 262:411-418

Vedel F, Mathieu C (1983) Physical and gene mapping of chloroplast DNA from normal cytoplasmic male-sterile (radish) cytoplasm lines of Brassica napus. Curr Genet 7:13-20

Vedel F, Quetier F (1974) Physico-chemical characterization of mitochondrial DNA from potato tubers. Biochim Biophys Acta 340:374-387

Veen R van der, Arnberg AC, Horst G van der, Bonen L, Tabak HF, Grivell LA (1986) Excised group II introns in yeast mitochondria are lariats and can be formed by self-splicing in vitro. Cell 44:225-234

Vierling E, Alberte RS (1983) Regulation of synthesis of the photosystem I reaction center. J Cell Biol 97:1806-1814

Vierling E, Key JL (1985) Ribulose-1,5-bisphosphate carboxylase synthesis during heat shock. Plant Physiol 78:155-162

Vierling E, Mishkind ML, Schmidt GW, Key JL (1986) Specific heat shock proteins are transported into chloroplasts. Proc Natl Acad Sci USA 83:361-365

Vishwanath RL, Katz FN, Lodish HF, Blobel G (1978) A signal sequence for the insertion of a transmembrane glycoprotein. J Biol Chem 253:8667-8670

Waheed A, Pohlmann R, Hasilik K, Figura K von, Elsen A van, Leroy JG (1982) Deficiency of UDP-N-acetylglucosamine: Lysosomal enzyme N-acetylglucosamine-1-phosphotransferase in organs of I-cell patients. Biochem Biophys Res Commun 105:1052-1058

Walbot V (1977) The dimorphic chloroplasts of the C_4 plant Panicum maximum contain identical genomes. Cell 11:729-737

Walker CJ, Griffiths WT (1986) Light independent proteolysis of protochlorophyllide reductase. In: Akoyunoglou G, Senger H (eds) Regulation of chloroplast differentiation, Alan R. Liss, Inc., New York, pp 99-104

Walter P, Blobel G (1981) Translocation of proteins across the endoplasmic reticulum. III Signal recognition protein (SRP) causes signal sequence-dependet and site-specific arrest of chain elongation that is released by microsomal membranes. J Cell Biol 91:557-561

Wandinger-Ness AU, Weiss RL (1987) A single precursor protein for two separable mitochondrial enzymes in Neurospora crassa. J Biol Chem 262:5823-5830

Wandinger-Ness AU, Wolf EC, Weiss RL, Davis RH (1985) Acetylglutamate kinase-acetylglutamyl-phosphate reductase complex of Neurospora crassa. J Biol Chem 260:5974-5978

Ward BL, Anderson RS, Bendich AJ (1981) The size of the mitochondrial genome is large and variable in a family of plants (Cucurbitaceae). Cell 25:793-803

Waring RB, Davies RW, Lee S, Grisi E, McPhail Berks M, Scazzochio C (1981) The mosaic organization of the apocytochrome b gene of Aspergillus nidulans revealed by DNA sequencing. Cell 27:4-11

Warmke HE, Lee SLJ (1977) Mitochondrial degeneration in T cytoplasmic male sterile corn anthers. J Hered 68:213-222

Wasmann CC, Reiss B, Bartlett SG, Bohnert HJ (1986) The importance of the transit peptide and the transported protein for protein import into chloroplasts. Mol Gen Genet 205:446-453

Waters M, Blobel G (1986) Secretory protein translocation in a yeast cell-free system can occur posttranlationally and requires ATP hydrolysis. J Cell Biol 102:1543-1550

Weischet W (1971) In: Friedrich KE, Mohr H (1975) Adenosine 5′-triphosphate content and energy charge during photomorphogenesis of the mustard seedling Sinapis alba L. Photochem Photobiol 22:49-53

Weiss H, Schwab AJ, Werner S (1975) Biogenesis of cytochrome oxidase and cytochrome b in Neurospora crassa. In: Tzagaloff A (ed) Membrane biogenesis, Plenum Press, New York, pp 125-153

Wells R, Ingle J (1970) The constancy of the buoyant density of chloroplast and mitochondrial acids in a range of higher plants. Plant Physiol 46:178-179

Wells R, Sager R (1971) Denaturation and renaturation kinetics of chloroplast DNA from Chlamydomonas reinhardtii. J Mol Biol 58:611-622

Westhoff P, Zetsche K (1981) Regulation of the synthesis of ribulose-1,5-bisphosphate carboxylase and its subunits in the flagellate Chlorogonium elongatum. Eur J Biochem 116:261-267

Wettstein, F von (1915) Geosiphon Fr. Wettstein, eine neue interessante Siphonee. Öster Bot Z 65:145-156

Whatley JM, Whatley FR (1984) Evolutionary aspects of the eukaryotic cell and its organelles. In: Linskens HF, Heslop-Harrison J (eds) Cellular Interactions, Encyclopedia of plant physiology, Springer, Heidelberg, Vol 17, pp 18-58

Whatley JM, John P, Whatley FR (1979) From extracellular to intracellular: The establishment of mitochondria and chloroplasts. Proc R Soc Lond B 204:165-187

Wickner W, Lodish H (1985) Multiple mechanisms of protein insertion into and across membranes. Science 230:400-432

Wilcox LW, Wedemayer GJ (1985) Dinoflagellate with blue-green chloroplasts derived from an endosymbiotic eukaryote. Science 227:192-193

Williams RS (1986) Mitochondrial gene expression in mammalian striated muscle. Evidence that variation in gene dosage is the major regulatory event. J Biol Chem 261:12390-12394

Winter J, Brandt P (1986) Stage-specific state I- state II-transitions during the cell cycle of Euglena gracilis. Plant Physiol 81:548-552

Woese CR (1981) Archäbakterien-Zeugen aus der Urzeit des Lebens. Spektrum Wissensch 8:75-91

Woessner JP, Gillham NW, Boynton JE (1987) Chloroplast genes encoding subunits of the the H^+-ATPase complex of Chlamydomonas reinhardtii are rearranged compared to higher plants: Sequence of the atpE gene and location of the atpF and atpI gene. Plant Mol Biol 8:151-158

Wollgiehn R, Parthier B (1979) RNA synthesis in isolated chloroplasts of Euglena gracilis. Plant Sci Lett 16:203-210

Wooding FBP, Northcate DH (1965) The fine structure of the mature resin canal cells of Pinus pinea. J Ultrastruct Res 13:233-244

Woychik NA, Cardelli JA, Dimond RL (1986) A conformationally altered precursor to the lysosomal enzyme α-mannosidase in the endoplasmic reticulum in a mutant strain of Dictyostelium discoideum. J Biol Chem 261:9595-9602

Wright RM, Cumming DJ (1983) Integration of mitochondrial gene sequences within the nuclear genome during senescence in a fungus. Nature 302:86-88

Wuttke H-G (1976) Circular DNA in chromoplasts of Tulipa gesneriana. Planta 132:317-319

Yamada T (1982) Isolation and characterization of chloroplast DNA from Chlorella ellipsoidea. Plant Physiol 70:92-96

Yamada T, Shimaji M (1987) Splitting of the ribosomal RNA operon on chloroplast DNA from Chlorella ellipsoidea. Mol Gen Genet 208:377-383

Yang RCA, Dove M, Seligy VL, Lemieux C, Turmel M, Narang SA (1986) Complete nucleotide sequence and mRNA-mapping of the large subunit gene of ribulose-1,5-bisphosphat carboxylase/oxygenase (Rubisco) from Chlamydomonas moewusii. Gene 50:259-270

Yonetani T (1976) Cytochrome c peroxidase. In: Boyer PD (ed) The enzymes, Acad Press, New York, Vol 13, pp 345-361

Yoshida Y, Lalhere J-P, Rozier C, Mache R (1978) Visualization of folded chloroplast DNA from spinach. Biol Cell 32:187-190

Zaita N, Torazawa K, Shinozaki K, Sugiura M (1987) Trans splicing in vivo: Joining of transcripts from the 'divided' gene for ribosomal protein S12 in the chloroplasts of tobacco. FEBS Lett 210:153-156

Zech M, Hartley MR, Bohnert HJ (1981) Binding sites of E.coli DNA-dependent RNA polymerase on spinach chloroplast DNA. Curr Genet 4:37-46

Zhu YS, Cook DN, Leach FL, Armstrong GA, Alberti M, Hearst JE (1986) Oxygen-regulated mRNAs for light-harvesting and reaction center complexes and for bacteriochlorophyll and carotenoid biosynthesis in Rhodobacter capsulatus during the shift from anaerobic to aerobic growth. J Bacteriol 168:1180-1188

Zimmermann R, Hennig B, Neupert W (1981) Different transport pathways of individual precursor proteins in mitochondria. Eur J Biochem 116:455-460

Zurawski G, Bohnert HJ, Whitfield PR, Bottomley W (1982) Nucleotide sequence of the gene for the 32,000-M_r thylakoid membrane protein from Spinacia oleracea and Nicotiana debneyi predicts a totally conserved primary translation product of M_r 38,000. Proc Natl Acad Sci USA 79:7699-7703

Zwizinski C, Neupert W (1983) Precursor proteins are transported into mitochondria in the absence of proteolytic cleavage of the additional sequences. J Biol Chem 258:13340-13346

5.   SACHVERZEICHNIS